U0094276

BIM 实例图解——
AutoCAD Civil 3D 三维总图设计

和倩 权杰 吴慧 等 编著

机械工业出版社
CHINA MACHINE PRESS

本书从总图设计的角度出发，以三维形式呈现总图，将总图划分为多个单元模型，通过三维软件进行多维度、多视角的分析与展示。再通过三个案例向读者介绍 BIM 技术及 Civil 3D 在总图三维设计中的应用以及三维总图设计的详细设计流程。本书第 1 章讲解三维总图设计的概述、类型划分以及三维总图常用软件 Civil 3D 的概述；第 2 章讲解各设计阶段三维总图设计；第 3 章讲解三维总图设计中的模型单元；第 4 章讲解三维总图设计的实现路径；第 5 章对方案设计阶段三维总图设计案例进行讲解；第 6 章对初步设计阶段三维总图设计案例进行讲解；第 7 章对施工图阶段三维总图设计案例进行讲解。

本书不仅适用于总图专业人士阅读，也可以作为高校教材使用，还可以指导实际项目，为总图设计及其相关专业人员提供便利。

图书在版编目（CIP）数据

BIM 实例图解：AutoCAD Civil 3D 三维总图设计/和倩，权杰，吴慧编著 . —北京：机械工业出版社，2022.5

ISBN 978-7-111-70441-6

Ⅰ.①B… Ⅱ.①和… ②权… ③吴… Ⅲ.①建筑设计 – 计算机辅助设计 – AutoCAD 软件 – 图解 Ⅳ.①TU201.4-64

中国版本图书馆 CIP 数据核字（2022）第 050609 号

机械工业出版社（北京市百万庄大街 22 号　邮政编码 100037）
策划编辑：何文军　责任编辑：何文军
责任校对：刘时光　封面设计：张　静　王泽茜
责任印制：张　博
北京联兴盛业印刷股份有限公司印刷
2022 年 5 月第 1 版第 1 次印刷
184mm×260mm・17.75 印张・496 千字
标准书号：ISBN 978-7-111-70441-6
定价：99.00 元

电话服务　　　　　　网络服务
客服电话：010-88361066　机　工　官　网：www.cmpbook.com
　　　　　010-88379833　机　工　官　博：weibo.com/cmp1952
　　　　　010-68326294　金　书　网：www.golden-book.com
封底无防伪标均为盗版　机工教育服务网：www.cmpedu.com

本书编委会

主　任
和　倩　　权　杰　　吴　慧

副主任
王　玲　　屈向阳

委　员
常　辉　　王　磊　　冯　凯
郭香妍　　闫鸿静　　吴耀懿
刘　军　　陈　平　　杨冠华
李洪涛　　姜敬莹　　沈爱华

序

土地资源紧张是全球面临的难题。对我国来说，耕地是生存之本，不能逾越，生态环境的保护我们要坚守。无论是围海造地、削山填沟，还是废弃地的再利用，成本的控制、审慎的比选、科学的决策尤为重要。

总图设计的研究对象是工程总体。工程总体是由许多工程个体按照一定的功能关系及其具有的相关性、层次性、目的性等特征进行科学组合、组织而成的总体。总图设计也是科学动态组织工程的总体空间，即研究工程总体空间规划和各项总体设施布局的科学合理性，使一项工程在平面和竖向上获得最合理、最经济实用和美观大方的布局方案。民用建筑设计的三个阶段中，总图设计在方案阶段为项目规划工程的技术经济可行性研究，确定各项技术经济指标及使用功能；在初步设计阶段为解决项目规划工程的技术设施组合的合理性问题；在施工图阶段为解决工程技术具体的实施问题。本书前半部分将这三个阶段总图设计内容言简意赅、图文并茂地呈现出来，并且前后呼应，又选取了三个有针对性的案例对这三个阶段总图设计进行详细展示，具有可视化的参考价值。

工程项目不是空中楼阁，都是需要落地的。总图设计为土地赋予独一无二的DNA编码，借助三维设计将场地多维立体展示出来，包含地势、地质等各类信息，以及各类规划建设信息等，设计底版打好后，各类新增的信息不断在其上叠加，以三维可视化的形式展示出不同阶段的产品和成果。这是我们新时代"总图"的需要。

模型不是满足观感的，而是工程本身特质的外露，正如书中所说是进行不同阶段的建设工程决策的依据、协同设计及成果的反映。模型能在方案阶段进行不同厂（场）址的比选，同一厂（场）址的总图方案快速比选，内部各专业的快速协同，快速出图，可视化交底和施工管理及运维；能看到新建场地如何有效衔接，如何与周边融合在一起，以及未来一定时间内（运维期内）的状态；能达到真正的从内到外、从上到下三维可视化。未来建设项目中，信息数据越来越多，智能联动也越来越广泛、越来越精细，对三维可视化的需求是越来越大的。

书中的三维总图设计是带数据的可视化，特别是大型复杂场地需要关注的方面很多，如何有效提取和反映在我们的工程成果上，书中也给予了不少实践和启示。场地是千个千面，没有雷同，必须因地制宜进行设计，可以说怎么因地制宜都不为过。希望本书对当下及一定时期内的工程建设具有指导和启发意义，推动总图设计的技术提升和专业建设。

宵丹琳

2021 年 11 月于重庆

前　言

　　"总图"简明解释来说是在一系列条件影响下，最终完成实际平面布置和物理空间摆放，也就是"落地"，形成限定性或一定限定性的场域。总图也可以理解为因地制宜的代名词，主要工作是围绕因地制宜中的"最大化"与"最小化"问题，提出不同组合的解决方案并展示出来。简单来看就是关乎土地利用、生态环境、交通组织、人流物流、损耗、工程量、造价、效率、日常维护等一系列约束条件的平衡问题。

　　总图是贯穿工程项目始终的专业，而非字面上的"总平面（图）""总平面布置"，或者行内人士理解的"室外工程""场地设计""场布""总平强排"等。总图是一门关于土地利用的技术，更是一项在工程项目领域协调建设场地与自然环境，内外关系与时空关系的一门艺术。

　　在"总图版"时代，总图绘制、修改、存储主要是靠人力来达到的。人工进行更替，哪里改了就替换哪里，不断在一个"总图版"上补充新建或改扩建的资料。为了不影响工厂的正常开工建设、生产、运行，每个工厂都需要配备一个总图设计室（组），调度足够的人手，所以才有几十甚至上百名总图人员，趴在一张巨幅总图上，呕心沥血奋战绘图的辉煌场面。一张纸质总图经不起反复修改，也不能频繁整体绘制，那一代总图人在当时的艰苦条件下，精益求精，创造了不少佳绩，为国家的基本建设立下了汗马功劳。

　　计算机辅助设计（CAD）制图时代，设计工作效率得到提高，但其基础制图理念是"正投影"植入特定场地中，以二维手段实现设计的目的，通过数量不等的图纸体系完成设计成果的呈现。

　　信息可视化时代，是将"三维实体或曲面"植入特定场地中，与现有（或规划）的环境融合为一体。我们的"总图版"可以在各种场景中被反复调取。它所集成的信息和发挥的空间大大增强。总图设计产品以"三维总图版"的形式在工程项目各个阶段和场合呈现。

　　三维总图设计增加了查询和观察的维度，可实现边修改、边看效果、边看地上、边看地下，全方位、立体化、多节点展现。总图成果在大地物理空间落地之前，经过三维设计的帮助，形成一个模型小样，既可以验证可行性，也便于对工程投入进行精细化管理把控。这对于产品制造来讲是不可缺少的步骤，对于工程建设领域也是如此。大地不可反复试错，一旦铸成错误，即成无法挽回的缺憾。

　　类似于建筑信息模型的形成需要各种各样的构件，三维总图设计也具备基本的单元模型。本书基本思路也是找到在设计的不同阶段需要的模型单元，整合成为整体的三维总图模型。本书在现有总图设计理论基础上，化整为零，详细进行三维总图单元构件的梳理和讲解，并由简到繁进行拼合融合，最终通过案例展示模型单元在真实项目中的应用。本书弥补了单纯通过软件建立场地模型的局限，契合了建设行业对总图全流程管理的需要，对实现项目级、企业级、城市级数字化要求都会产生较大的促进作用，夯实新时期数字化建设的底层基础，拓展了应用场景。

以三维形式呈现总图，是本书的特色。书中使用大量的模型图片讲解总图各部分设计所需的单元模型元素，从多种维度、多个视角展现，过程分析及成果形成一目了然。本书无论是作为高校教材使用，还是指导项目实践都具有非常大的参考和实用价值。

参与本书编写的人员有：常辉，王磊，和倩，权杰，吴慧，王玲。

编　者

目　录

第1章 概　　述

1.1　三维总图设计概述

三维总图设计，即在传统二维总图设计的基本内容上，借助计算机三维软件，通过建立三维模型进行总图专业规范内的各项设计，直至施工图出图，这种方法是对传统总图设计方法的补充和完善。区别于用多面投影来模拟真实物体的二维设计，三维设计则是围绕工程项目的各类实体模型，在三维设计平台上，与各相关专业相互配合，组合模型中的相关信息，形成各阶段信息成果，辅助后期总图运维与总图管理，进而为总图管理平台的建立奠定基础，这是新时期数字化建造的必然要求。场地建模的真正价值在于对场地三维信息加以深入挖掘和利用。三维总图设计正迎合了这一需求，为方便检索和体系化的形成奠定了基础，是城市信息模型系统的重要组成部分。

具体来讲，通过导入原始地形数据及地质勘探数据等建立原始自然地形、地质模型及相关环境模型，分析地块在地形、坡度、日照、风向等方面的特性。利用曲面模型来进行土方量计算，可以在平衡填挖方量的基础上找到目标地形曲面的最合理高程，提高了计算精度。在设计中导入各相关专业条件后进行专业间的碰撞检查，及时修正和优化设计，从而提高设计方案的合规性与合理性，提高了工作效率，使设计周期大大缩减。设计人员可以用模型模拟出拟建项目的竣工状态，便于与客户及相关专业进行沟通；建设单位也可据此制订施工计划，进行节点预演、工程量统计及成本控制等。

借助三维实体模型与 BIM 软件功能，使平面布置、竖向布置、交通组织设计更加快速便捷。土方动态平衡计算、道路三维建模、管网三维建模、场景动态模拟等新元素的加入，使设计与成果展示成为一个有机的整体。无论是项目前期的选址，还是后期的施工图，都可以借助三维化、可视化、协调性、动态性、优化性、可出图性、造价精确性以及造价可控性等众多优势，让总图设计更好地服务于工程项目的实施与管理。

1.1.1　三维总图设计工作流程

三维总图设计的核心是三维场地地坪的设计。构成三维总图场地的元素较多，例如：道路、护坡、挡土墙、管线、台阶等，三维场地地坪设计即在三维软件中对总图各元素的分解与组装，以及与原始场地的有机融合。在满足竖向设计要求的情况下，尽量将土方工程量控制到最小。

AutoCAD Civil 3D（下文简称 Civil 3D）软件在三维总图设计中运用较为理想。运用 Civil 3D 进行三维总图设计有一定的流程，如图 1.1-1 所示。

1.1.2　三维总图设计工作特点

1. 模型参与决策

在前期设计阶段，设计人员需要对拟建项目中建筑的布置、朝向等做出决策。BIM 技术可以对各种不同的方案进行模拟与分析，例如利用 Civil 3D 软件对原始场地的高程、坡度、坡向、地质情况等进行分析，通过分析结果来进行决策，保证了决策的正确性与可操作性。

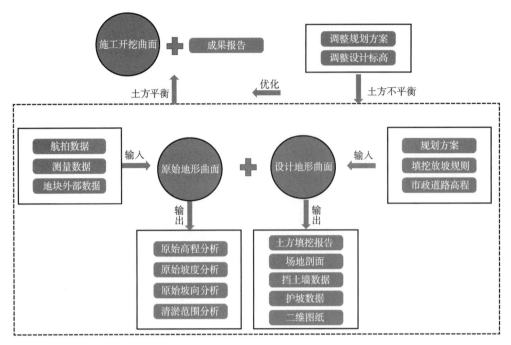

图 1.1-1　三维总图设计工作流程图

2. 可视化交流

二维图纸的可视化程度与三维模型的可视化程度相差甚远。通过三维场地模型可以直观地看到场地的高低起伏，三维模型呈现出的是真实的场地效果，无论是各专业的设计提资，还是施工交底都可以很清楚地表达设计的成果。例如对场地中设计的道路进行转弯半径可视化模拟（图 1.1-2），用来检测转弯半径大小是否满足设计要求。

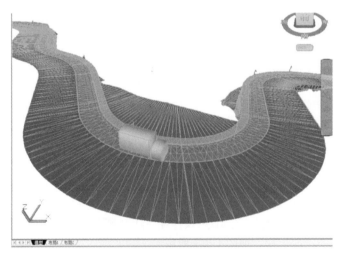

图 1.1-2　Civil 3D 中道路转弯半径可视化模拟

3. 协同设计

在传统工程项目设计中，各专业包括总图、建筑、暖通、电气、通信、给排水等，设计之间的矛盾冲突极易出现且难以避免。而 BIM 整体参数模型可以对建设项目的各系统进行空间协调，消除碰撞冲突，大大缩短了设计时间且减少了设计错误与漏洞（图 1.1-3）。同时，结合运用与

BIM 建模工具具有相关性的分析软件，可以就拟建项目的空气流通性、光照等多个方面进行分析，并基于分析结果不断完善设计方案。

图 1.1-3　多专业模型整合

4. 动态更新

BIM 模型自动更新的法则可以让项目参与方灵活应对设计变更，减少例如施工人员与设计人员所持图纸不一致的情况。如图 1.1-4、图 1.1-5 所示，道路的路线变动后，与之相关的纵断面、工程量统计表等所有相关联的地方都会自动做出更新修改。三维总图设计中在多个方面使用了动态更新功能。例如在原始场地还原时，对错误点进行修改后，原始场地模型会快速更新；在计算完土方后，修改任意一点设计标高，土方工程量会自动更新等。

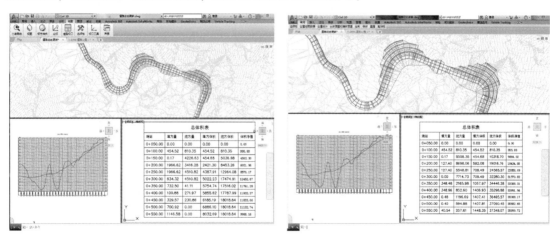

图 1.1-4　道路动态更新（修改路线前）　　　图 1.1-5　道路动态更新（修改路线后）

5. 弥补二维图纸表达的不足

二维设计图纸的实际可施工性是国内建设项目经常遇到的问题。由于专业化程度的提高及国内绝大多数建设工程所采用的设计与施工分别发包模式的局限性,设计与施工人员之间的交流甚少,加之很多设计人员缺乏施工经验,极易导致施工人员难以甚至无法按照设计图纸进行施工。对于总图项目来说,场地上的设计标高尤为重要,然而二维图纸只能表达出控制点的标高,例如道路、广场等,但使用 BIM 软件对总图进行三维设计后,我们通过三维软件创建的场地模型,可以得到场地内任意一点的高程,为后续专业以及施工单位提供了方便,弥补了二维图纸表达的不足之处。

6. 工程量精准化

在设计的任何阶段,BIM 技术都可以按照定额计价模式,根据当前 BIM 模型的工程量给出工程的总概算,随着设计的深化,项目各个方面,如土方工程量、道路各结构层所需材料、管网数量等均会发生变动与修改(图 1.1-6、图 1.1-7)。BIM 模型平台导出的工程概算可以在签订招标、投标合同之前给项目各参与方提供决策参考,也为最终的设计概算提供基础。

土方平衡表(单位: m³)

填方区		土质	压实度	挖填比	填方量(压实体积)	换算挖方体积(天然体积)
绿道	路基	黄土	0.93	1.15	31037.00	35692.55
	结构层	黄土	0.93	1.15	21834.00	25109.10
	路肩回填	黄土	0.93	1.15	17197.00	19776.55
	种植土	黄土	0.70	0.86	34684.00	29828.24
	小计				104752.00	110406.44
微地形	微地形	黄土	0.70	0.86	151858.00	130597.88
		淤泥		1.40	107142.00	149998.80
	小计				259000.00	280596.68
合计					363752.00	391003.12

图 1.1-6 土方平衡表

管道表格			
管道名称	大小	长度	坡度
W(41)	300.000	5.269	0.45%
W(42)	300.000	2.601	0.46%
W(43)	300.000	37.673	0.52%
W(44)	300.000	4.641	0.30%
W(45)	300.000	5.516	6.19%
W(46)	300.000	13.991	0.30%
W(47)	300.000	4.700	0.30%
W(48)	300.000	7.200	0.30%
W(49)	300.000	7.200	0.30%
W(50)	300.000	7.200	0.30%
W(51)	300.000	7.200	0.30%

图 1.1-7 管网统计表

7. 自动化图纸输出

传统二维设计方式,主要以设计图纸的形式作为最终成果交付给业主。BIM 是从图纸到建模方式的转变，图纸记录设计信息的模式将逐渐被模型代替。图纸的重要性将随着 BIM 的应用推广而逐渐降低，但在数字显示技术还没有在日常场景中足够灵活和有效使用之前，图纸交付模式还将存在相当长的时间。

基于二维设计最终得到的图纸并不能完整表达设计者的意图，容易发生疏漏和错误，当设计需要调整时，基于二维设计的图纸修改工作量巨大。应用 BIM 技术之后，设计人员的工作重点是方案及模型的精细化，设计师建立了道路三维信息模型之后，就可以直接由道路模型生成路线平面图、纵断面图、横断面图以及挡土墙等构造物的细部尺寸图等，从而实现图纸绘制的自动化（图 1.1-8）。

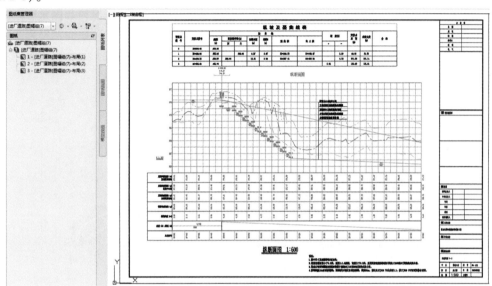

图 1.1-8 通过三维模型自动化出图

1.2 三维总图类型划分

1.2.1 按对象特征划分

我们将某个工程项目建设的用地称为场地。根据场地的特征，将其分为线性场地、面域性场地、体积性场地等。各类道路、公路、铁路，各类管线、管廊、廊道等都是线性场地，如图 1.2-1 所示为道路模型；地势地形、水势水域、植被、机场净空、景观视线等都是面域性场地；土体、岩体、地下埋藏物、空洞、坝体等都是体积性场地。各种特征的场地又会有不同的组合关系，从而形成多维的设计空间。这些特性在相互累积穿插时，又会发生变化，比如多条道路交叉形

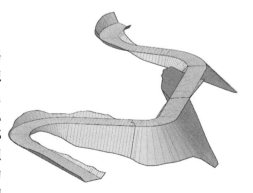

图 1.2-1 道路模型（线性）

成路网，多条管线交叉形成管网，线性就有了面域的特点。用二维平纵横的"中线"描述设计面特点就会弱化，有了面域的特点，便可以利用三维曲面进行模拟。而实际中我们遇到的大多是不规则的面域。

机场就具有带状区域和面状区域的双重特点。机场场道区是一个片状区域，由构造物和平整

带两部分组成。构造物包括跑道、滑行道、停机坪、排水渠等，绝大部分构造物除结构表面高程特征、平面边界特征外，还有扣除工程结构厚度的结构基底面高程特征。对于构造物之间的地面需要根据排水及安全保障要求进行平整，这部分即所谓的平整带，对平整带需要描述其表面高程特征。在场道区域范围内有四个高程曲面需要描述：设计表面、结构基底面、原地形表面、去除不适合工程要求的表土（部分区域内的耕植土、河塘淤泥等）后的工程地面。对于四个曲面均可采用数字地形模型进行描述。

　　体积，也可称为容积。除了我们常遇到的土方工程之外，还有如露天开采矿中开采边界的确定，排土场、弃渣场等容积的确定等。排土场也称为废石（土）场，是堆放开采剥离物的场地。我们的设计本质上就是进行容积互换。三维建模可以模拟设计容积形成情况，如图 1.2-2 所示的矿坑模型。

图 1.2-2　矿坑模型

　　土石、矿场资源等都是占用一定体积的有形资源，对其进行精细资源化管理和利用是趋势。例如火力发电厂的煤储量，决定煤堆场的面积，综合利用工艺决定灰场面积，两大面积直接决定主产区和附属生产区面积，也就是场区的用地范围。三维建模同样可以根据这些对象的体量特征模拟不同的占地情况。

　　一个完整项目的建成过程就是在现状场地上形成特定场域的过程，而不仅仅是物理层面的体量。场地模型与体量模型是有很大区别的。尤其是大规模场地，所涉及的要素与环境更为综合复杂，而把这两者融合起来的三维总图模型特点更为不同，所以建模时的出发点也有很大区别，一系列的协同设计由此产生。

1.2.2　按项目类型划分

　　根据项目所处行业，总图可分为工业总图和民用总图两类。

　　工业总图设计一般包括矿山、冶金、石化、电力、机械电子、能源和材料等工业项目的总图设计。工业总图设计是根据国家产业政策和工程建设标准，工艺要求和物料流程、外部建厂条件、交通和环境等因素，综合选定厂址，统筹处理场地和各设施的空间位置，系统处理人流、物流等的设计工作。项目设计的主体专业是各行业的工艺专业，工艺流程决定着物流方向，工业水平决定着物流强度，总图设计需要与工艺专业密切配合，熟悉物流及工艺流程，方能保证设计成果满足生产要求，节约建设成本和生产成本。工业项目总图设计的特点是地形较为复杂、场地适应生产工艺流程需要、场地占地大、交通运输复杂、运输方式多种多样、项目建设周期较长等。

民用总图设计是一项涉及社会、经济、环境、园林、生态等方面的多学科、综合性的工作，主要对场地内建（构）筑物、公建配套设施、交通设施、室外活动设施进行合理化布置，具有很强的政策性和地方性。设计内容一般包括现状条件分析、总体布局、竖向布置、交通流线组织、管线综合、绿化与环境分析等。民用总图设计主要设计范围包括住宅、学校、商场、体育馆、办公楼、影剧院、博物馆等，根据各建筑的使用要求合理有序地组织活动、空间、功能、交通与建筑造型等，并创造好的场地环境，项目建设周期相对于工业建设项目来说较短。

两者源于同一理论体系，在项目设计的过程中，两者的相同点很多，例如报建流程、图纸表达、协同配合等。但是由于其服务对象不同，工业总图和民用总图在设计依据、设计内容和设计流程方面均存在一些差别。下面对差异处做简要介绍。

1. 设计依据差异

作为项目设计，都需要遵照各项国家和地方的政策、法规和规范。除了诸如《建设工程勘察设计管理条例》（国务院令第 293 号），《建筑设计防火规范（2018 年版）》（GB 50016—2014）等强制或通用的法规规范外，具体设计过程中遵循的规范还有一些差异。

工业总图设计一般遵循《工业企业总平面设计规范》（GB 50187—2012）。由于各行业差异性较大，通常还会遵循各行业的总平面设计规范，比如《钢铁企业总图运输设计规范》（GB 50603—2010）、《有色金属企业总图运输设计规范》（GB 50544—2009）、《化工企业总图运输设计规范》（GB 50489—2009）等行业性规范。此外根据企业组成特点还需要遵循《厂矿道路设计规范》（GBJ 22—1987）及相关的公路行业道路设计规范；《Ⅲ、Ⅳ级铁路设计规范》（GB 50012—2012）、《冶金露天矿准轨铁路设计规范》（GB 50512—2009）等企业铁路规范；《石油库设计规范》（GB 50074—2014）、《锅炉房设计标准》（GB 50041—2020）、《氢气站设计规范》（GB 50177—2005）等行业性规范或各公辅设施相关规范中的总图部分。

民用总图设计遵照的规范主要包括《城市居住区规划设计标准》（GB 50180—2018）、《民用建筑设计统一标准》（GB 50352—2019）、《城乡建设用地竖向规划规范》（CJJ 83—2016）等规范中的总图部分。此外我国幅员辽阔，每个地方都有自己的地方规定，民用总图设计还要根据项目所在地的管理规定和地方特点进行相应设计。

2. 设计重点差异

（1）围绕主体专业不同。

工业总图以工艺流程为主，项目平面和竖向布置要满足工艺要求，保证物流顺畅，合理利用地形以减少能耗。

民用总图设计依托建筑方案布局，通过建筑布置对空间形成不同的限定方式，此外还要组织好外部空间的视觉分析、空间组织、交通组织、场地出入口、道路系统、绿地配置等。

（2）设计核心不同。

工业总图设计的核心是物的转移，注重物流分析。通过对物料的运输方向、运输方式、运输距离和运输量的分析，确定合理的总平面布置和交通布置，以此达到总平面既经济合理，又为后续生产创造便利的运输条件。

民用总图设计的核心是人的转移，注重人流分析。通过对不同类型民用建筑人的居住、流动、疏散、休憩等功能要求，来对场地交通、消防设施、停车系统、广场、花园绿地景观等进行合理的总平面布置，以此达到使用功能合理化和最优化。

（3）设计关注点不同。

工业总图在设计过程中特别注重场地总平面的合理性、厂区消防、排雨水与防排洪设计、内外部道路铁路衔接等问题，保证场地的安全和物流顺畅。

民用总图在设计中，会特别关注各项技术经济指标（容积率、建筑密度、绿化率等）是否在规范允许范围内；建筑防火间距及日照间距是否满足要求；建筑退距是否符合要求；消防报审和人防报审工作；绿化报批和景观专业的配合；是否满足国家及地方规定等问题。

1.2.3 按设计阶段划分

建设工程设计按照工程进展分阶段实施，依据《建设工程勘察设计管理条例》（国务院令第293号）的相关规定，工程设计阶段一般分为方案设计、初步设计和施工图设计三个阶段。大型基础设施、复杂工业项目等工程在方案设计之前通常进行可行性研究，并在初步设计和施工图设计之间增加扩大初步设计或者招标设计阶段。

由于行业不同和惯例差异，工程设计的阶段划分不同，大部分行业的设计阶段起始于总体设计或者方案设计，终结于施工图设计。部分行业对设计阶段的划分差异也是较大的，例如水利行业水电工程：设计分为三个阶段，即可行性研究、招标设计和施工图设计，其招标设计阶段相当于建筑行业的初步设计阶段；机械行业设计分为三个阶段，即方案设计、技术设计和施工图设计；铁道行业设计则分为两个阶段，即初步设计和施工图设计。

常规总图涉及的阶段有可行性研究、方案设计、初步设计和施工图设计。各阶段主要内容如下：

（1）可行性研究阶段。三维总图设计在可行性研究阶段创建的概要模型对建设项目方案进行场址选择、方案对比、分析模拟等，从而为整个项目的建设降低成本、缩短工期并提高质量。

（2）方案设计阶段。主要内容有解释规划设计背景、用地现状概述和分析、设计依据及原则、总平面布局、道路竖向、绿化景观、经济技术指标、建设成本预算等。

（3）初步设计阶段。总图需要完成的成果主要有总平面设计说明、总平面图、绿地布置图、交通流线分析、竖向设计图等。

（4）施工图设计阶段。在这个阶段，总图的设计重点是梳理专项设计条件和技术措施，保证项目实施落地。

本小节内容详见第二章。

1.3 三维总图软件 Civil 3D 概述

Civil 3D 是一款面向土木工程设计与文档编制的建筑信息模型（BIM）解决方案的软件。广泛适用于勘察测绘、地形地貌、岩土工程、道路交通、水利水电、地下管网、土地规划等领域。该产品使土木工程设计和场地开发的过程变得更简单、更智能、更快速。

利用 Civil 3D 所做出的是真正的三维建模设计，而不是简单的二维绘图。并且能够达到实时动态更新，一处修改、处处更正。修改一处对象，会更新关联对象、更新图形、更新标注和表格、更新三维模型等，真正的动态设计，看得见的效率提升。

本节将对 Civil 3D 软件主要功能以及软件界面进行简要概述。

1.3.1 软件功能介绍

下面通过勘察测绘、数字地形模型、土方工程、道路设计、场地规划、管网设计及项目数据管理七个方面对软件功能进行简要介绍。

1. 勘察测绘

勘察测绘是 Civil 3D 的基础，可以说后续的设计都是基于测量数据生成相对应曲面来完成的。

2. 数字地形模型

数字地形模型是 Civil 3D 的核心。根据多种源数据自动创建三维地形模型（图 1.3-1），例如勘察点文件、等高线、特征线、TIN、DEM、XML 等数据。对创建的地形模型可以自动生成 2D/3D 等高线、三角网、三维彩图、坡度分析、模拟地表径流、流域与分水岭、纵横断面等图形，如图 1.3-2 所示。

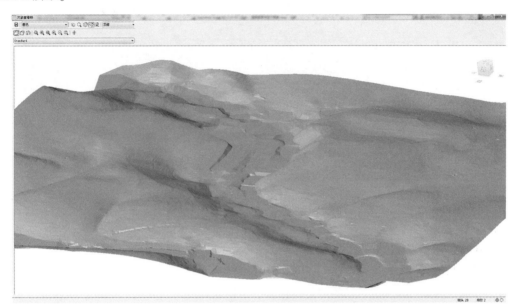

图 1.3-1　山地模型

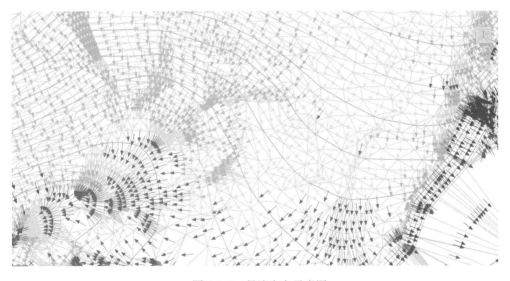

图 1.3-2　径流方向示意图

3. 土方工程

土方工程是 Civil 3D 的专长。在三维地形上建模，可以利用三维参数化的放坡工具，设计各种复杂的开挖、填筑和场地平整面（图 1.3-3）。并且在修改参数时，自动更新整个模型。生成的模型自动计算土方填挖量，调整设计高程，自动更新土方量。最终可以根据模型自动绘制土方施工图，可修改其标注样式，自定义纵横间距、统计表、栅格原点等参数。

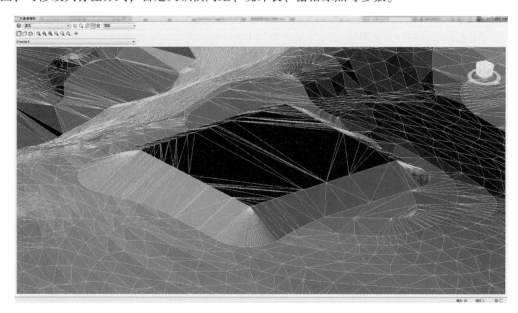

图 1.3-3　放坡模型

4. 道路设计

道路设计是 Civil 3D 的"特色"。在平面路线设计中，可以运用参数化的设计工具、使用圆曲线以及缓和曲线等多种线形、自动添加路线标签、输出设计成果表格等。在纵断面设计中，可以根据地形模型和平面路线生成地形纵断面，根据地形纵断面设计道路纵断面，同时自动更新纵断面标注等。在横断面设计中，"搭积木"式生成标准横断面，灵活运用丰富的预定义部件库，并且支持自定义道路部件。最后根据"平、纵、横"生成三维道路模型（图 1.3-4）。生成的模型可手工修改特殊横断面，也可以批量生成横断面图纸。

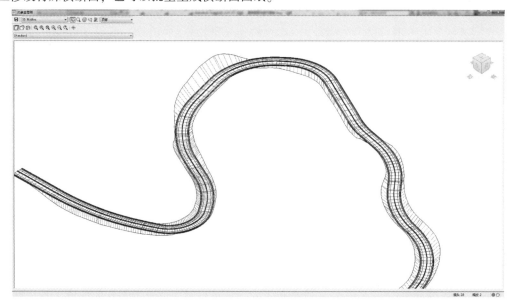

图 1.3-4　道路模型

5. 场地规划

场地规划是 Civil 3D 的"强项"。可以动态划分地块，并自动计算周长、面积等几何属性；可为地块添加自定义属性；可自动生成标注和报表（图1.3-5）。同时运用多视图块，快速布置三维场景。

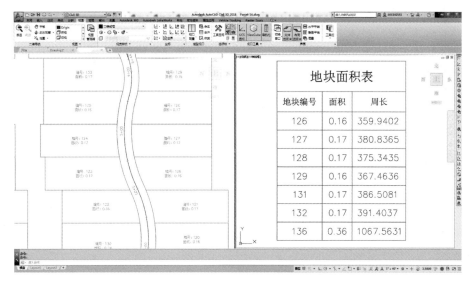

图 1.3-5 地块划分及报表

6. 管网设计

管网设计是 Civil 3D 的特长。软件中有管网预定义的零件，并支持自定义管网零件库。其次可通过管网规则制订各种设计参数范围（坡度、深度、覆土层厚度等）。最终根据地形模型和管网规则进行竖向设计，生成三维模型（图1.3-6）。

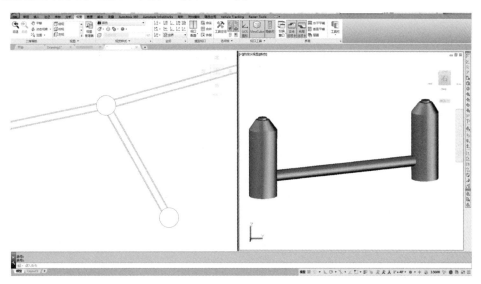

图 1.3-6 管网模型

7. 项目数据管理

Civil 3D 另一个重要的特点就是协同设计。可以根据项目的大小、复杂程度与参与人员的多少来选择合适、快捷的数据共享方式。Civil 3D 提供了三种数据共享的方式：外部参照、数据快捷方式和 Autodesk Vault 中的对象引用。

（1）外部参照。Civil 3D 的外部参照和 AutoCAD 的外部参照功能一样。外部参照可以将其他图形的整个内容作为对象插入到当前图形，可以使其作为底图以供参考。

（2）数据快捷方式。数据快捷方式是非常重要的一项功能，灵活快捷地使用数据快捷方式，可以在项目修改中提高工作效率。

（3）Autodesk Vault。Autodesk Vault 是 Autodesk 开发的基于对全部数字设计数据进行跟踪协作的数据管理软件。利用其修订管理能力，能够控制设计数据，快速找到和重新使用设计数据，更加轻松地管理设计与工程设计信息。

Civil 3D 软件每年都会有新的版本，新版本较旧版本都会增加部分新功能。例如 2018 版增加了清除蝴蝶结、连接路线等功能；2020 版增加了 dynamo 功能；2022 版增加了项目管理器和场地设计优化等功能。具体各版本新增功能可通过官网或软件帮助文档查看（图 1.3-7）。

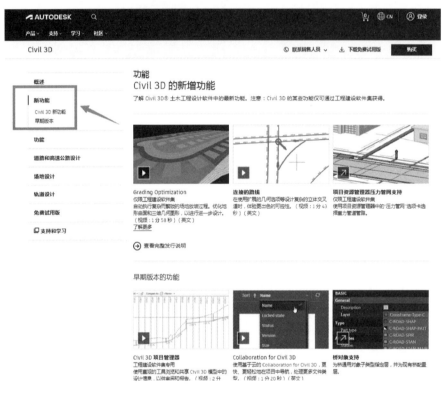

图 1.3-7 官网界面

1.3.2 软件界面

Civil 3D 软件的操作界面和 AutoCAD 软件的操作界面类似，与 AutoCAD 软件不同之处在于 Civil 3D 集合了一些新的功能，例如工具空间、工具选项板和一些 Civil 3D 对象的创建与编辑工具等（图 1.3-8）。

下面主要介绍 Civil 3D 中几个常用的工具栏。

（1）功能区。功能区是 Civil 3D 的主要操作入口。功能区由一系列的选项卡组成，每个选项卡又由不同的功能面板组成，而每个面板又由一系列对象的命令按钮组成（图 1.3-9）。

在选择了 Civil 3D 对象的时候，命令栏会出现新的"对象上下文选项卡"。这个选项卡包含了与当前对象相关的命令，例如选择曲面后出现的"曲面选项卡"（图 1.3-10）。

图 1.3-8　Civil 3D 界面

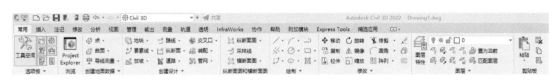

图 1.3-9　Civil 3D 功能区

图 1.3-10　对象上下文选项卡

对象上下文选项卡使看似复杂的界面变得"井井有条"。功能区支持自定义内容,读者可以根据自身的习惯与需求进行修改,也可以将二次开发的插件集合成为一个对象命令。

(2)工具空间。工具空间是 Civil 3D 的重要组成部分,常用于查看对象、修改命令和访问对象数据。工具空间主要分为四个选项,分别是浏览、设定、测量和工具箱(图 1.3-11)。

"浏览"选项卡。以树形列表形式将 DWG 文件中的模型对象展示出来,这与 Auto CAD 有很大的区别。在 Civil 3D 中创建几何空间点、曲面等 Civil 3D 对象数据,都将展示在相关的列表中。

"设定"选项卡。用来组织各种对象样式、标签样式等的设置。

"测量"选项卡。用来管理测量用户和系统设置以及测量数据。

"工具箱"选项卡。用来组织各种自定义工具、插件。这里可以用简单的方式来扩展 Civil 3D 的功能,通过简单的编辑即可实现自定义插件的自动加载。

(3)工具选项板。工具选项板提供一种用来组织、共享和放置块、图案填充、部件的方法。默认情况下 Civil 3D 启动后,工具选项板会显示"Civil 公制部件"(图 1.3-12),此选项板中包含了一系列常用的部件。可以在选项板标题栏单击鼠标右键出现选项板内容的选择菜单,根据需要修改工具选项板显示的内容，例如显示"Civil 多视图块"（图 1.3-13）。

图 1.3-11　工具空间

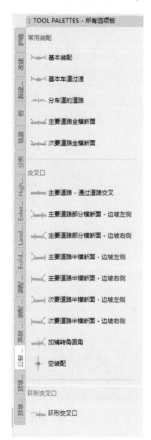

图 1.3-12　公制部件

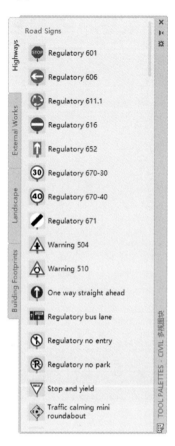

图 1.3-13　多视图块

第2章 各阶段三维总图设计

近年来，随着三维环境的实现手段增强，支持空间操作的软硬件技术提高很快，交互兼容性增强，实时浏览显示速度提高，人机对话能力加强，可视化、参数化、自动化、智慧化需求必然相应增长，我们迎来了真正意义上的三维设计的时代，主要体现在以下几个方面：

（1）中小型场景的快速建构。

（2）能满足方案比选及评价的三维模型。

（3）冲突检验及碰撞检测。

（4）多来源模型整合。

（5）平台搭建。

（6）大场景生成等（如多规合一、高速铁路、高速公路、水库大坝、机场等）。

三维设计的发展对三维总图设计也带来了便利。本章将对各阶段总图具体内容进行简要介绍。

2.1 可行性研究阶段

观察视点的连续化、材质显示的真实化、内部漫游体验化、场景还原真实化、辅助设计判断可靠化、数据采集同步化、人机互动等，这些都是为满足决策判断而存在的技术手段。三维总图设计在可行性研究阶段为建设项目在技术和经济上提供了新的设计手段，提高了论证结果的准确性和可靠性。

对资源使用和消耗的效率是我们用来评价项目可行性的一个重要标准，节约资源、降低能耗成为开展工程项目过程中必须贯彻的主导思想。这就要求我们想尽一切办法进行科学决策，提前规划模拟，合理安排生产周期，减少反复，提高效率。在可行性研究阶段（简称"可研阶段"），需要确定出建设项目方案在满足类型、质量、功能等要求下是否具有技术与经济可行性。三维总图设计在可行性研究阶段创建的概要模型对建设项目方案进行场址选择、方案对比、分析模拟等方面具有很大的帮助。

可行性研究阶段项目处于悬而未决状态，需要对项目是否实施进行可靠全面的评价与分析。总图人员需要根据项目编制任务书，对确定的场址进行多方案的比选，对每个方案进行技术经济分析，选择最优方案。

可行性研究阶段，总图主要是对平面布置的设计。总平面图中主要内容有建筑群体空间布局、公共设施布局、道路、停车设施以及绿化布置等，要求标明建筑的位置及建筑间距。并且需要对场地的交通组织进行分析，如出入口的设置、道路系统等。下面从场址选择、方案比选、技术经济分析三个方面对项目在可行性研究阶段参与内容进行介绍。

2.1.1 场址选择

场址选择是工程建设项目建设程序的首要且重要的一个环节，尤其是对大规模、大面积重要基建项目，选址举足轻重、影响深远。场址选择与地方经济、开发投资、规划管理、产业扶持等关系很大。总图主要涉及场地工程建设方面的内容。主要是避开严重影响场地安全的不良地质、洪水内涝等；在有效的安全防护范围内，选择与外部市政接口良好的市政预留井；在一定有效的使用面积内，满足建筑及场地利用系数要求；便于工程建设的实施，节约前期开发成本，使项目能够实际落实。

目前在场地选址时，尤其是山地项目，受自然条件制约较大，包括工程地质、水文地质、地势坡度以及用地外形和面积等的约束，主要需解决的就是地形条件和工程建设生产所需条件的矛盾。平原及内涝地区的场地，主要解决建设场地综合地势问题，结合暴雨重现期及建设成本，综合确定场地的设计平均高程，以及必要的防排洪（涝）措施。如图 2.1-1、图 2.1-2 所示，不同降雨量淹没范围对比。有些项目需要特殊的场址条件，如核电站的核岛区所需要的地质条件是：满足要求的基岩需要出现在场地平整地面以下 8~9m，且基岩面积可满足规划容量的核岛机组的布置。这就是为什么核电站的选址大部分位于地基承载力高的海湾、河湖边等。

图 2.1-1　50 年淹没范围（图片来源软件帮助文档）　　图 2.1-2　100 年淹没范围（图片来源软件帮助文档）

在场址选择中，Civil 3D 主要是通过对场址的原始场地进行三维建模，在模型基础上进行一系列的高程、坡度、坡向、流域等分析，直观解读场地现状。同时有水域部分，可在 InfraWorks 中进行流域分析，辅助进行场址选择。

2.1.2　方案比选

可行性研究阶段方案比选随行业和项目复杂程度而异。一般工业项目的可行性研究内容主要包括产品方案和建设规模、工艺技术及设备方案、场（厂）址、线路、原材料与能源供应、总图运输、建筑安装、公用辅助及厂外配套设施、环境生态保护、安全卫生与消防、组织机构与人力资源配置及项目进度计划等。其中，总图专业主要负责的部分是总图运输，也就是方案的确定，因此需要对不同的方案进行对比。如图 2.1-3、图 2.1-4 所示为某工业区平面布置方案比选，方案一将同各功能厂房聚集放置，方案二以一套完整流程为组团，多组团布置，各有优缺点。

可行性研究阶段方案比选，可以是在多个场址中进行方案设计选择最优，也可以是在一个场址中对不同方案进行比选。方案比选主要是通过对平面布局的合理性、技术经济的对

图 2.1-3　方案一

比，选择最优方案。

图 2.1-4　方案二

2.1.3　技术经济分析

技术经济分析通常与方案比选同步进行，是方案比选的重要因素之一。技术经济分析是在项目开始设计，就对工程的实施在技术和经济上进行全面的安排，形成综合的技术经济文件和实施蓝图。设计对项目的技术经济效益有重大影响。对方案进行技术经济分析的目的是，论证各方案在技术上是否可行，在功能上是否满足要求，经济上是否合理；通过科学的技术和分析比较，选择技术经济效果最佳的方案；为不断改进建筑设计、提高技术经济效果提供依据；为寻求增产节约的途径提供信息。

在任何阶段总图都需要统计如图 2.1-5 所示的指标。

Civil 3D 软件统计方法详见本书 3.8 小节。

2.2　方案设计阶段

方案设计阶段以批准的可行性研究报告和批准的建设用地以及地质勘查报告为依据；熟悉并掌握有关的设计基础资料，如自然条件资料、技术经济资料等，深入现场，调查研究。

方案设计阶段，主要内容有解释规划设计背景、用地现状概述和分析、设计依据及原则、总

总平面布置技术指标表（一期）

编号	名称	单位	设计指标	备注
1	厂区征地面积	m²	551665	827.5 亩
2	厂区用地面积	m²	486599	729.9 亩
3	建筑物占地面积	m²	189194	
4	建筑密度	%	38.88	
5	总建筑面积	m²	468867	
6	容积率		0.96	
7	道路广场面积	m²	96088	
8	绿化面积	m²	86635	
9	绿地率	%	17.80	
10	停车泊位	个	163	
11	行政及生活用地	m²	27280	
12	土方（挖方）	万 m³	301.5	
13	土方（填方）	万 m³	303.8	
14	护坡面积	m²	45310	
15	围墙长度	m	5063	

图 2.1-5　某项目可行性研究阶段方案总平面布置技术指标表

平面布局、道路竖向、绿化景观、经济技术指标、建设成本测算等。

主要内容如下：

（1）项目区位分析。反映项目开发用地与城市及其他功能区的空间关系，并说明本项目在城市中的区位及交通关系。

（2）用地现状。分析项目场地现状主要地形（高程、坡度、坡向等）、地貌（地表径流、地质特征等）以及现状，提出各区域以及节点的不同功能开发的适宜性。

（3）总平面设计。建筑布局总平面图，包括建筑群体空间布局、公共设施布局、道路、停车设施以及绿化布置等，要注明建筑的位置及建筑间距。

（4）交通分析。包括出入口、人行和车行出入口等的交通组织分析图。并确定场地内主要标高点。

本小节将从场地平整、路网布局、分析模拟、投标效果图制作四个方面对三维总图在本阶段的工作内容进行介绍。

2.2.1 场地平整

场地平整是相对原始场地而说的，因此在确定好场地后，Civil 3D 软件通过对原始地形资料进行数字信息建模，进一步可以进行高程分析、坡度分析以及坡向分析等（图 2.2-1、图 2.2-2）；通过查询命令，可以查看地形曲面任意点的高程、坡度及坡向的参数，十分快捷方便。Civil 3D 能够给设计人员提供准确的环境信息。而相比较以往的二维地形分析，它不仅使得耗时大且精度不高的工作变得快捷、精确，更是将以往只能定性分析的工作内容提高到定量分析的层次上，提高了场地的直观性和准确性，利于设计人员进行判断和决策。

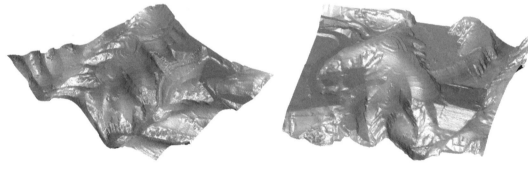

图 2.2-1　Civil 3D 对原始地形进行
数字信息建模（一）　　　　图 2.2-2　Civil 3D 对原始地形进行
数字信息建模（二）

场地平整是指在工程前期的土地整理，是"七通一平"中的重要部分，是场地竖向设计与排水设计的基础工作，反映了场地土方工程的规模和难易程度，为场地未来的整体面貌奠定基础。在对场地平整坡度要求比较精细的项目中，还会有特殊具体的要求。场地平整的边界范围是指场地平整边坡的坡脚线范围，不应超过场地的征地范围，如图 2.2-3 所示。

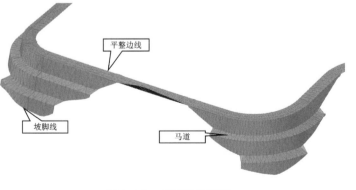

图 2.2-3　多级边坡模型

在三维设计的模型建构中可以予以精细化的建模计算。各类场地设计地面有不同的适宜坡度要求，见表 2.2-1。

表 2.2-1　各类场地设计地面的适宜坡度

场地类别	平整坡度（‰）		
	一般	最小	最大
一般场地	5	3	60
一般露天堆场横坡	10	5	40
广场及汽车停车场	5	3	30
运动场地	—	25	—

注：摘自《煤炭企业总图运输设计标准》（GB 51276—2018）。

在地形复杂的项目中，确定好竖向设计之后，建立场地模型。对台阶式场地（图 2.2-4、图 2.2-5），场地平整模型能够确定挡土墙以及放坡位置，为后续的施工图设计提供依据。场地平整模型还可以对填挖土方工程量、土方平衡调配、施工机械选择、施工方案制订提供依据。对于分期开发以及大片的绿化区、场内预留区、淤泥软土区等场地平整，需要对平整区域事先进行划分，分区计算，节约成本。土方难以平衡的，如挖方大于填方，需要另外增加场地建设排土场；填方大于挖方，需要取土场外购取土，两者均需要根据项目要求、环境影响等分别给出所增加的相应工程量。

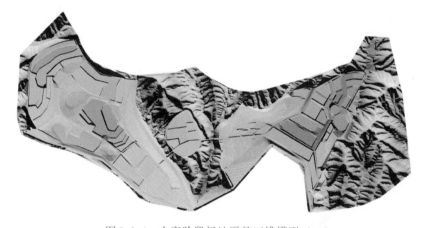

图 2.2-4　方案阶段场地平整三维模型（一）

图 2.2-5　方案阶段场地平整三维模型（二）

大面积的场地平整又称为土地整理，在可行性研究及方案阶段遇到，是有总图专业参与的一项重要工作。除了农田土地整理之外，还有低丘缓坡造地、黄土沟壑地区治沟造地、大型园区及大型基础设施土地整理。除了这些在自然地形上的土地整理，还有在废弃矿坑、矿山等进行的土地整理。无论是复垦还是重新利用，都必须要分析地形地貌，在此基础上采取不同类型的工程措施，并对其进行土地整理。

2.2.2　路网布局

在复杂地形中，选线是道路设计的首要环节，也是决定工程建设投资、建设周期以及保护生态环境的重要环节。选线不合理，很可能增加后续工作的难度，如边坡的防护、植被绿化的恢复、土石方的调配等。所以三维实景选线就尤为重要，在方案初期可在 InfraWorks 中对道路进行选线，对纵断面进行相应设计（图 2.2-6），查看土方量。确定好选线后可在 Civil 3D 中进行后续详细设计（图 2.2-7）。

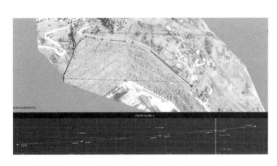

图 2.2-6　在 InfraWorks 中对道路选线　　　　图 2.2-7　在 Civil 3D 中进行后续详细设计

2.2.3　分析模拟

在方案初期通过模拟分析光环境、声环境、风环境（图 2.2-8）等重要建筑环境，对不同布局方案进行比选，实现建筑设计方案的优化和提升，避免建筑设计后期变更方案的"尴尬"。帮助建筑设计师从建筑设计早期就引入生态和节能理念，实现舒适度高又生态节能的方案设计。

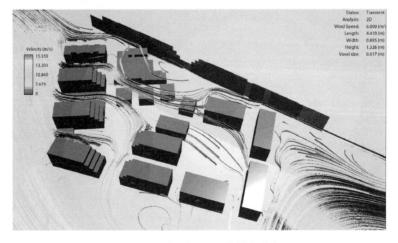

图 2.2-8　某项目风环境模拟分析

2.2.4　投标效果图制作

在此阶段，除常规的二维图纸外，还会涉及大量的效果图展示。Civil 3D 与 InfraWorks 相互协作，在三维总图设计中起到很大的作用。可在 Civil 3D 中进行方案三维设计，在 InfraWorks 中进行模型展示。InfraWorks 可以导入 Civil 3D 的曲面模型、道路模型、管网模型，也可以导入 Revit 和 SketchUp 的建筑模型，其他一些常规的模型文件也都是可以导入的。软件中自带的材质库和模型库中有许多不同的材质、配景以及建筑立面风格可以直接套用，成品效果如图 2.2-9 所示。除了静态的建模，InfraWorks 还可以通过调整不同的时间和天气情况对方案进行分析，更可以利用自带的故事板功能进行漫游动画的制作，可以将视频导出为常用的文件格式，便于方案的展示和沟通。

图 2.2-9　成品效果（InfraWorks 中方案阶段模型）

当对展示效果要求较高时，可以通过模型的拼装和整合，作为整套成果的素材，可以快速纳入到成果模板，作为投标、策划、方案展示或工作汇报等使用。简而言之场地按不同类别划分曲面，赋予不同的材质，提取之后，导入专业渲染软件中，在后期进行简单制作，节省了前期冗长的效果图建模过程。所谓一模多用，在这里就发挥出优势来。较之市场上炫目的效果图中又常常见不到真正场地的模样，模型既保证了必要的工程信息，同时最大程度地满足不同展示的需要。对于不同尺度的展示，可以显示出等高线、模型、平面、效果图等的不同效果组合。所以说，在三维总图设计中，效果图是模型的附属品，而不是模型是效果图的附属品。如图 2.2-10、图 2.2-11 所示为利用总图模型进行效果图制作。

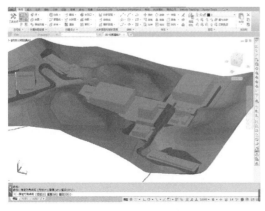

图 2.2-10　总图模型

图 2.2-11　从总图模型创建效果图

2.3　初步设计阶段

在初步设计阶段，总图需要完成的成果主要有设计总说明、总平面图、绿地布置图、交通流线分析、竖向设计图等。若管线等各专业介入，还有室外管线综合图。

主要内容如下：

（1）初步设计阶段，以批准后的方案总图为设计依据，根据建筑专业提供的建筑单体图确定建筑物与建筑物、建筑物与道路的间距和标高。

（2）确定工程项目内各道路交通的等级、宽度、道路形式、道路结构厚度。按城市道路设计规范确定各项道路技术指标：道路的标高、坡度、转弯半径等。

（3）确定场地竖向系统、道路交通系统、挡土墙护坡系统的相互关系。

（4）确定各个排水分区的排水流向及汇水面积，明确与市政干管的衔接方向、位置及容量大小，有组织有系统地布置主干道上的综合管线。

（5）总平面布置的文字说明、道路和竖向布置文字说明、综合管线文字说明及消防设计文字说明。

（6）主要工程量统计表，包含：主要、次要道路长度、面积；填方量、挖方量；挡土墙长度；管沟、管廊或明沟长度等，以作为投资预算的依据。

（7）按甲方投资规模要求，分期分批出报批文本及初步设计总图。

在初步设计阶段，随着场地竖向的不断深化，Civil 3D 可创建出更加精确的模型，如图 2.3-1、图 2.3-2 所示，随着模型的精细化，统计的工程量也会越加精确。

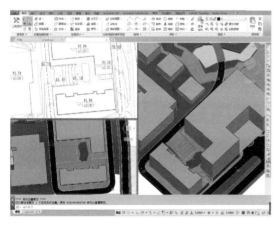 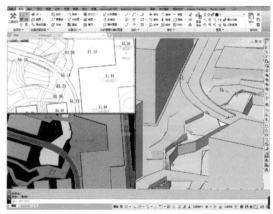

图 2.3-1　模型展示（一）　　　　　　　　　图 2.3-2　模型展示（二）

2.4　施工图设计阶段

总图设计贯穿在项目进展的各个阶段之中。施工图阶段，总图表达的内容会不断深化，而总图的出图比例一般为 1:1000 或 1:500，一张图纸并不能涵盖总图所需表达的所有细节，这就进一步衍生出侧重点不同的专项图纸，例如场地竖向图、总平面图、土方图、管线综合总平面图以及详图等。这个阶段，总图的设计重点是梳理专项设计条件和技术措施，保证项目实施落地。

主要内容如下：

（1）场地粗平土图。按报批后的初设总平面布置及竖向布置为依据，分期分区划分平土范围，做场地粗平土设计、土方调配图及堆放设计图。这一阶段考虑到土石方挖填平衡，有可能需要局部调整修改总平面中建构筑物的位置、标高。

（2）总平面布置图。建筑专业需提供建筑单体资料图给总图专业做总平面定位。建筑物四周的标高关系必须与场地标高相吻合；准确地确定和绘制出各道路系统的交点坐标、标高、转弯半径、曲线长、切线长及竖曲线半径等；确定各类道路结构作法；确定和绘制道路、建构筑物、场地三种不同关系的挡土墙坐标及标高；委托结构专业做挡土墙结构设计，绘制挡土墙平面、纵横剖面资料图；将结构专业的建筑物基础和挡土墙基础绘制在总平面上（有时还要标注基础的大小、埋深，为综合管线图创造条件），绘制总平面及竖向定位图、道路及建构筑物坐标表、明确该施工图的各种技术要求和施工注意事项、计算总图施工图工程量。

（3）场地竖向设计图（场地细平土图）。如图2.4-1所示，根据竖向设计生成的场地土方方格网施工图。根据场地排水方向绘制道路及场地排水沟，以及排水沟的坡长、坡度、深度，标注排水沟起讫点坐标；设计广场、停车场及大块绿地的分水脊线和谷线，确定分水脊线和谷线的排水方向、标高及位置；绘制场地排水图，做排水沟工程量统计表，并计算排水设施工程量（包括细平土及排水沟基槽土石方工程量）。

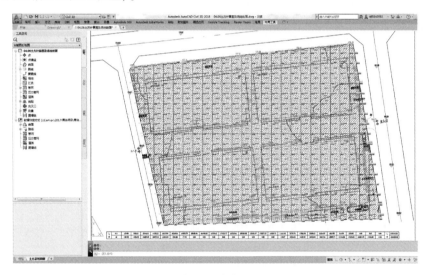

图2.4-1 场地土方方格网施工图

（4）综合管线图。如图2.4-2所示为三维综合管线模型。在总平面和竖向布置图的基础上绘制一张总图资料图（含道路、建构筑物、排水沟），提给各管线专业作为设计的条件图，各专业以此为基础提供各自管线的路由交总图，并注明管线的管径大小、数量、埋深、有压力、无压力以及特殊要求等。总图根据有关管线设计规范按先自流后压力、先主后次、先大后小的原则，将管线综合在总平面图上。

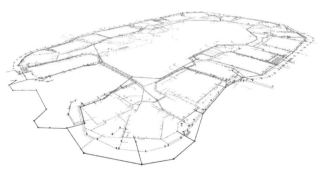

图2.4-2 管网三维综合模型

原则是必须满足各专业的技术要求，管线与建筑物基础不碰撞、管线与管线之间不碰撞，并且管线线路短捷、顺畅、合理。各管线专业会审确认后，总图返给各管线专业管线资料图（含控制点的坐标、标高）。总图根据各专业最后返提的资料，看有无调整和修改，并准确绘制在总图上，最后确定综合管线图。

在施工图设计阶段，三维总图的重点在于通过修改模型的显示样式以及标签达到二维出图的效果。Civil 3D 是目前行业中场地精细化建模适合的软件之一，从最原始的地形分析到最终的设计场地、从地上道路到地下管网、从挡土墙到护坡，Civil 3D 可以做到"一条龙服务"。Civil 3D 通过对场地的精细化建模，大到护坡、挡土墙，小到路缘石和台阶踏步，都可以通过不同标高的点、线、面来表示。建模完成后便可以自动生成场地等高线，对其稍作加工处理后，即可直接绘制出施工图，如图 2.4-3 ~ 图 2.4-6 所示。模型出图，不仅比人工处理等高线节省时间和人力，并且更加精确。

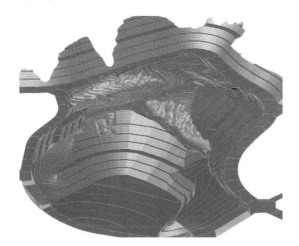

图 2.4-3　曲面模型

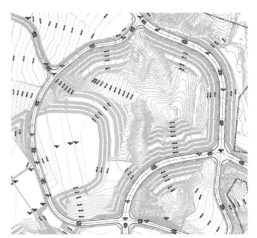

图 2.4-4　曲面出二维等高线图

图 2.4-5　挡土墙模型

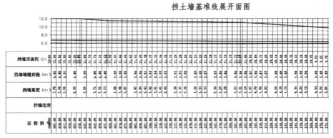

图 2.4-6　挡土墙模型出二维图

2.5　建设实施阶段

对于传统 CAD 时代，建设项目施工阶段的二维图纸，存在可施工性低、施工质量不能保证、工期进度拖延、工作效率低等缺点，而三维模型所带来的价值在这些问题上的优势是巨大的。

1. 施工前改正设计错误与漏洞

在传统 CAD 时代，各系统间的冲突碰撞极难在二维图纸上识别，往往直到施工进行了一定阶段才被发觉，不得已返工或重新设计。而三维模型将各系统的设计整合在了一起，系统间的冲突一目了然，在施工前改正解决，加快了施工进度、减少了浪费，甚至很大程度上减少了各专业人员间起纠纷不和谐的情况。如图 2.5-1、图 2.5-2 所示，Navisworks 可以将不同专业提供的三维模型进行整合，通过碰撞检测来发现各个专业之间冲突的部分，将问题在设计阶段发现并解决。

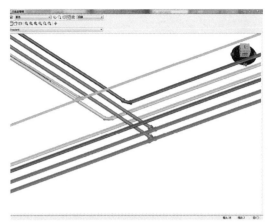

图 2.5-1　碰撞检测前管线模型

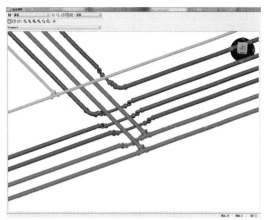

图 2.5-2　碰撞检测后管线模型

2. 三维模型为预制构件提供依据

细节化的构件模型可以由三维设计模型生成，可用来指导预制生产与施工。例如路缘石、管道井以及管道。三维模型方便供应商根据设计模型对所需预制构件进行细节化的设计与制造，准确性高且缩减了造价与工期。同时，消除了由于周围构件与环境的不确定性，利用二维图纸施工导致构件无法安装甚至重新制造的问题。如图 2.5-3 所示，为某雨水井特性参数界面，可根据相关参数进行管道井的定制。

3. 使精益化施工成为可能

进度是工程建设的主线，因此进度管理在工程建设中尤为重要。可以利用 Navisworks 对施工进度进行模拟（图 2.5-4）。由于施工是个动态的过程，不确定因素较多，因此有时需要不断调整计划，这样对施工的指导就缺乏时效性、协调性和指导性。而运用 BIM 模型对施工过程进行模拟，可准确地对动态进度需要的"人、机、料、环"等资源和要素进行规划，并且在修改某天的计划后，后续计划会自动调整。

图 2.5-3　雨水井特性参数界面

在物料管理中通过 BIM 模型，依据施工进度计划，以现场为需求提出材料计划，组织施工物资按照工程进度需求有节奏地进场，使得现场不需堆积大量物资，既减小了工程施工对场地的依赖，又减少了资金占用量，方便现场管理。

2.6　运营维护阶段

总图数据具有多源异构数据的特点，这本身也是平台数据的特点。三维总图模型可以为业主提供建设项目中所有系统的信息，在施工阶段做出的修改将全部同步更新到参数模型中，形成最终的总图竣工模型。该竣工模型作为各种部门管理的数据库为系统的维护提供依据。在不同阶段

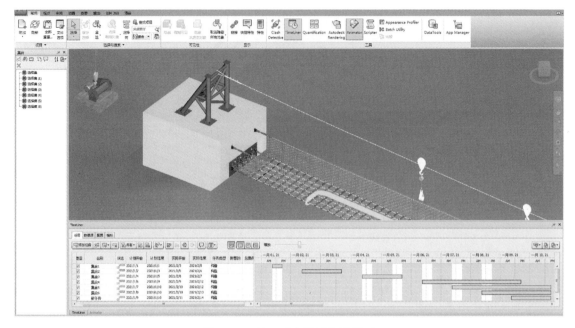

图 2.5-4　施工进度模拟软件界面

模型详细度不一样（图 2.6-1 ~ 图 2.6-3），随着三维城市数据模型数据库的发展，未来项目提供的模型可直接导入相关平台（图 2.6-4）。

图 2.6-1　道路曲面素模型　　　　　　　　图 2.6-2　道路简单模型

图 2.6-3　道路附材质标准模型

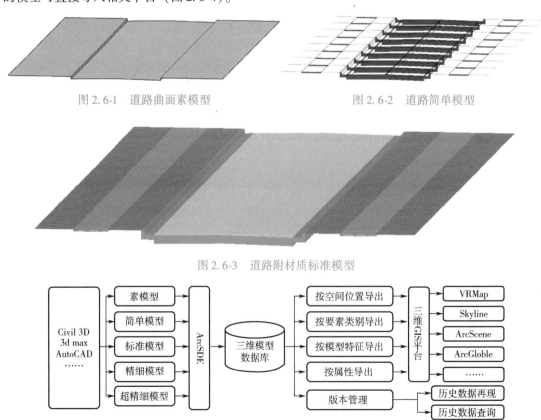

图 2.6-4　三维城市数据模型数据库管理框架图

第3章　三维总图设计中的模型单元

三维设计是由多个模型（三维形体对象）组成，每个模型是由多个几何图元及其相应的材质、纹理、光照等管理数据组成。按照设定创建的模型具有信息属性，可以根据需要进行调取。模型各部分有联动性，可以实现一定程度上的局部或者全部的自动修改。通过模型的加载和权限管理，还可以实现不同的集成优化和组织管理需要。

能完成一个流程段的模型，且能被调用信息的模型可以称为单位模型或模块。可以把流程段理解为组成场景化的片段，场景化就是把这些片段联动起来，模拟真实的生产生活利用情况。场地设计的最终结果是三维形态，而不仅仅是平面形式，呈现不同阶段人工建造的，满足不同建设条件的实体模型。

使用三维模型可以直观感受新建项目能否植入到现有的环境中，从而与之融合为一体。在此过程中解决新事物与现实生活中的空间发生的各种问题和联系。所有这些不可能在项目初期都表达清楚，需要提取不同的元素进行组合来达到每一阶段设计的基础条件。所以必须搞清楚什么是有效的单元模型，也就是在设计的不同阶段最少需要的模型组合。简单对照三维总图模型单元类似于建筑信息模型中的各种构件，构件是承载建筑几何和非几何信息的建模基础元素，总图的单元模型也是同理。

总图中的元素有道路、护坡、挡土墙、排水设施、管线等（图3-1）。模型单元尽可能小且独立，以便减小处理模型的复杂度，减少反复拆解。

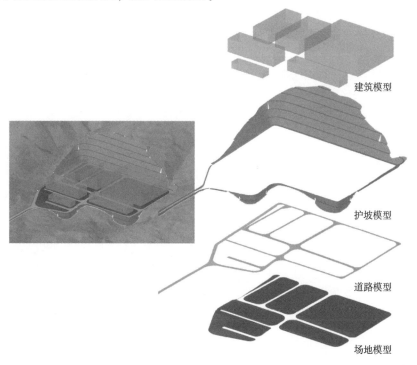

图 3-1　总图中的元素

3.1 地形要素模型

地形是指地表面起伏的状态（地貌）和位于地表面的所有固体性物体（地物）的总体。根据自然地理对地形进行划分，大体有山地、丘陵和平原三类，进一步划分为山谷、山脊、山丘、盆地、鞍部、冲沟、峭壁等。

对于总图设计而言，仅仅"排标高"满足不了目前设计过程中对地形利用、地势设计的需要。地势设计应优先于其他设计，最大程度地利用地势是设计的出发点。

原始地形地势是设计的边界条件，对边界条件不清楚，对原始地形条件没有分析透彻的情况下是无法展开有效设计的。整理原始边界条件，确定哪些是限定性的设计要求，反映在三维地形模型里面，使得设计能够在此基础上继续向下一个阶段递进，防止出现不确定性因素带来后续设计的"悬空"及浪费。

原始资料是设计工作的基础，收集的资料是否充分、准确，都将直接影响设计成果的优劣。通常情况下在设计前会进行勘察，形成勘察报告。勘察报告中场地一般包含的主要内容有：土地常规物理力学性质、承载力指标、土壤地质剖面图、土质及岩层的分布状况、地下水位、冰冻深度以及年降雨量和暴雨的特点等资料。主要是供场地设计时，用以确定土方的挖填比、土方调配、植物土的处理、道路标高及坡度大小等。要特别关注的是特殊土的情况，如软土、盐渍土、湿陷性黄土等，这些土的存在都会影响场地设计方案。

地形设计是面对确定的区域，已经进入比较具体的设计环节，或者已经对场地如何利用有了明确的用途指向。

创建原始地形前，首先需要处理测量地形图。对测量提供的二维地形图（图3.1-1）根据Civil 3D制图标准进行图幅、图层、颜色样式的标准化处理。对地形图中的信息进行查看，如：高程点及等高线属性的查看，是否能被Civil 3D直接识别，若不能则需要进行转换。

利用Civil 3D等高线与图形对象添加功能，快速读取测量地形图中的等高线、高程点、特征线等高程信息，生成三维可视化地形曲面（图3.1-2）。

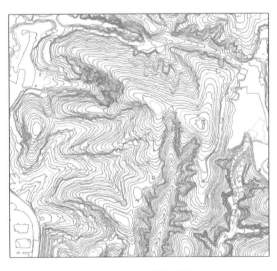

图3.1-1　二维地形图

图3.1-2　三维地形图

3.1.1 原始高程

等高线是将地面上高程相等的各相邻点在地形图上按比例连接而形成的闭合曲线，用以表达地貌的形态。

高程是指某点沿铅垂线方向到绝对基面的距离，称绝对高程，简称高程。一块场地的高程数据则由多个均匀排列的高程点构成，高程分析则是通过等高线、高程点等形式形象地将场地的高程数据反映出来的可视化效果。

通过高程分析（图 3.1-3），可以知道整个场地最高处和最低处的所在位置，可以知道场地各处的高差，为后期的道路设计、边坡防护、挡土墙工程以及桥涵设计提供依据。

在 Civil 3D 中对曲面进行高程分析时，需对曲面样式中与"高程"特性相关的"显示""分析"等进行相应的修改。

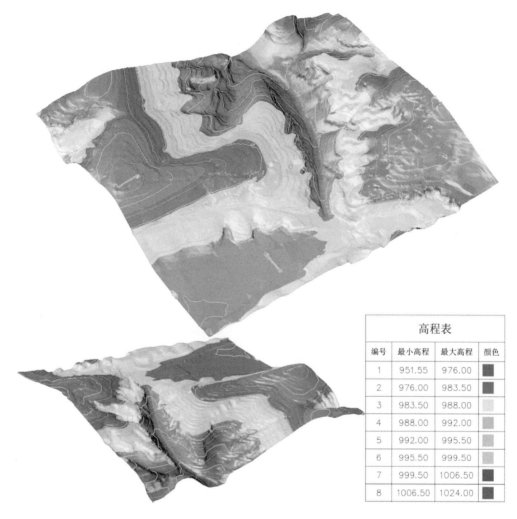

高程表			
编号	最小高程	最大高程	颜色
1	951.55	976.00	
2	976.00	983.50	
3	983.50	988.00	
4	988.00	992.00	
5	992.00	995.50	
6	995.50	999.50	
7	999.50	1006.50	
8	1006.50	1024.00	

图 3.1-3　高程分析图

3.1.2　自然坡度

坡度是指过地表一点的切平面与水平面的夹角，描述地表面在该点的倾斜程度（图 3.1-4）。表示坡度最为常用的方法，即两点的高程差与其水平距离的百分比，其计算公式如下：坡度 =（高程差/水平距离）× 100%，使用百分比表示时，即：$i = h/l \times 100\%$。准确地对自然坡度进行分析，也将为道路、广场、停车场设计等合理规范布局起到更好的指导作用，不同的场地类型所对应的坡度也有所不同。

针对不同使用场地，如有色金属行业的堆浸工艺，堆浸场地的平整坡度十分重要，关系到基建期的土方量、堆体的安全稳定性、金属回收率等，与最小坡度关系很大。再如选矿厂设计为全自流式运输，工艺在地形坡度上的要求为：破碎筛分地段坡度为 25°左右，主

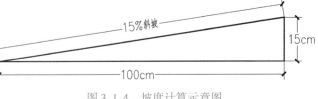

图 3.1-4　坡度计算示意图

厂房地段坡度为 15°左右，所以工程适宜的自然地形坡度需要在 10°～30°之间，对最大坡度有特殊要求。

所以自然地形的平均坡度以及设计场地的最大、最小坡度是总图主要关注的三个坡度指标。

场地坡度分析通常指场地的每个细分面与其水平方向的夹角大小值的可视化结果。在 Civil 3D 参数化设计平台中，把生成的地形曲面分成若干网格面，然后计算每个网格面的切线方向与投影在水平面 X 方向的夹角值，并根据夹角值的大小进行网格面的渲染，最终得到直观的坡度分析图。

通过对原始场地坡度进行分析模拟（图 3.1-5），可以得到该场地适用于建筑的用地，并可以确定场地的布置形式等。在 Civil 3D 中对曲面进行坡度分析时，需对曲面样式中与"坡度"特性相关的"显示""分析"等进行相应的修改。

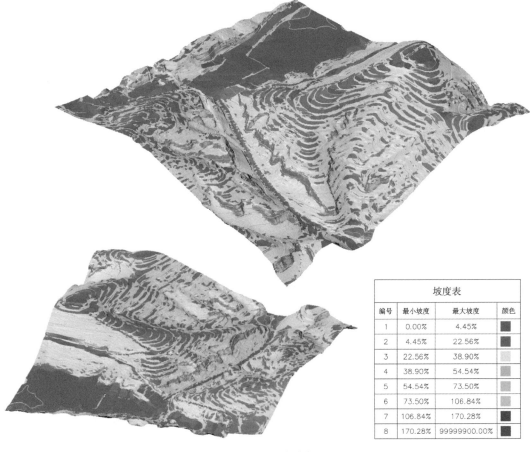

坡度表			
编号	最小坡度	最大坡度	颜色
1	0.00%	4.45%	
2	4.45%	22.56%	
3	22.56%	38.90%	
4	38.90%	54.54%	
5	54.54%	73.50%	
6	73.50%	106.84%	
7	106.84%	170.28%	
8	170.28%	99999900.00%	

图 3.1-5　坡度分析图

3.1.3　自然坡向

坡向指的是坡面法线在水平面投影的方向。坡向是决定地表面接受太阳辐射量的重要地形因子，直接影响地形局部气候特征，影响农业生产指标、植物分布情况及空间功能布局。以北半球为例，通常受阳光最多的为南坡，其次是东南坡、西南坡，再次为东坡与西坡及东北坡，最少为北坡。

坡向分析的原理及逻辑是计算每一个坡面法线在水平面投影的方向，

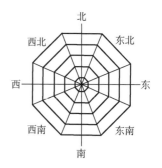

图 3.1-6　坡向分析原理图

通常用5个方向或9个方向来表示坡向分析图（图3.1-6），其中，5个方向分为东、西、南、北、无；9个方向分为东、西、南、北、东南、东北、西南、西北、无。

通过对原始场地坡向进行坡向分析（图3.1-7），可以得到该场地各个区域日照的情况，为新建建筑的布置及朝向提供依据。在 Civil 3D 中对曲面进行坡向分析时，需对曲面样式中与"坡向"特性相关的"显示""分析"等进行相应的修改。

方向表			
编号	最小方向	最大方向	颜色
1	N0° 00′ 00.00″E	N44° 35′ 07.23″E	
2	N44° 35′ 07.23″E	N78° 05′ 18.72″E	
3	N78° 05′ 18.72″E	S68° 15′ 32.06″E	
4	S68° 15′ 32.06″E	S35° 27′ 07.31″E	
5	S35° 27′ 07.31″E	S12° 02′ 46.42″W	
6	S12° 02′ 46.42″W	S61° 14′ 31.78″W	
7	S61° 14′ 31.78″W	N81° 53′ 10.01″W	
8	N81° 53′ 10.01″W	N0° 00′ 47.50″W	

图 3.1-7　坡向分析图

坡向对一些项目来讲是一个重要的制约因素。例如光伏发电，按照行业要求，光伏发电的场地需要达到每日最小 6h 的阳光照射，而山地地形复杂多变，如何使得光伏发电的组件科学布置，且不出现互相的阳光遮挡，是较难解决的问题，因此场地的坡向分析在此时就能起到重要的作用。

3.1.4　径流分析

径流是指陆地上接收的降水，在重力作用下，沿地表或在地下流动并汇入河流的水流。地表流动的称为地表径流，在地下流动的称为地下径流。在对项目原始场地分析时，主要对场地地表径流进行分析。

通过对原始场地进行流域分析，可以快速准确地找出场地内不同类型的流域及排水点；以坡面箭头的方式可以清晰地看到场地任意处的排水方向（图 3.1-8）。在 Civil 3D 中对曲面进行流域分析时，需对曲面样式中与"流域"特性相关的"显示"等进行相应的修改。

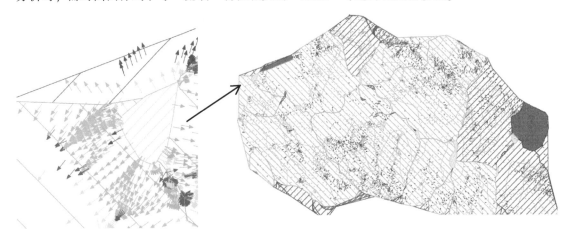

图 3.1-8　流域分析图

流域分析之后对场地进行径流分析，通过径流分析模型可以看出原始场地地表水流从哪里来以及流向何处，体现水流的流动轨迹（图 3.1-9）。

图 3.1-9　径流分析图

3.1.5　自然地质

运用 Civil 3D 软件地质功能模块完成三维地质模型的建立（图 3.1-10），而借助这一模型，设计和施工人员可以清楚地洞察拟建工程内容和工程环境之间的关系，从而快速了解和掌握土层、地下水、管线、地表等情况，也助力项目组处理不良地质、管线交叉等问题，还可以为建筑基坑开挖提供有效的施工依据。

图 3.1-10　三维地质模型

3.1.6　用地面积

以上的分析都是帮助我们勾勒出有效的总图可用地范围，也就是快速形成场地可用的建设范围面积，以一个项目来简单举例。

根据地形资料在 Civil 3D 中对项目的原始地形进行建模（图 3.1-11）。

图 3.1-11　原始地形模型

在 Civil 3D 中对原始地形模型进行分析（图 3.1-12、图 3.1-13）。

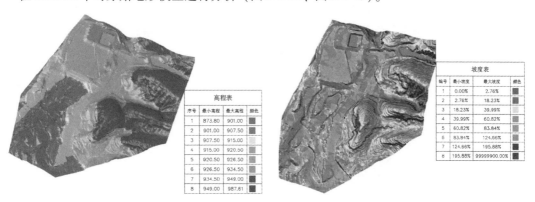

高程表			
序号	最小高程	最大高程	颜色
1	873.80	901.00	
2	901.00	907.50	
3	907.50	915.00	
4	915.00	920.50	
5	920.50	926.50	
6	926.50	934.50	
7	934.50	949.00	
8	949.00	987.61	

坡度表			
编号	最小坡度	最大坡度	颜色
1	0.00%	2.76%	
2	2.76%	18.23%	
3	18.23%	39.99%	
4	39.99%	60.82%	
5	60.82%	83.84%	
6	83.84%	124.56%	
7	124.56%	195.88%	
8	195.88%	99999900.00%	

图 3.1-12　高程分析　　　　　　　　　图 3.1-13　坡度分析

从高程分析模型中可以看出原始场地西半部分地势较为平坦，东侧为山包。从坡度分析模型上可以看出场地西半部分坡度在 0.00% ~ 18.23% 之间，适宜建设。该项目在设计之前仅通过对原始场地的高程及坡度进行分析，便可得到场地中适宜建设的用地范围（图 3.1-14）。

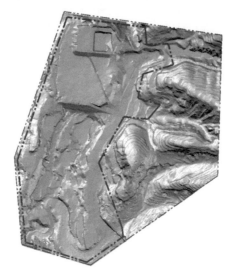

图 3.1-14　有效用地范围

3.2　竖向设计模型

3.2.1　竖向布置形式

竖向设计的布置形式是指场地中各主要设计平面之间的连接方式，通常情况下分为平坡式、阶梯式、混合式三种。用三维设计体现地块的竖向设计情况比二维设计具有天然的优势，尤其是设计地形与原始地形的对比关系，一目了然。在进行场地竖向设计时，先通过 Civil 3D 软件对场地原始地形进行分析，分析之后可得到原始场地的标高情况及场地自然坡度等参数，根据分析结果确定场地竖向设计的布置形式。

1. 平坡式

平坡式就是把设计场地处理成接近于自然地形的一个或几个坡向的平面，彼此之间连接处，设计坡度和设计标高没有明显的高差变化。当自然地形坡度小于 8% 时，可采用平坡式布置，平坡式可分为一面坡（图 3.2-1、图 3.2-2），双面坡（图 3.2-3、图 3.2-4）及多个坡面形式。

图 3.2-1　一面坡场地模型

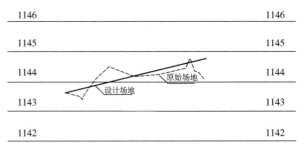

图 3.2-2　一面坡场地剖面图

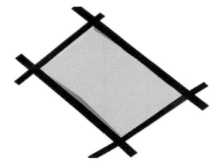

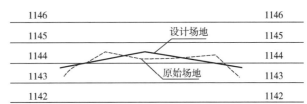

图 3.2-3　双面坡场地模型　　　　　　　　　图 3.2-4　双面坡场地剖面图

2. 阶梯式

阶梯式就是把场地设计成若干个台阶，并以陡坡或挡土墙的形式相连接而成，各主要平面连接处有明显的高差。

相邻台阶之间的高差称为台阶高度。台阶高度主要取决于场地自然地形横向坡度和相邻台阶之间的功能关系、交通组织及其技术要求。台阶高度一般以 3.0～4.0m 为宜（最高 4.0～6.0m），以免道路坡道过长、交通组织困难，同时过高会增加挡土墙等支挡结构工程量。台阶高度也不宜过低，一般不小于 1.0m。当自然地形坡度大于 8% 时，可采用阶梯式布置，台地之间应设挡土墙或护坡衔接。

如图 3.2-5、图 3.2-6 所示，进行场地竖向设计之前需对场地的情况进行分析。由于场地自然地形坡度大于 8%，因此采用阶梯式竖向布置形式。

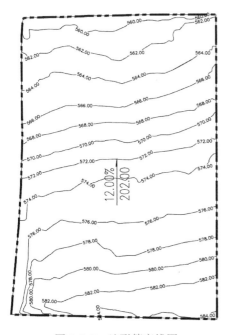

图 3.2-5　地形等高线图　　　　　　　　　　图 3.2-6　地形图高程分析

根据原始场地高差及场地平面布置方案将设计场地分为 3 个不同标高的平台，如图 3.2-7 所示，各平台高差 3.5m，在保证各条道路顺接的情况下，使土方量达到最小值。

通过竖向设计方案，运用 Civil 3D 对设计场地进行建模，得到场地设计地面模型，如图 3.2-8 所示，从模型上可以清楚地看出场地的高差情况。也可通过软件对设计模型进行快速剖切，得到场地剖面图，如图 3.2-9 所示。

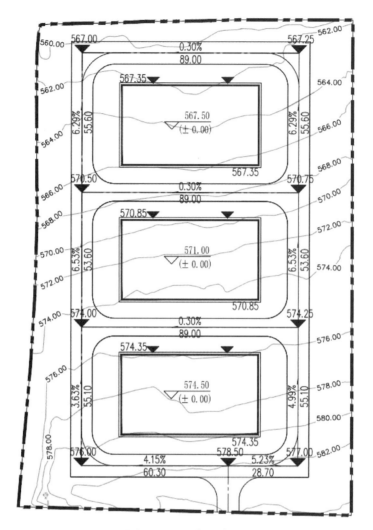

图 3.2-7　竖向设计图

图 3.2-8　Civil 3D 中创建设计场地模型

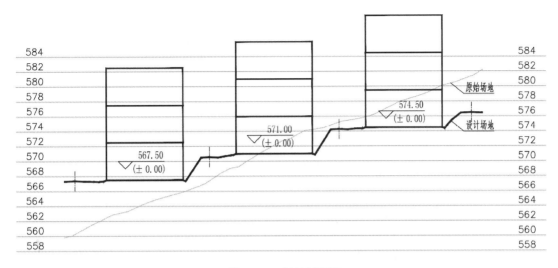

图 3.2-9　场地剖面图

3. 混合式

混合式布置是根据场地自然地形坡度，采用阶梯式与平坡式相结合的形式布置场地竖向关系。如图 3.2-10 所示为混合式场地布置剖面图，根据原始地形左侧设计场地采用平坡式，右侧场地采用阶梯式；采用混合式布置时，台地的划分应与场地的功能和使用性质相协调。

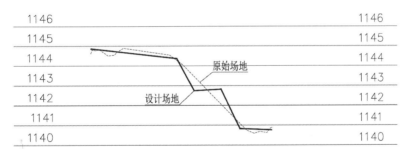

图 3.2-10　混合式场地布置剖面图

实际项目中，多数场地是采用平坡与台阶相结合的混合式布置形式。如图 3.2-11 所示，该项目在竖向方案设计时，根据原始场地的高差及相邻市政道路的标高将设计场地分为 4 个大台阶。从模型上来看场地竖向布置形式采用台阶式，但在每个平台中采用的是平坡式的竖向布置形式，所以该项目的竖向布置形式为混合式。

图 3.2-11　混合式场地模型

3.2.2 竖向表达方式

竖向设计中最常用的竖向表达方式为高程箭头法、设计等高线法、剖面法。

1. 高程箭头法

高程箭头法（图 3.2-12），标注建、构筑物的室内地坪标高和室外设计标高；标注道路及铁路的控制点（交叉点、变坡点）处的标高；标注明沟沟底面起坡点和转折点的标高、坡度、明沟的高度比，再用箭头表示排水的方向。

在地形起伏简单、排水顺利或对设计地面要求不严格时，可以采用高程箭头法。高程箭头法设计工作量比较小，修改比较简单。但设计意图表达不够明显，尤其是在面积比较大的广场、交叉口等不容易交代清楚的地方。

在 Civil 3D 中创建场地的三维模型，再给模型曲面添加相应的标签，如点位高程标签、坡度标签等，就可以得到场地中任意一点的标高以及任意位置的坡度与排水方向（图 3.2-13）。

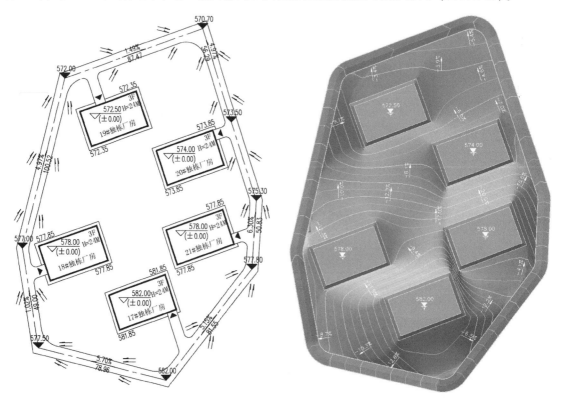

图 3.2-12 竖向设计图（高程箭头法）　　　图 3.2-13 在三维模型上生成排水箭头及标高

2. 设计等高线法

等高线是总图竖向设计中的一种竖向表达形式，是对三维地形形态的二维表现。在进行复杂场地的竖向设计时，对于标高箭头法不能表达清楚的地方，我们可以使用等高线来表达地形的高低起伏。

在 Civil 3D 中创建了场地的三维模型后（图 3.2-14），只需编辑模型曲面的显示样式，即可快速生成场地的等高线（图 3.2-15），给等高线添加相应的标签即可得到每根等高线上的标高（图 3.2-16）。

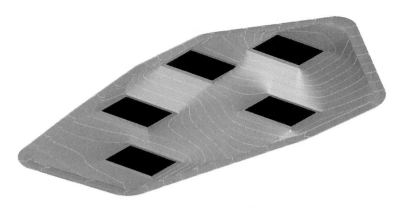

图 3.2-14　Civil 3D 中三维模型

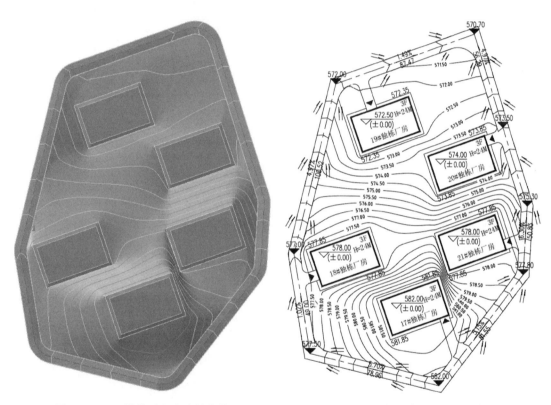

图 3.2-15　三维模型上生成等高线　　　　图 3.2-16　竖向设计图（设计等高线法）

3. 剖面法

剖面法（图 3.2-17、图 3.2-18、图 3.2-19），主要用于地形高差较大，建、构筑物与设计场地之间的高差关系较为复杂的情况。剖面法能够清楚地表达原始场地与设计场地之间的高差关系、建筑物与设计场地之间的关系、设计地面与地下车库之间的关系、设计场地与市政道路之间的衔接关系等。

在 Civil 3D 中创建了场地的曲面模型后，可以快速地剖切出任意位置的一个或多个剖面图，若对模型进行修改，剖面图会自动进行相应的调整，无需手动调整。

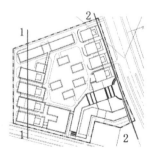

图 3.2-17　剖面位置示意图

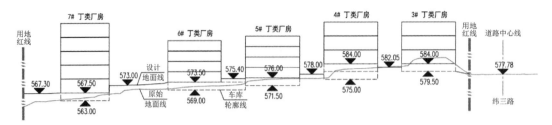

图 3.2-18　在模型中提取出 1-1 剖面图

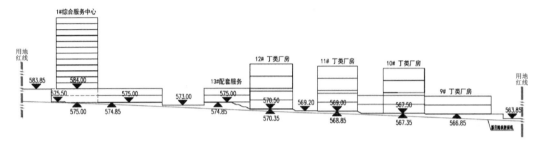

图 3.2-19　在模型中提取出 2-2 剖面图

3.2.3　场地排水

1. 场地排水方式

在进行场地竖向设计时，场地各部分标高关系的确定，在一定程度上是为了顺利排出场地内的雨水、污水。排水方式主要有：自然排水（地表径流）、明沟排水、暗管排水、混合排水。新建地区以暗管排水为主，山区可根据具体情况采取混合排水方式。排水设计应具备体系化思维，将场地防洪排洪、防内涝等统一考虑，有条件时将雨水管理纳入其中。

（1）自然排水。

自然排水不需要借助任何排水设施，利用场地设计地形坡度，根据水的重力自流排水。对于雨量小的地区，当土壤渗水性强，且场地面积较小时，可采用这种排水方式。

当场地排水采用自然排水方式时，场地设计地形的坡度及坡向就显得尤为重要，直接影响场地的雨水能否顺利排出。所以需要对设计场地内任意位置的坡度及坡向了如指掌。在这里利用 Civil 3D 软件的曲面标签功能（图 3.2-20），在设计曲面创建完成的情况下，可以快速读出设计场地中任意位置的坡度及坡向（图 3.2-21），并且对场地标高进行调整后，坡度标签可以实时更新。

图 3.2-20　曲面添加标签对话框

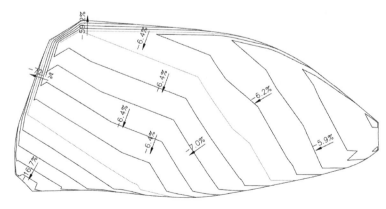

图 3.2-21　曲面添加了坡度标签

当修改场地的标高后，如图 3.2-22 所示，原标高为 932.61，改为 933.50 后，标高周围的坡度标签会自动更新，如图 3.2-23 所示。

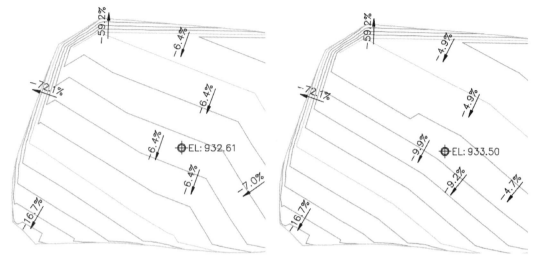

图 3.2-22　修改标高前的坡度　　　　　　图 3.2-23　修改标高后的坡度

（2）暗管排水。

暗管排水是场地内的雨水由雨水口收集后汇集到地下管道，然后排至场地外或接入市政管网。当场地的面积较大、地势平坦、建筑密度较高、车流线路及地下管线较多，且场地中大部分建筑的屋面为内排水，道路低于建筑物标高，并利用路面雨水口排水时，多采用暗管排水方式。

当场地排水方式采用暗管排水时（图 3.2-24），总图在进行竖向设计时需考虑地下管线走向、排水坡度、计算场地管网标高是否可以接入市政管网等问题。如果利用 Civil 3D 软件中的创建管网功能（图 3.2-25），不仅可以快速地创建出管线的模型，还可以检测管线的覆土是否满足要求，以及检测管线之间是否存在碰撞情况等，如图 3.2-26 所示，具体详见 3.5 节的内容。

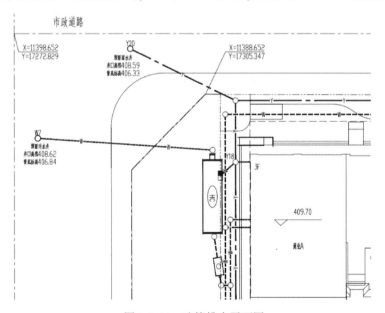

图 3.2-24　暗管排水平面图

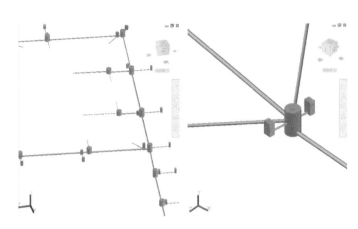

图 3.2-25　Civil 3D 中创建管网对话框　　　　图 3.2-26　Civil 3D 中雨水管网模型

（3）明沟排水。

明沟排水是场地中的雨水通过场地表面排入明沟进行收集和排放（图 3.2-27）。该排水方式适用于设计场地有适于明沟排水的地面坡度；建筑物、构筑物比较分散的场地；场地边缘地段多尘易堵、雨水夹带大量沙子和石子的场地；埋设地下水管道不经济的岩石地段；没有设置雨水管道系统的郊区等。明沟排水坡度为 0.3% ~0.5%，特殊困难地段可为 0.1%。

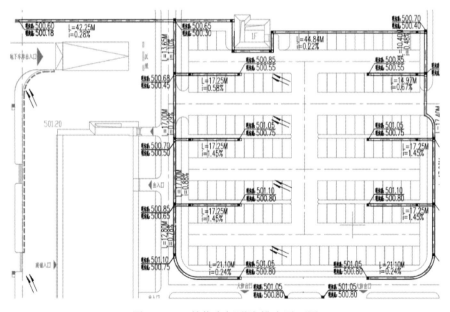

图 3.2-27　某停车场明沟排水平面图

（4）混合排水。

混合排水是以上三种排水相结合的排水方式。通常需根据场地的具体情况，不同区域灵活采用不同的排水方式，并使三者有机结合起来，迅速排除场地雨水。如图 3.2-28 所示，采用了明沟排水结合暗管排水的组合方式。

2. 场地排水设施

（1）雨水口。

雨水口用来收集雨水。雨水口的布置，应位于集水方便、与雨水管道有良好连接条件的地段。

雨水口通常布置在道路、停车场、广场、绿地的积水处。雨水口的间距一般按其能负担的汇水面积，以及道路标高、坡度、坡向来确定。总图中雨水口的平面表示方式如图 3.2-29 所示，在 Civil 3D 中创建的雨水口模型如图 3.2-30 所示。

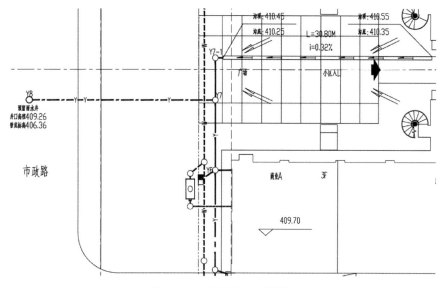

图 3.2-28　混合排水平面图

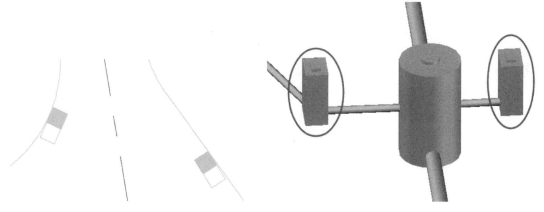

图 3.2-29　总图中雨水口的平面表示　　　　图 3.2-30　Civil 3D 中雨水口模型

（2）排水沟。

排水沟一般布置在场地地势较低处、挡土墙墙趾、边坡坡底、下沉式地形边缘等位置。排水沟的纵坡，不应小于 0.3%；在地形平坦的困难地段，不应小于 0.2%；室外常用的排水明沟类型为矩形与梯形明沟。

矩形明沟的剖面图如图 3.2-31 所示，在 Civil 3D 中创建的矩形明沟与道路及放坡结合的模型如图 3.2-32 所示，在 Civil 3D 中根据模型生成的矩形明沟实体模型如图 3.2-33 所示。

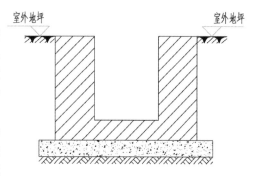

图 3.2-31　矩形明沟剖面图

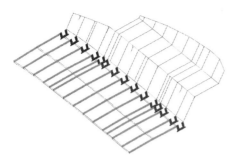

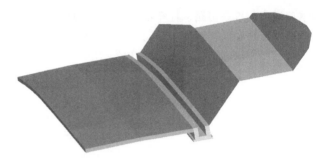

图 3.2-32　Civil 3D 中矩形明沟模型　　　　　图 3.2-33　Civil 3D 中矩形明沟实体模型

梯形明沟的剖面图如图 3.2-34 所示，在 Civil 3D 中创建的梯形明沟与道路及放坡结合的模型如图 3.2-35 所示，在 Civil 3D 中根据模型生成的梯形明沟实体模型如图 3.2-36 所示。

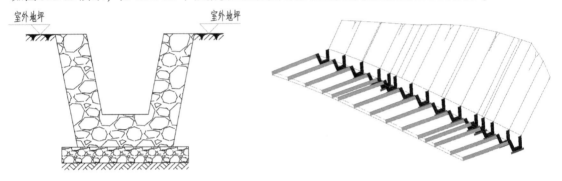

图 3.2-34　梯形明沟剖面图　　　　　图 3.2-35　Civil 3D 中梯形明沟与道路及放坡结合的模型

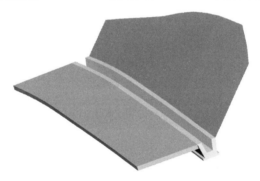

图 3.2-36　Civil 3D 中梯形明沟实体模型

在总图施工图设计时，竖向设计图中需标明排水沟的位置、起终点及转折位置沟顶沟底的标高以及排水沟长度与沟底纵坡（图 3.2-37）。

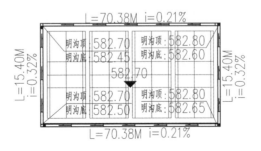

图 3.2-37　总图中排水沟的表示

在 Civil 3D 中也可以对排水沟的模型进行创建。在创建模型时，软件自带了许多排水沟部件（图 3.2-38），可以直接使用，也可以根据项目实际要求自己创建排水沟部件，Civil 3D 中装配含排水沟部件如图 3.2-39 所示。

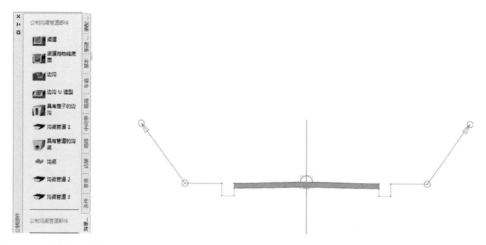

图 3.2-38 排水沟部件　　　　　　　图 3.2-39 Civil 3D 中装配含排水沟部件

图 3.2-40、图 3.2-41 所示为实际项目中，在道路一侧设置排水沟的模型。

 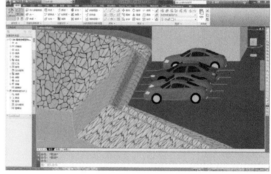

图 3.2-40 道路左侧设置排水沟模型　　　　　图 3.2-41 边坡顶设置排水沟模型

3.3 土方工程模型

土方工程组成元素有挖方区、填方区、零线、存土区等。

（1）挖方区。在自然地面高程高于设计高程的情况下，需要从自然地面挖走相对多余部分土方的用地区域，如沟槽、人工湖泊等工程。挖方区分为两类，一类是开挖后直接外运项目；另一类是开挖后部分土外运，剩下的土重新填筑项目。

（2）填方区。在自然地面高程低于设计高程的情况下，需要填土部分的用地区域，如填海造地等工程。与挖方区类似，填方区有两种类别；一类是外运土内运填土筑造项目、另一类是自身开挖后再回填的项目。

（3）零线。是填挖分界线，土方工程图中必须标注零线。

（4）存土区。存土区是填挖方的中转场，同时也是项目平整施工时的借土区和弃土区，用于存放场内临时用土。

　　如图 3.3-1、图 3.3-2 所示为填、挖方区域的示意图，该场地一侧为填方，另一侧为挖方。通过利用 Civil 3D 软件对设计场地进行建模，可对模型曲面中填、挖方区域分别设置不同的颜色，这样展示效果更佳（图 3.3-3）。

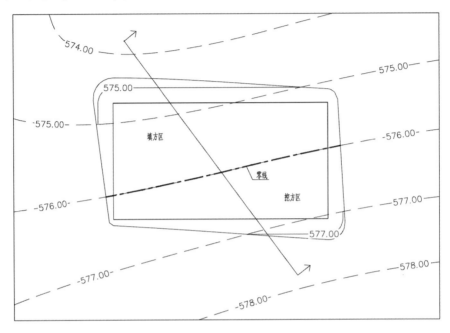

图 3.3-1　填、挖方区域示意平面图

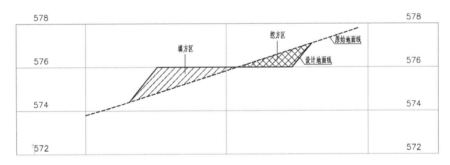

图 3.3-2　填、挖方区域示意剖面图

图 3.3-3　填、挖方区域示意模型

当然在实际项目中，不是所有的项目都存在填、挖方两种情况的。有的项目根据实际情况仅存在填方即为纯填方场地（图 3.3-4），或仅存在挖方即为纯挖方场地（图 3.3-5）。

图 3.3-4　纯填方模型

图 3.3-5　纯挖方模型

3.3.1　土方量计算方法

传统的土方工程量计算方法有体积法、断面法、方格网法，计算过程都过于烦琐，计算效率、计算精度较低，且传统土方工程量计算方法的适用范围都受地形条件限制。

在传统土方量计算方法的基础上，基于规则格网的 DEM 模型和基于不规则三角网的 DEM 模型也越来越被应用于土方工程量计算中，并且其计算效率和精度都优于传统计算方法。采用定向数字高程模型的方式构造数字高程模型，实现了精度更高、成果更细致的计算方法，为大面积不规则区域的土方量计算工作提供了一种切实可行的方法。

Civil 3D 能够利用 DEM 数字模型构建的曲面数据进行精确的土方量计算，所采用的组合体积法是基于两个曲面中的点对新曲面进行三角剖分。该方法使用两个曲面中的点，以及任何位于两个曲面交点间的三角形各边的位置来从复合三角网直线创建棱（柱）体线段。将基于两个曲面之间的高程差来计算新的组合曲面高程，如图 3.3-6 所示。

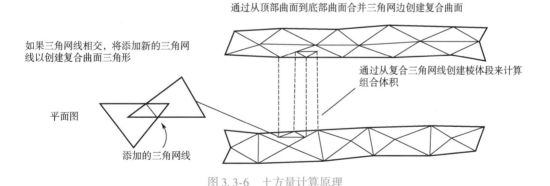

图 3.3-6　土方量计算原理

3.3.2　土方量计算步骤

土方量计算不仅仅只是对场地平整的土方工程量计算，也可以是对整个项目土方工程量的计算。在使用 Civil 3D 进行曲面建模时，不仅仅只是计算两个曲面之间的体积，而是需要创建多个曲面，然后对土方量进行精确的计算。曲面如：原始地面曲面、设计地面曲面、地下车库顶曲面、地下车库底曲面等。需要根据地勘报告考虑各种因素，如湿陷性、桩基的类型等。

放坡与土方是一体的，只算土方量不管放坡，土方量误差是很大的。没有安全边坡支挡的土方是不完整的，这是三维总图建模中一项重要工作。护坡有边坡、挡土墙、各类支护等。地形设计阶段，必须考虑支挡工程，尽管在下一阶段的设计中会进一步交代支挡方式和结构做法，但各个阶段都不能忽视场地安全支护的存在和数量。

平土标高的确定需要考虑：平台数量、各平台高差适应范围、平台划分位置、平台尺寸、平台衔接方式（台阶、挡土墙、踏步）、场地与外界连通方式（平进、跨越、桥梁、隧洞）、安全防护距离等。

建筑机械的适用性对土方量计算也有一定制约作用。例如在机械化施工条件差的区域，采用多台阶来减少相对高差，多平台布置，是便于施工及基础处理的经济形式。在机械化程度高的区域，就可以适应大开挖、大平台、大高差的建设形式。

三维设计可以很快判断出高差连接不上、平台划分不合适、土方量不均衡、连通方式不合理等问题。在多期平整与单期平整的关系处理中，可以辅助实现快速决策。

综上所述在三维总图设计中土方量计算的基本思路是：首先对原始场地地形、地质条件进行分析，构建地表模型，对场地形成直观掌控；然后确定场地平整边界和范围，进行场地平整初步方案设计；从实用性和经济性上，优化设计方案；最后计算土方工程量并提交成果。

Civil 3D 中土方工程量计算的流程如图 3.3-7 所示。

图 3.3-7　Civil 3D 中土方工程量计算的流程

1. 创建原始地形三维模型

对测量图（图 3.3-8）进行处理和转换，将数据采集点导入至 Civil 3D 中，利用曲面创建工具添加高程点和等高线，完成原始场地地表模型的创建（图 3.3-9）。

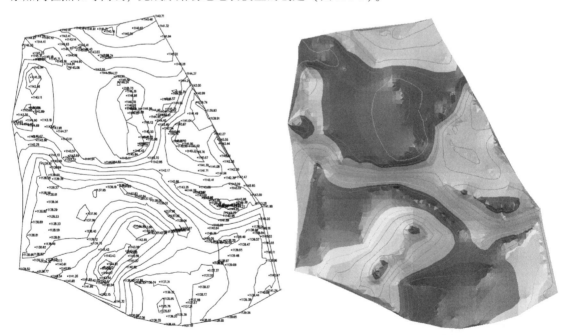

图 3.3-8　原始场地地形图　　　　　　　　　图 3.3-9　原始场地模型

2. 数据点检查和特征线设置

对原始场地地表模型进行检查，找出异常数据点并将其删除（图 3.3-10），即为"排除"

（图 3.3-11）；然后对场地构造特殊且又无法简化的区域进行设置，局部添加特征线和数据点，来提高模型精度，完成对基础数据的处理（图 3.3-12）。以上步骤是实现工程场地平整的前提，它将直接影响后续填挖土方量计算结果的准确性。

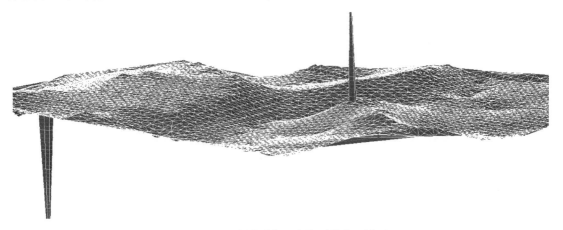

图 3.3-10　含错误高程点的原始曲面模型

定义选项	值
生成	
复制已删除的从属对象	否
排除小于此值的高程	是
高程 ＜	1110.000米
排除大于此值的高程	是
高程 ＞	1170.000米
使用最大角度	否
相邻三角网线之间的最大角度	90.0000 (d)

图 3.3-11　对错误点进行排除

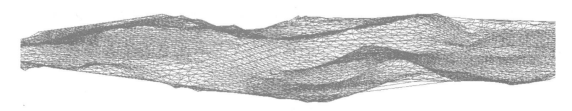

图 3.3-12　排除错误点后的原始地形

3. 创建设计场地三维模型

根据场地竖向设计图，在 Civil 3D 中创建设计场地的三维模型。通过使用要素线创建建筑地坪、道路、护坡等模型曲面，最后将其整合在一起形成整个设计场地的三维模型。

4. 土方工程量初算

土方工程量计算与工程投资直接相关。在 Civil 3D 中可利用原始曲面与设计曲面，通过创建体积曲面来进行土方工程量的计算。可在体积面板中快速查看土方工程量（图 3.3-13），也可以在体积曲面特性中快速查看场地的土方工程量（图 3.3-14）。

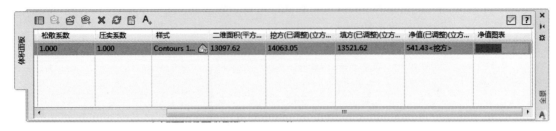

图 3.3-13　体积面板中快速查看土方工程量

图 3.3-14　体积曲面特性中快速查看场地的土方工程量

5. 填挖平衡及设计标高确定

场地平整设计通常很难一次完成，需要调整不同位置设计标高来满足设计要求。通过对象查看器，对照查看原始场地与设计场地填挖情况。然后利用曲面编辑功能，可快速对设计场地进行更新调整，最终达到实现填挖平衡和场地设计要求的目的。

6. 土方工程图

在 Civil 3D 中利用俄罗斯土方插件或西安木玉泽景观规划设计有限公司研发的土方插件可生成土方方格网图（图 3.3-15、图 3.3-16），并以此作为场地平整设计的施工依据（正数为填方，负数为挖方）。

3.3.3　土方平衡工程

根据《城乡建设用地竖向规划规范》（CJJ 83—2016），土方平衡是指组织调配土石方，使规划区域挖、填方量基本上可以自给自足，不浪费土方及运输等资源，从而确定存、弃土区域的工作。在基础工程开挖施工进行时，将土方外输内运等运输工作最大化地降低，不但可以节省总工程造价，而且会在较大程度上影响现场的平面布置。想要土方平衡，首先必须确定场地设计地面形式。场地设计地面形式将自然地貌变更为满足规划要求的人造地形，根据自然地貌不同区域的不同坡度，可分别设计成平坡式、阶梯式及混合式。当原始自然地形坡度小于 5% 时，适合规划为平坡式；当原始自然地形坡度大于 8% 时，应当规划为阶梯式；当用地自然地形坡度为 5% ~ 8% 时，宜规划为混合式。

山地城市的场地土方平衡项目，是一项综合性较强的工程项目。从土方运输的空间建设上处理该项目时，还必须同时考虑到相应的技术、经济是否与之相协调，并且达到利益最大化，而且

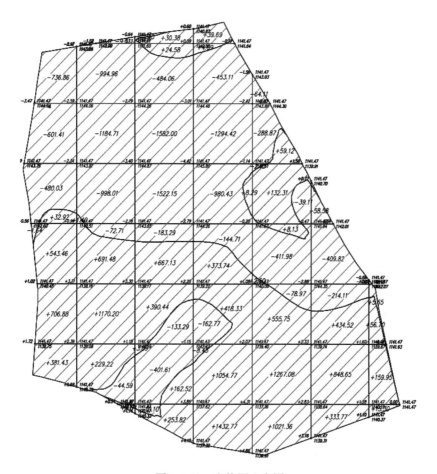

图 3.3-15　方格网土方图

Fill	1664.69	2095.34	1532.76	3331.68	3046.25	1616.94	237.60	sum m³	13525.26
Cut	-1819.94	-3304.49	-4317.95	-3043.89	-885.19	-682.51	0.00		-14053.97

图 3.3-16　汇总土方量

还得多方案分析对比，才能得出最佳方案。较于平原城市的土方平衡项目，土方需求以及消耗量较少，容易做到挖填量平衡要求。

土方平衡工程是评估竖向规划方案的一个重要指标，同时也是工程造价预算投资的必要凭据。所以在满足竖向规划条件的同时，我们应该始终落实多种方案对比，符合土方平衡工程量最小的基本原则。"就近合理平衡"不仅仅是纯粹的要求项目施工范围内部分区域的土方量平衡，而且是综合利用各有利且恰当条件，实现以用地范围内土方使用利用率有所提高、自给自足、提高规划效益等为权衡原则的土方平衡。

当地基处理包含换土时，需要注意的是土方量计算要遵循两个原则，一是不同类别的换填土要分别计算，二是换填时挖出的体积和回填的体积要分开计算。由于挖出后一般需要对原地面进行碾压等处理，所以回填的土方量往往大于挖出的土方量。

在设计过程中，不可能一次就能做到土方平衡。如果整个场地挖、填土方量不能平衡，就应该进行调整优化设计。调整优化之前可运用 Civil 3D 对场地的填挖区域及填挖高度进行分析，生成填挖高度分析图（图 3.3-17）及填挖三维模型（图 3.3-18），这样对场地内任意处的填挖高度将一目了然，方便调整设计。调整设计方法有两种，即进行局部设计坡度调整的方法和设计表面普升（或普降）的方法。当初始设计方案的挖填比与理论挖填比相差不大时，可采用前一种方法进行局部调整设计，这种方法的优点是可以适当调整减少总土方量。实际工程常常采用设计表面普升（或普降）的方法进行调整设计，采用普升（或普降）的方法时，土方量的挖方和填方之间发生转换，对总土方量影响不大。

在实际工程中，根据现有的单一性质土方量计算的计算理论进行设计，施工结果与设计成果有差别，达到真正意义上的土方平衡是一件十分困难的工作。

场地中影响土方平衡的因素主要分为三大类：一是勘察工程中的误差；二是设计计算过程中的误差；三是施工过程中不可避免的误差。

填挖高差表					
编号	较小高差	较大高差	颜色	面积	比例
1	-33.60	-25.00		33663.77	1.86%
2	-25.00	-15.00		174866.59	9.68%
3	-15.00	-10.00		188280.23	10.42%
4	-10.00	0.00		466657.26	25.83%
5	0.00	10.00		634677.37	35.14%
6	10.00	15.00		102577.96	5.68%
7	15.00	20.00		74741.30	4.14%
8	20.00	30.00		83887.03	4.64%
9	30.00	42.43		47030.48	2.60%

图 3.3-17　填挖高度分析图

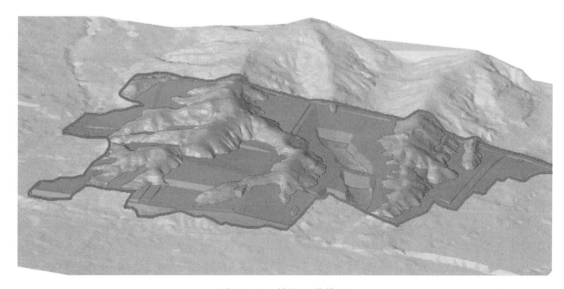

图 3.3-18　填挖三维模型

3.3.4　二次土方精算

把建（构）筑物及设备的基础、厂区道路、地下管线及沟槽等出土量称为二次土方。传统计算主要为估算，在建立了三维模型之后，这一部分的工程量可以比较精确地计算出来，以供建设及施工单位参考。比如公路、铁路等都是线性工程，沿线范围调运土方难度太大，一般都是就近调运。再如水库大坝等，开挖量大，需要设置合适的取弃土场。在三维建模时，取、弃土场也一并纳入整体模型，统一考虑规模和运距，通过三维浏览显示可能会对周边产生的影响（图3.3-19）。

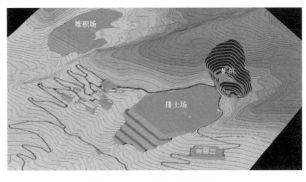

图 3.3-19　某采矿区模型

　　下面以某项目建筑物基坑的土方量计算为例，展示场地在 Civil 3D 中的二次土方精算过程。

1. 创建原始场地模型

　　无论是一次土方量计算还是二次土方量计算，都需与原始场地发生关系，所以首先需在 Civil 3D 中对原始场地进行还原（图 3.3-20）。

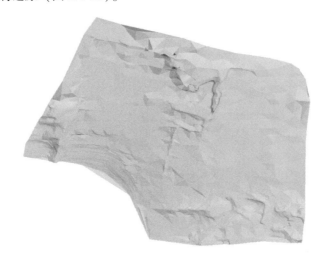

图 3.3-20　原始场地模型

2. 创建建筑物基坑开挖模型

　　根据结构专业提供的建筑基坑开挖数据，在 Civil 3D 中对建筑基坑的模型进行创建，基坑模型与原始地形之间根据施工要求使用护坡来衔接（图 3.3-21）。

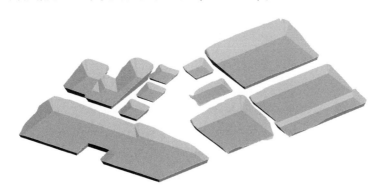

图 3.3-21　建筑基坑模型

3. 基坑开挖模型与原始场地模型的融合

在进行土方量计算之前，需将建筑基坑模型与原始场地模型进行粘贴（图 3.3-22）。

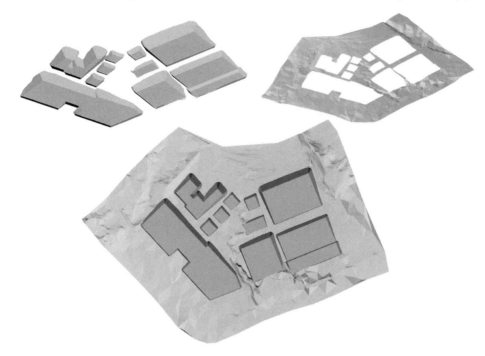

图 3.3-22　建筑基坑模型与原始场地模型的粘贴

4. 建筑物基础土方量计算

在 Civil 3D 中通过创建建筑物基坑曲面与原始曲面的三角网体积曲面，查看土方填挖工程量（图 3.3-23）。

统计信息	值
⊞ **常规**	
⊞ **三角网**	
⊟ **体积**	
基准曲面	原始场地
对照曲面	粘贴开挖与原始曲面
松散系数	1.000
压实系数	1.000
挖方体积（改正的）	172977.97 立方米
填方体积（改正的）	197.77 立方米
体积净值（改正的）	172780.20 立方米〈挖方〉
挖方体积（未改正的）	172977.97 立方米
填方体积（未改正的）	197.77 立方米
体积净值（未改正的）	172780.20 立方米〈挖方〉

图 3.3-23　体积曲面特性中查看土方工程量

3.3.5　土方调配

土方调配指的是在建筑策划和施工过程中，科学的进行土方运输作业，在保证土方工程作业成本最小的情况下，确定出土方的调配方案路线，从而达到经济合理的目的，其中包括土方运出及回填。

土方调配是指从挖方区向每个填方区运送其自身所需的特定量的土方。土方调配的关键则是在满足每个填方区特定土方量的条件下，以优化如最小总费用或最少总运输量为目标，合理经济的分配挖方区的土方供给。

根据《城乡建设用地竖向规划规范》（CJJ 83—2016），城乡建设用地土方平衡与调运，主要在于运距的经济性，与土方运输的方式有紧密关系。其中，土方运输手段、存土区条件、挖填步骤是否同步进行等均是影响制订土方调运方案的主要因素。

划分调配区应注意下列几点：

（1）调配区位置理应与建（构）筑物平面位置协调，调配区大小也理应满足土方施工机械的技术要求，同时将各建筑物的开工顺序以及工程分期施工顺序考虑进去。

（2）施工范围较大，挖填区块相对较多时，可根据施工建筑周围地形，就近存土，将存土区视为一独立调配区。

场地模型根据土方量计算的结果，通过二次开发的土方调配程序，对每处填挖方进行土方调配，采用就近原则，在满足场地内土方量之后，在合理位置进行土方余土堆放，最后自动生成土方调配图（图 3.3-24）及土方调配统计表（图 3.3-25）。

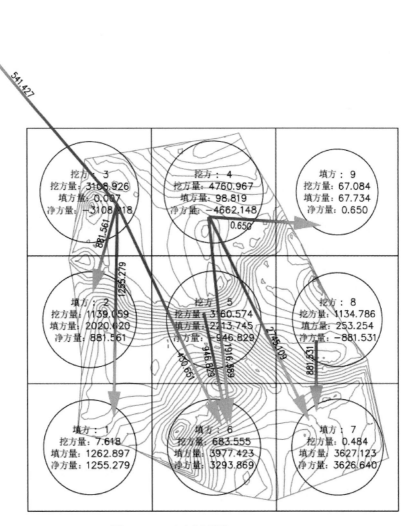

图 3.3-24　土方调配图

土方调配统计表

挖方区	填方区	调配量	平均运距
挖方：3	填方：1	1255.279	79.390
挖方：3	填方：2	881.561	46.752
挖方：3	填方：6	430.651	106.560
挖方：4	填方：6	1916.389	91.122
挖方：4	填方：7	2745.109	96.190
挖方：4	填方：9	0.650	31.605
挖方：5	填方：6	946.829	54.319
挖方：8	填方：7	881.531	37.740
挖方：3	弃土场	541.427	

图 3.3-25　土方调配统计表

3.4　道路设计模型

场地的交通运输组织和交通线路及其设施的布置是场地总平面设计的重要内容之一。对于民用建筑场地主要是布置场地道路、广场及停车场；对于大、中型工业建筑场地还要布置铁路、铁路车站、货场以及其他交通运输方式，如带式输送通廊、管道、机械化运输等运输设施。本节仅就场地道路、广场及停车场布置做简要介绍。

3.4.1　道路技术指标

1. 一般道路等级

根据项目用地性质可分为民用项目和工业项目。其中工业项目中道路根据其任务和性质不同可分为厂外道路、厂内道路。厂外道路通常为工业项目中为厂矿企业与国家公路、城市道路、车站、港口、原燃料基地相衔接的对外公路，或与本厂距离分散的车间、仓库、渣场和居住区之间的联络公路。厂内道路为厂（场）地内部的道路。

厂内道路根据场地性质、规模及道路功能的不同，道路等级也不一样，通常分为主干道、次干道、支路和引道、专用人行道（图 3.4-1、图 3.4-2，某学校内部道路）。

（1）场地主干道。

场地主干道是连接场地主要出入口与主要组成部分的道路，是场地道路的基本框架，属全局性的。通常交通流量较大、道路路幅宽度较宽、景观要求较高。

（2）场地次干道。

场地次干道是连接场地次要出入口及各组成部分的道路；它与主干道相配合，一般路幅宽度不宽、交通流量不大。

（3）场地支路和引道。

场地支路和引道是连接场地次干道及场地内各建筑物的道路。通常其交通流量不大、路幅较窄，满足使用功能及消防要求即可，路幅宽度不应小于 4.0m。对于较为重要的建筑物，引道的宽度可根据实际需求适当加宽，一般应与建筑物的出入口宽度相适应。

（4）专用人行道。

专用人行道是指场地内独立设置的仅供行人和自行车等非机动车通行的步行道。专用人行道多具有休闲功能，可根据场地性质和使用功能，结合场地中休息广场及绿地等区域设置。

现代的多功能社区，特别是大型居住区，还可以根据实际设置专用的慢行系统。慢行系统应充分考虑其安全性和实用性，可结合场地内的次干道、支路以及专用人行道设置。

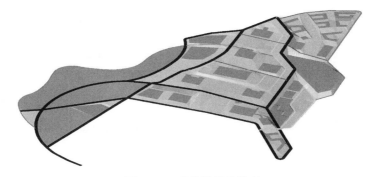

图 3.4-1　某学校场地模型

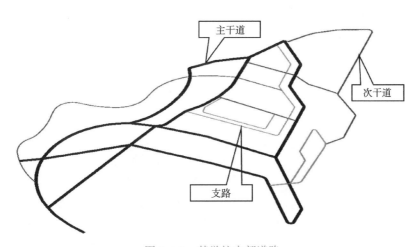

图 3.4-2　某学校内部道路

2. 道路横断面

道路由机动车道、非机动车道、人行道、分隔带、绿化带、构筑物（排水设施、照明设施、地面线杆、地下管线）、附属设施（停车场、回车场、交通广场、公共交通站场）等组成。常规道路要素组成如图 3.4-3 所示。

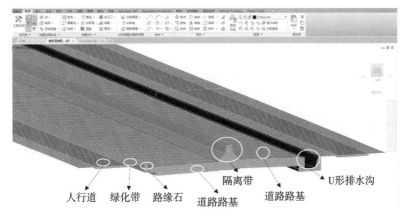

图 3.4-3　常规道路组成要素模型图

（1）道路横断面形式。

总图中道路横断面形式分为城市型道路和公路型道路，如图3.4-4所示。

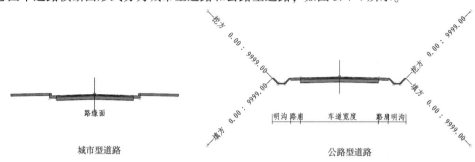

图 3.4-4　道路形式

1）城市型道路。

城市型道路设路缘石，采用雨水管道排水。城市型道路横断面的形式按行车道是否设分隔带又可划分为一块板型道路、两块板型道路、三块板型道路，如图3.4-5、图3.4-6、图3.4-7所示。一块板型道路适用于交通量不大的企业内道路，三块板型道路适用于大、中型企业的厂前区道路，两块板型道路由于车辆行驶灵活性差，故很少采用。

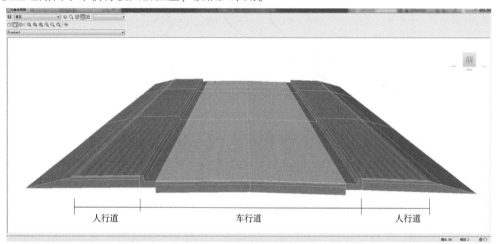

图 3.4-5　一块板型道路

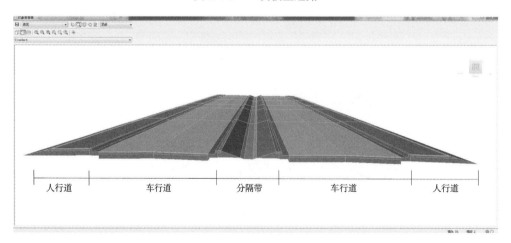

图 3.4-6　两块板型道路

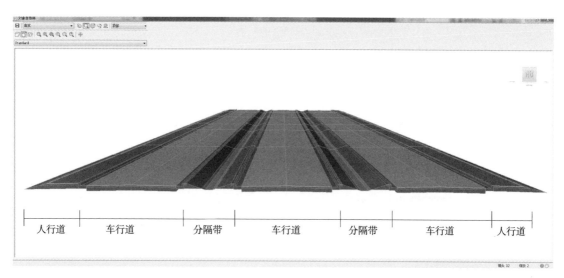

图 3.4-7　三块板型道路

2）公路型道路

公路型道路不设路边缘石，采用明沟排水（图 3.4-8）。一般在下列情况下考虑使用：

①道路附近无雨水下水道可利用时。

②多雨地区采用明沟和雨水下水道相结合时。

③道路旁有汽车停车场及装卸场地时。

④厂区边缘地带或傍山道路。

⑤施工期间的道路和拟扩建的道路。

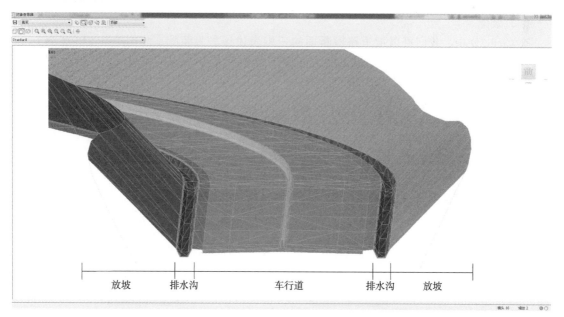

图 3.4-8　公路型道路模型

3）其他常用横断面。

实际工作中会有多种不同组成形式的道路横断面，通常需要根据横断面的形式进行组装。图 3.4-9 列举了部分横断面形式。

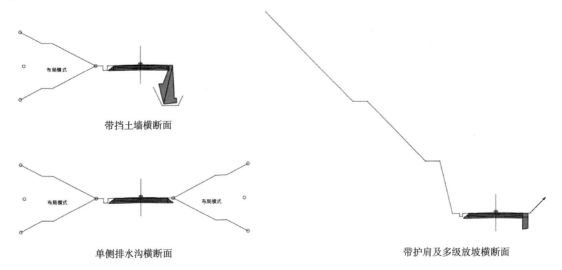

带挡土墙横断面

单侧排水沟横断面

带护肩及多级放坡横断面

图 3.4-9　道路横断面

（2）道路路面宽度。

道路路面宽度取决于行车道的宽度和数目。行车道的宽度取决于车辆的外形尺寸、车辆外缘至路面边缘间以及车辆与车辆间必要的安全间距。厂区道路宽度可根据企业类型来确定。民用场地通常情况下，双车道宽 6.0 ~ 7.0m，单车道宽 3.5 ~ 4.0m。如有自行车等非机动车混行时，需适当加宽。另外，特定场地的道路宽度还应满足相关规范的规定。设在道路一侧或两侧的人行道，最小宽度不小于 2.5m，其余人行道的最小宽度可小于 2.5m。人行道边缘至建筑物外墙最小距离为 1.5m。

（3）装配。

在 Civil 3D 中，我们可以把道路横断面的三维表述称之为装配。装配由部件组成，它包含并管理一组用于形成三维道路模型基本结构的部件（图 3.4-10）。通过在装配基准线上添加一个或多个部件对象（例如行车道、路缘和边坡），这就构成了道路横断面的设计。

根据不同的情况需要将多个部件组装为不同的装配。例如，一条高架路，在落地段，它的横断面形式中包含边坡形式，在非落地段则应取消边坡。在这种情况下，需要设计两种装配，其中一种装配包含边坡，应用于高架落地段；另外一种不包含边坡，应用于非落地段（图 3.4-11）。通过在不同的路线桩号处指定不同的装配类型，就可以建立一段完整的道路模型。

图 3.4-10　Civil 3D
部件选项版

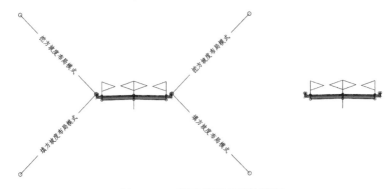

图 3.4-11　道路横断面整体装配

3. 道路纵断面

（1）车行道纵坡。

道路的纵断面设计，应使车辆具有较好的行驶条件和场地具有有利的排水条件。因此纵断面的确定应与场地竖向布置、建筑物的地坪标高互相配合。

场地道路的最小纵坡不小于0.3%，最大纵坡不应大于8%，个别路段可不大于11%，但长度不应超过80m。当道路纵坡较大，要避免长距离的上坡或下坡，为保证行车安全，对不同纵坡的坡长应予以限制。

当道路纵坡较大又超过限制坡长时，应设置不大于3%的缓坡段，其长度不宜小于80m。当相邻两段纵坡差大于2%时，应设置竖曲线。当竖曲线转坡点在曲线上方时为凸形竖曲线，反之为凹形竖曲线。凸形竖曲线的最小半径为300m，凹形竖曲线的最小半径为100m。场地内道路竖曲线设计如图3.4-12所示。

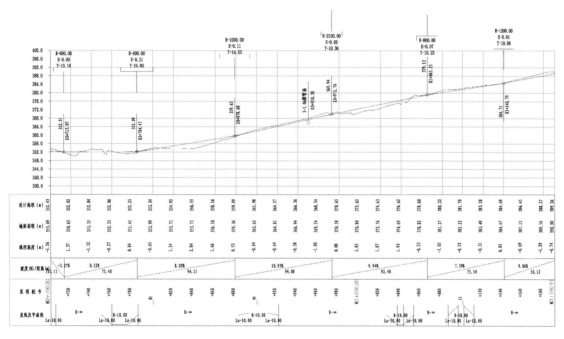

图3.4-12　场地内道路竖曲线设计图

（2）人行道纵坡。

场地道路中人行道最大纵坡一般不应大于8%，纵坡大于8%时，应设置踏步，并注意防滑，如图3.4-13所示。一般踏步以3～18级为宜；踏面高12～15cm，宽30cm左右，横坡可设成1%～3%，利于排水。人车混行时，人行道的高度通常高出车行道8～20cm，满足人行交通和保证行人安全，并布置绿化、地上栏杆、地下管线，以及护栏、交通标志等附属设施。

图3.4-13　人行道模型

4. 转弯半径

转弯半径是指道路转弯处内边缘的平曲线半径，转弯半径的大小与通行车辆的种类、型号及限制车速有关。通常情况下，以小型车为主的场地道路最小转弯半径为6m，通行大巴车和普通消防车的道路最小转弯半径为9m，通行消防登高车的道路最小转弯半径为12m。特殊场地根据不同要求另定。常见车辆最小转弯半径如图3.4-14、图3.4-15。

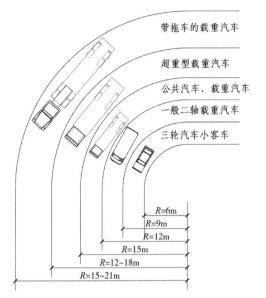

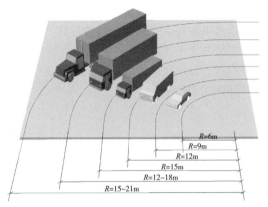

图3.4-14　车辆最小转弯半径平面图　　　　图3.4-15　车辆最小转弯半径模型图

5. 加宽及超高

（1）加宽。

汽车在弯道上行驶时，各个车轮的行驶轨迹不同，在弯道内侧的后轮行驶轨迹半径最小，而靠近弯道外侧的前轮行驶轨迹半径最大。当转弯半径较小时，这一现象表现得更为突出。为了保证汽车在转弯时不侵占相邻车道，半径小于250m的曲线路段均需要加宽。

（2）超高。

根据城市道路规范或者公路规范，对半径小于不设超高最小半径设置超高，超高2%～4%。超高的过渡方式有无中间带道路的超高过渡以及有中间带道路的超高过渡（图3.4-16）。

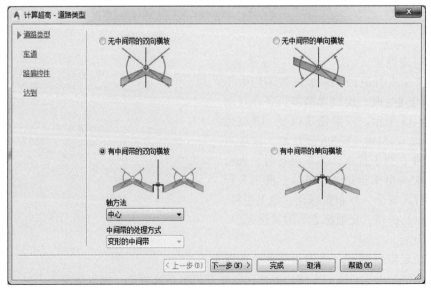

图3.4-16　超高类型界面

在 Civil 3D 中，通常在路线阶段设置好超高及加宽对应的设计规范文件，如图 3.4-17 所示。然后使用支持超高的装配生成道路。图 3.4-18、图 3.4-19 为同一条道路上，正常路段及超高加宽路段（左侧超高，右侧加宽）的横断面图对比。

图 3.4-17　设置超高及加宽

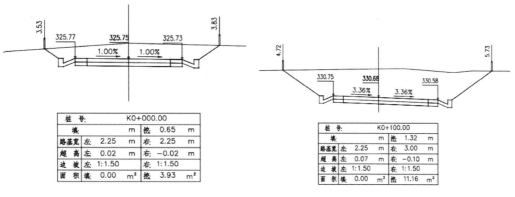

图 3.4-18　正常段道路横断面　　　　图 3.4-19　需设置超高及加宽的道路横断面

3.4.2　道路布置形式

1. 环状式

场地的功能分区是以道路作为划分的界线，建筑物平行道路布置，道路围着建筑物形成环状道路网。此种形式又分内环式、环通式和半环式。环状式路网，纵横交错，联系方便，既便于交通组织，又满足功能需求及消防要求。适用于规模较大，地形条件较好，交通流量较大的建筑场地，如图 3.4-20 所示。

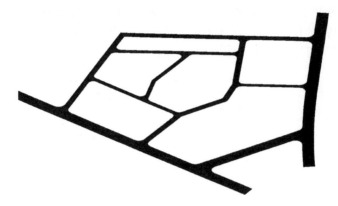

图 3.4-20 环状式布置图

2. 尽端式

位于山区或丘陵地区的建筑场地，由于地形起伏较大，难以使道路形成环状，只能根据地形条件将道路延伸，终止在特定位置，即形成尽端式道路布置。此种形式对于场地地形变化适应性强，其平面线型及纵坡变化较为灵活，线路长度短；其最大缺点是场地内建、构筑物之间的交通联系不便。尽端式道路线路不宜过长，一般宜小于或等于 120m，并应在尽端处设置回车场，回车场最小

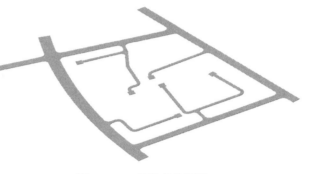

图 3.4-21 尽端式布置图

不应小于 12m×12m，有消防车通行时，不得小于 18m×18m。尽端式道路回车场的布置形式，如图 3.4-21 所示。

3. 混合式

在一个场地内，既有环状式，也有尽端式的道路布置形式，称为混合式。此种形式可结合地形条件，灵活布置，兼有上述两种布置形式的优点。在满足场地交通功能的同时，也可减少道路用地和土方工程量，适用范围较广，如图 3.4-22 所示。

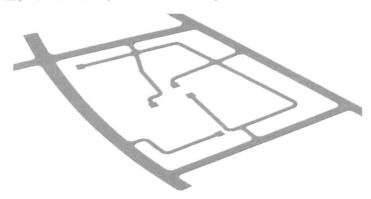

图 3.4-22 混合式布置图

4. 回车场

场地内尽端式道路超过 35m 时，应在道路尽端设置回车场。回车场的面积不应小于 12m×

12m，可兼做普通消防车的回车场地。条件允许时可设置 15m×15m 的大型消防车回车场。各类回车场的车行方式及尺寸如图 3.4-23 所示。

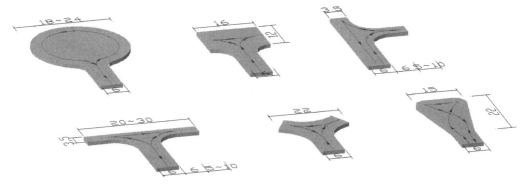

图 3.4-23　各类回车场的车行方式及尺寸图

3.4.3　道路交叉口设计

1. 平面交叉口设计基本形式

（1）十字形交叉口。两条道路垂直相交或近似垂直相交，其形式简单，交通组织方便，街角建筑易于处理，适用范围广，是最基本的交叉口形式，如图 3.4-24、图 3.4-25 所示。

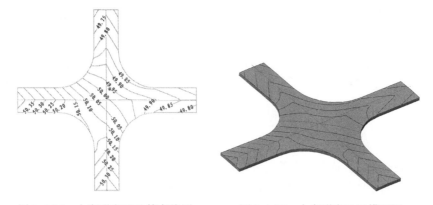

图 3.4-24　十字形交叉口等高线图　　　　图 3.4-25　十字形交叉口模型图

（2）X 形交叉口。两条道路以锐角或钝角相交。当相交锐角较小时，交叉口呈狭长，不利于交通组织，街角建筑也难以处理，应尽量减少。当必须斜交时，交叉角不宜小于 45°，当场地道路同城市道路相交时，交叉不宜小于 70°，如图 3.4-26、图 3.4-27 所示。

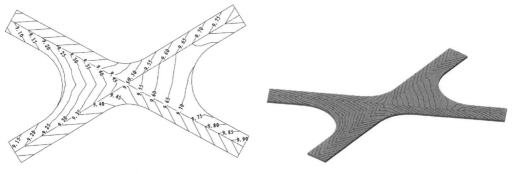

图 3.4-26　X 形交叉口等高线图　　　　图 3.4-27　X 形交叉口模型图

（3）丁字形交叉口。这是道路尽端与另一条道路相交的主要形式。当次要道路同主干道路相交时，应保证主干道路的交道顺畅，如图 3.4-28、图 3.4-29 所示。

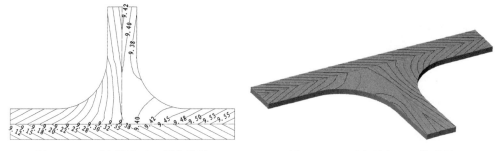

图 3.4-28　丁字形交叉口等高线图　　　　　　图 3.4-29　丁字形交叉口模型图

（4）Y 形交叉口。由于受场地条件限制或道路布局而产生的形式，用于主干路同次要道路的交叉，如图 3.4-30、图 3.4-31 所示。

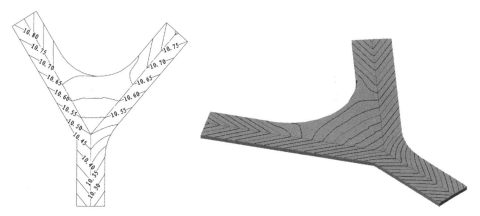

图 3.4-30　Y 形交叉口等高线图　　　　　　图 3.4-31　Y 形交叉口模型图

（5）复合式交叉口。这是由多条道路交汇的地方，易突出中心的效果。但用地多，且交通组织困难，场地道路一般不用，城市道路采用时应慎重，如图 3.4-32、图 3.4-33 所示。

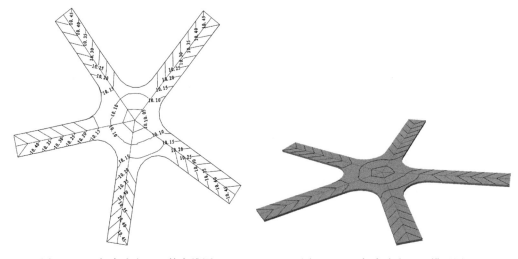

图 3.4-32　复合式交叉口等高线图　　　　　　图 3.4-33　复合式交叉口模型图

2. 平面交叉口竖向设计

在场地设计中，交叉口的竖向设计也是极为重要的。交叉口处的标高直接影响相交道路的标高及坡度，合理的交叉口竖向设计可以满足车行的舒适性、保证场地内排水的通畅、保证与四周建筑物地坪标高的协调性等。

在交叉口竖向设计中，根据相交道路纵坡方向，以十字形交叉口为例（假设东西向道路为主干道，南北向道路为次干道），可将其划分为以下六种基本类型。

1）交叉口 1。主干道纵坡均由西向东，次干道纵坡均由南向北（图 3.4-34、图 3.4-35）。此交叉口竖向设计在场地竖向设计中较为常见，相交道路的纵坡方向根据整个场地的高程及排水方向进行设计。

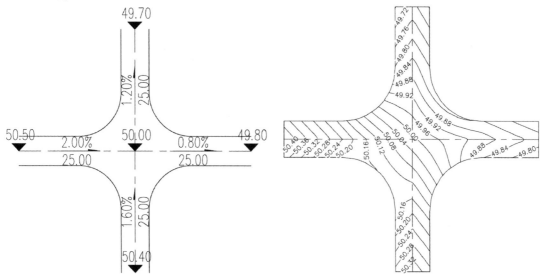

图 3.4-34 交叉口 1 竖向图　　　　　　　　图 3.4-35 交叉口 1 等高线图

2）交叉口 2。主干道纵坡由交叉口分别指向东西两侧，次干道纵坡由交叉口分别指向南北两侧（图 3.4-36、图 3.4-37）。此交叉口竖向设计较为理想，道路中心线交叉点标高最高，虽然交叉口不会存在积水的情况，但场地竖向设计中不常见到，因为交叉口的竖向设计不是单独存在的，需与场地竖向设计等相协调。

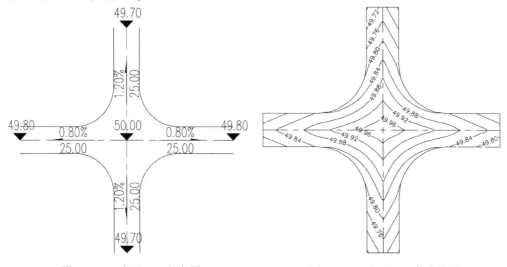

图 3.4-36 交叉口 2 竖向图　　　　　　　　图 3.4-37 交叉口 2 等高线图

3）交叉口 3。主干道纵坡分别由东西方向指向交叉口，次干道纵坡分别由南北方向指向交叉口（图 3.4-38、图 3.4-39）。从竖向图与等高线图上均可看出道路中心线交叉点标高在交叉口中最低，相交道路上的雨水均根据纵坡聚集到此交叉口，此交叉口竖向设计不合理，在实际项目中尽量不要设计。如果必须要设计此种竖向的交叉口，则必须在交叉口的四个角处均设置雨水口，解决交叉口的排水问题。

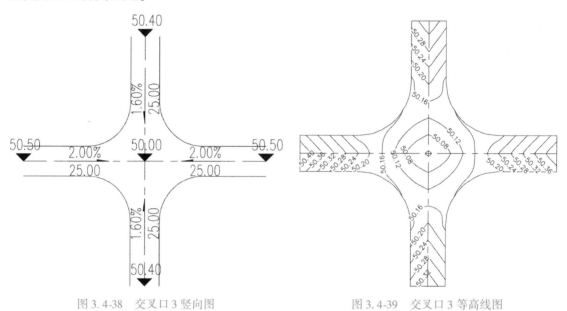

图 3.4-38　交叉口 3 竖向图　　　　　　　　图 3.4-39　交叉口 3 等高线图

4）交叉口 4。主干道纵坡分别由东西方向指向交叉口，次干道纵坡均由南向北（图 3.4-40、图 3.4-41）。此交叉口竖向设计根据相交道路在交叉口处纵坡的方向，交叉口东北角与西北角容易积水，需设置雨水口，满足交叉口排水需求。

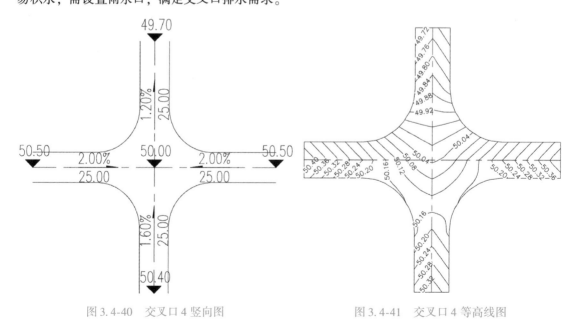

图 3.4-40　交叉口 4 竖向图　　　　　　　　图 3.4-41　交叉口 4 等高线图

5）交叉口 5。主干道纵坡分别由东西方向指向交叉口，次干道纵坡由交叉口分别指向南北两侧（图 3.4-42、图 3.4-43）。此交叉口竖向设计根据相交道路在交叉口处纵坡的方向及等高线图，可以分析出此交叉口内部不会出现积水的情况，可不设置雨水口。

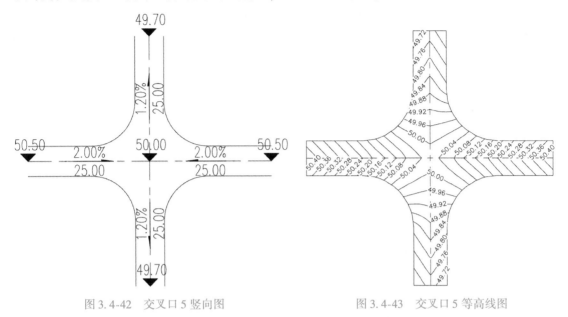

图 3.4-42 交叉口 5 竖向图   图 3.4-43 交叉口 5 等高线图

6）交叉口 6。主干道纵坡均由西向东，次干道纵坡由交叉口分别指向南北两侧（图 3.4-44、图 3.4-45）。此交叉口竖向设计在场地竖向设计中也比较常见，交叉口不会出现积水的情况，可不设置雨水口。

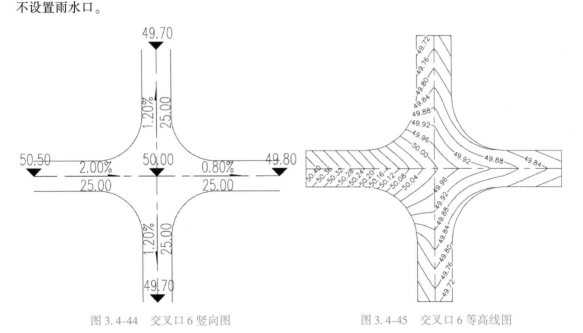

图 3.4-44 交叉口 6 竖向图   图 3.4-45 交叉口 6 等高线图

3. 平面交叉口竖向表达方式

在实际场地设计的项目中，平面交叉口常用的竖向表达方式有三种：标高坡度法、等高线设计法以及方格网法。

（1）标高坡度法。即在道路交叉口处标注标高及坡度坡向，用此来表示交叉口的竖向关系，此方法较为简单，但不够细致，在方案阶段或标高不够复杂的情况下较常使用。此方法也是等高线设计法与方格网法的基础，交叉口有了标高和坡度，才能形成等高线和方格网。

（2）等高线设计法（图 3.4-46）。传统的等高线设计法是在交叉口范围内选定路脊线，根据相交道路的标高坡度计算线网，并计算其上各点的设计标高，勾绘出交叉口的设计等高线，最后标出各条等高线上的标高。现在可通过 Civil 3D 软件，根据相交道路的标高创建出交叉口的模型，通过模型可以直接生成交叉口的等高线，不但精准而且高效。

（3）方格网法（图 3.4-47）。方格网法表达交叉口竖向在道路施工图中经常用到。通过 Civil 3D 软件，在创建了交叉口的模型及原始场地模型后，可以很快地生成交叉口的方格网，并且当交叉口标高修改后，方格网上的标高会自动进行调整。

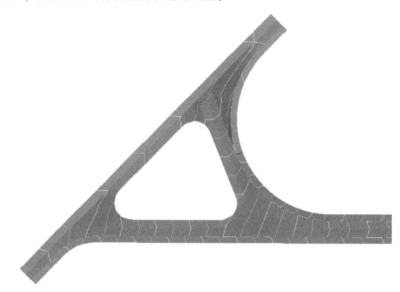

图 3.4-46　交叉口等高线设计法

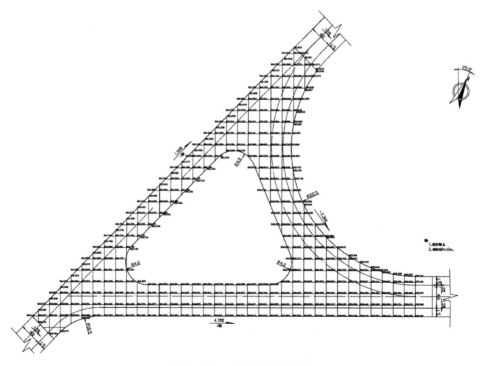

图 3.4-47　交叉口方格网法

4. 立体交叉口设计

立体交叉口常用于城市道路中（图 3.4-48），场地内很少用到。

图 3.4-48　Civil 3D 中创建立体交叉口模型

3.4.4　广场、停车场设计

1. 广场设计

广场设计应按总体规划确定的性质、功能和用地范围，结合交通特征、地形、自然环境等进行，应处理好与毗连道路及主要建筑出入口的衔接，以及和四周建筑物协调，并应体现广场的艺术风貌。

广场竖向设计应符合以下规定：

（1）竖向设计应根据平面布置、地形、周围主要建筑物及道路标高、排水等要求进行，并兼顾广场整体布置的美观。

（2）广场设计坡度宜为 0.3% ~3.0%。地形困难时，可建成阶梯式。

（3）与广场相连接的道路纵坡宜为 0.5% ~2.0%。困难时纵坡不应大于 7.0%。积雪及寒冷地区不应大于 5.0%。

（4）出入口处应设置纵坡小于或等于 2.0% 的缓坡段。

如图 3.4-49、图 3.4-50 所示，为某游乐园入口前广场，广场由中间往东西两侧排水，横坡为 0.3%，纵坡为 0.9%，达到快速排水的目的。

如图 3.4-51 所示，为广场常用竖向设计横断面。当广场内人行道边离花坛边之间的砖砌场地的宽度较小时，可以让该范围内的雨水排至人行道边的雨水口或排水沟；如果该宽度较大，则该砖砌场地可将雨水排向两边的雨水口或排水沟；如果该砖砌场地的宽度较大，则可在砖砌场地的中间加设雨水口或排水沟。

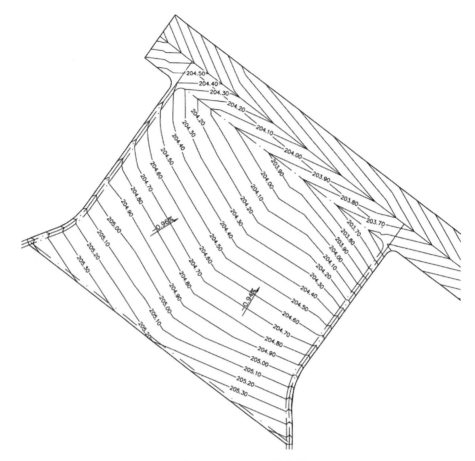

图 3.4-49　广场等高线图

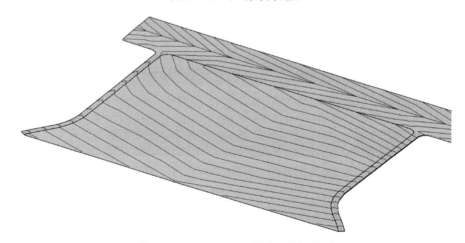

图 3.4-50　Civil 3D 中创建的广场模型

图 3.4-51　广场竖向设计横断面图

2. 停车场平面设计

（1）汽车参数。

在场地中，每块停车场的面积可按其所包含的停车位的数量来计算。实际上，在方案阶段也应对停车场的面积做粗略估算，以便合理控制其规模，但最终面积值的具体落实仍是详细设计阶段的工作。对于地面停车场，一般小汽车的停车面积可按每个停车位 25～30m² 来计算。地下停车场（库）及地面多层式停车场（库），每个停车位面积可取 30～40m²。大型汽车可按一定倍数换算成小汽车来计算停车面积。停车场常见车型外廓尺寸和换算系数见表 3.4-1。

表 3.4-1　停车场常见车型外廓尺寸和换算系数

车辆类型		各类车辆外廓尺寸			车辆换算系数
		总长/m	总宽/m	总高/m	
机动车	微型车	3.20	1.60	1.80	0.70
	小型车	5.00	2.00	2.20	1.00
	中型车	8.70	2.50	4.00	2.00
	大型车	12.00	2.50	4.00	2.50
自行车		1.93	0.60	1.15	

（2）车辆停放方式。

常见的车辆停放方式有平行式、垂直式和斜列式三种。

1）平行式停车。

平行式停车即车位方向与通道方向一致的停车方式，如图 3.4-52、图 3.4-53 所示。相邻车辆头尾相接顺序停放。平行式停车占用的停车道宽度最小，在设置适当的通行带后，车辆出入方便，适宜停放不同类型，不同车身长度的车辆；但前后两车要求净距大，单位停车面积大。实际项目模型如图 3.4-54、图 3.4-55 所示。

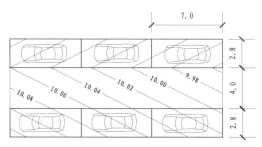

图 3.4-52　平行式停车平面图

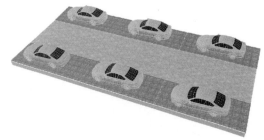

图 3.4-53　平行式停车模型图

图 3.4-54　实际项目模型（一）

图 3.4-55　实际项目模型（二）

2）垂直式停车。

垂直式停车即车位与通道垂直的停车方式，如图 3.4-56、图 3.4-57 所示。垂直式停车相邻车辆都垂直于通道停放，该形式用地紧凑，沿通道单位长度内停放车辆较多，车辆出入便利。但占用停车道较宽、车辆出入所需通道宽度也大。实际项目模型如图 3.4-58 所示。

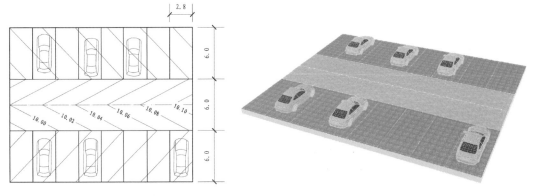

图 3.4-56　垂直式停车平面图　　　　　　　图 3.4-57　垂直式停车模型图

图 3.4-58　实际项目模型

3）斜列式停车。

斜列式停车即车位与通道斜交成一定角度停车排列形式。通常斜度为 30°、45° 和 60°，该形式对场地形状适应性强，出入方便。但因形成的三角地块利用率不高，其单位停车面积较之平行式停车和垂直式停车要大。适用于场地的宽度形状受到限制时使用。如图 3.4-59、图 3.4-60 所示，为 60° 斜列式停车示意图，实际项目模型如图 3.4-61 所示。

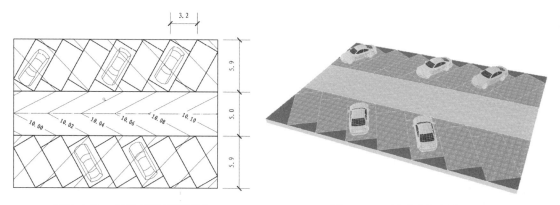

图 3.4-59　斜列式停车平面图　　　　　　　　图 3.4-60　斜列式停车模型图

图 3.4-61　实际项目模型

3. 停车场竖向设计

在竖向设计上，通道宜采用双面坡，如果路边纵坡大于或等于 0.3%，则横坡统一采取 1% ~ 2%；如果路边纵坡小于 0.3%，可做锯齿形边沟设计方法。

停车带的横坡，如果为了防止车辆发生溜坡，则其横坡宜小于 0.5%。但该坡度较小，不利于排水。实际上只要加强管理和自我约束，发生溜坡的概率很低。

如图 3.4-62、图 3.4-63 所示，为一个典型停车场的横断面图。在平面布置方面，相邻停车带之间或间隔几个停车位宜种植一些乔木，这样布置一方面能增加绿化效果，另一方面可以遮阳，避免车辆被暴晒。

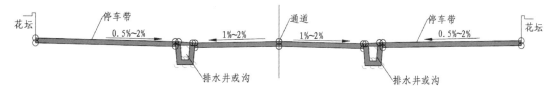

图 3.4-62　停车场竖向设计横断面图

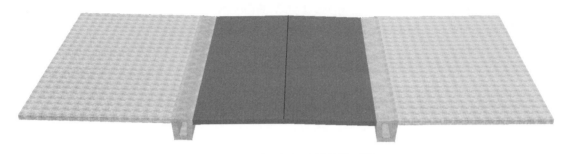

图 3.4-63　停车场竖向设计模型图

3.4.5　道路工程量统计

在传统的二维道路设计过程中，工程量及造价计算主要通过人工的方式，首先需要花费大量的时间去阅读、理解图纸，再进行工程量的计算。但在计算过程中，由于 CAD 图纸只能储存构件的点、线、面等基本信息，因此人工进行计算的工程量精确度低、工作时间长、工作效率低下。而对校核、审核流程来说，大量的图纸和数据需要重新去理解、计算，又是重复同样的低效率劳动。

有了道路三维模型，整条道路的组成部分，如沥青面层、基层、底基层、路基土方、路缘石等结构都在建模过程中生成出来，设计人员可以直接通过计算机整合数据进行快速统计计算，大大避免由于人工统计带来的不可避免的错误和遗漏，并且计算结果准确度高，可以直接供造价部门进行计算。如果路线的平面、纵断面、横断面任意一处发生变化，只需要更新道路模型，工程量会随着构件信息的变化实时调整。基于三维模型的工程量计算方式不仅高效快捷，计算结果也更加真实可靠，因此可以大幅度提高造价人员的工作效率。

通过三维模型得出的工程量数据准确性，主要依赖模型的精细程度，从方案到施工图，随着模型精细程度的提高，工程数量和造价逐步细化。基于模型的造价信息，也更加透明、规范，减少工程浪费。下面对 Civil 3D 中道路工程量计算方法做简要介绍。

1. 工程量计算原理

通常道路工程量需要统计两类，一类是与原始地形进行开挖的土方量，另一类是道路各结构层的工程量。Civil 3D 里面计算道路的土方量可以用断面法和曲面法来计算。断面法计算土方量有利于图纸的表达，缺点是计算不够精确，地形越是复杂的地方，计算精确度越差。曲面法就是通过两个曲面比较计算土方量。和断面法比较，曲面法计算比较准确，但是表达上没有断面法一目了然。两种方式，根据需要灵活运用。

（1）土方工程量。

通过原始地形曲面与设计地面曲面的差来计算填挖方土方量（图 3.4-64 所示）。

图 3.4-64　填挖方示意图

（2）结构工程量。

通过统计各结构造型的体积，来达到统计结构层的工程量。例如在以下道路横断面的图示中，先计算人行道造型的体积（图3.4-65），其次可以通过部件编辑器设计道路结构层（如图3.4-66），进而对道路的工程量进行分层统计。当改变道路宽度或者结构层厚度的时候，相应的工程量也会同时发生变化。

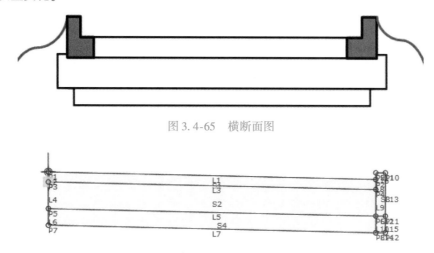

图3.4-65 横断面图

图3.4-66 部件编辑器设计道路结构层

2. 工程量计算流程

（1）定义土方工程量材质。

在计算工程量之前，需要先定义好采样线，采样线间距越小，工程量越精确。根据定义好的材质列表，选择相对应曲面计算土方量（图3.4-67）。

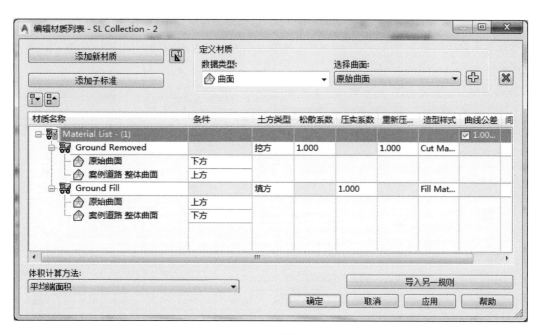

图3.4-67 计算土方量

（2）定义结构工程量材质。

结构工程量是通过添加土方类型为结构类。在数据类型中，选择道路造型，添加对应的道路造型代码（图3.4-68），达到计算结构工程量的目的。

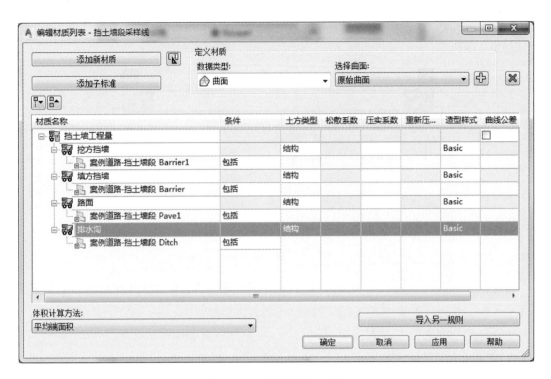

图 3.4-68　计算结构工程量

（3）计算工程量。

定义好材质之后，就可以创建工程量表格了。在创建工程量表格界面中，可以指定表格样式、选择路线和采样线编组等数据，如图 3.4-69 所示。生成的土方量表格如图 3.4-70 所示，相关材质表格如图 3.4-71、图 3.4-72 所示。

土方量							
桩号	填方面积	挖方面积	填方量	挖方量	累计填方量	累计挖方量	净值土方量
K0+000.00	1.34	0.09	0.00	0.00	0.00	0.00	0.00
K0+020.00	1.37	0.10	27.20	1.88	27.20	1.88	−25.31
K0+040.00	0.25	0.19	16.46	2.79	43.66	4.68	−38.98
K0+060.00	20.46	0.00	205.02	1.86	248.68	6.53	−242.15
K0+080.00	5.84	4.67	263.51	46.64	512.19	53.17	−459.01
K0+100.00	34.68	0.00	407.17	46.14	919.36	99.31	−820.05
K0+120.00	40.60	0.00	754.31	0.00	1673.67	99.31	−1574.36
K0+140.00	38.20	0.00	788.37	0.00	2462.04	99.31	−2362.73
K0+160.00	48.94	0.00	871.15	0.00	3333.19	99.31	−3233.88
K0+180.00	63.44	0.00	1114.04	0.00	4447.23	99.31	−4347.92
K0+200.00	70.94	0.00	1332.57	0.00	5779.81	99.31	−5680.50
K0+213.99	69.01	0.00	978.65	0.00	6758.45	99.31	−6659.14
K0+214.01	0.00	0.00	0.69	0.00	6759.14	99.31	−6659.83
K0+288.99	0.00	0.00	0.00	0.00	6759.14	99.31	−6659.83
K0+289.01	20.02	0.00	0.20	0.00	6759.34	99.31	−6660.03
K0+300.00	6.53	0.00	145.82	0.00	6905.17	99.31	−6805.86
K0+320.00	0.00	15.10	64.41	150.03	6969.58	249.34	−6720.24

图 3.4-69　创建材质体积表界面　　　　　　　图 3.4-70　土方工程量表

路面工程量			
桩号	面积	体积	总体积
1+890.00	1.80	0.00	0.00
1+895.00	1.80	9.00	9.00
1+900.00	1.80	9.00	18.00
1+905.00	1.80	9.00	27.00
1+910.00	1.80	9.00	36.00
1+915.00	1.80	9.00	45.00
1+920.00	1.80	9.00	54.00
1+925.00	1.80	9.00	63.00
1+930.00	1.80	9.00	72.00
1+935.00	1.80	9.00	81.00
1+940.00	1.80	9.00	90.00
1+945.00	1.80	9.00	99.00
1+950.00	1.80	9.00	108.00
1+955.00	1.80	9.00	117.00

图 3.4-71　路面工程量统计表

排水沟工程量			
桩号	面积	体积	总体积
1+890.00	0.18	0.00	0.00
1+895.00	0.18	0.88	0.88
1+900.00	0.18	0.88	1.75
1+905.00	0.18	0.88	2.63
1+910.00	0.18	0.88	3.51
1+915.00	0.18	0.88	4.38
1+920.00	0.18	0.88	5.26
1+925.00	0.18	0.88	6.13
1+930.00	0.18	0.88	7.01
1+935.00	0.18	0.88	7.89
1+940.00	0.18	0.88	8.76
1+945.00	0.18	0.88	9.64
1+950.00	0.18	0.88	10.52
1+955.00	0.18	0.88	11.39

图 3.4-72　排水沟工程量统计表

3.4.6　三维道路设计流程

道路三维模型的建立思路和传统的道路设计思路相同，即建立道路的平面路线、设计纵断面、标准横断面，通过"平、纵、横"数据进行扫略放样，形成道路三维模型，创建流程如图 3.4-73 所示。

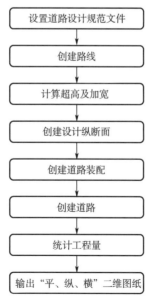

图 3.4-73　创建道路流程

1. 路线设计

通过 Civil 3D 特有的路线布局工具创建道路路线。创建路线过程中，应用路线的布局全景视图对相关路线参数进行修改，包括路线相关图元类型、图元起止桩号、长度、半径等参数，同时可实现道路路线和参数的联动。如图 3.4-74 所示，为某项目中的一条路线局部设计。

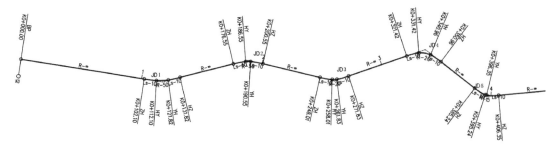

图 3.4-74　路线设计图

2. 纵断面设计

根据路线自动创建包含地面线的纵断面图，并进行设计纵断面绘制。在进行设计纵断面绘制时，配合布局全景视图可对相关参数进行调整。如图 3.4-75 所示，为图 3.4-74 路线对应的纵断面设计。

3. 横断面设计

Civil 3D 软件中横断面是由一系列的部件组装而成，当软件自带的部件不能完全满足设计需求，需要进行部件的自定义。对自定义的道路部件进行组装，建立符合项目需求的标准横

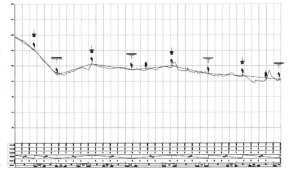

图 3.4-75　纵断面设计图

断面装配，装配将继承部件相关参数和逻辑判断能力，根据道路路线、地面线、设计纵断面进行逻辑判断。标准横断面的定义是进行道路设计的关键点也是难点。如图 3.4-76 所示，为项目对应标准横断面设计，在道路左、右侧分别判断填挖方，选用不同的路肩样式。

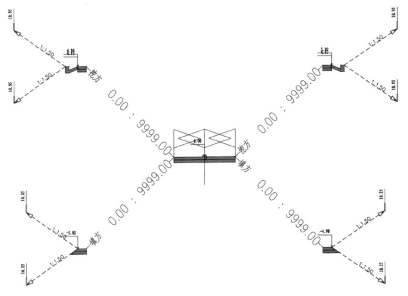

图 3.4-76　横断面设计图

4. 道路模型生成

应用路线平面、设计纵断面、装配生成道路模型（图 3.4-77）。组成部件的点将形成道路模型中的要素线，而部件的连接将生成道路模型横向连接。组成道路模型的要素线和连接可以通过代码的形式进行颜色、线型及标签的定义，满足出图习惯。道路模型建立的同时，可通过道路模型创建道路曲面（图 3.4-78），道路曲面是管网结构顶部标高放置的基础，材质展示效果如图 3.4-79 所示。

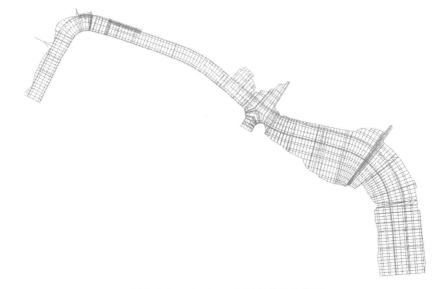

图 3.4-77　Civil 3D 中创建的道路模型

图 3.4-78　道路模型含等高线

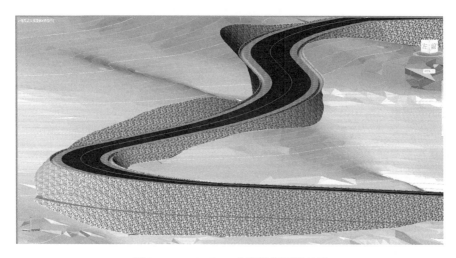

图 3.4-79　Civil 3D 中道路模型附材质

5. 路网模型

在场地内会有多条道路，会涉及路段、交叉口、场地的融合。如图 3.4-80 所示，分别创建各个交叉口以及路段模型，将其组合后形成路网。

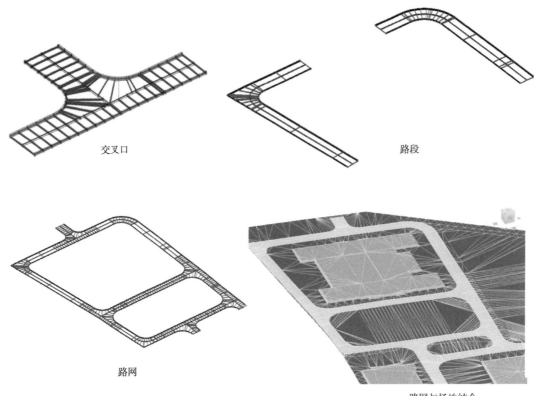

交叉口

路段

路网

路网与场地结合

图 3.4-80　场地内路网

3.5　室外管线设计模型

3.5.1　管线种类

1. 按工程管线输送方式分类

（1）压力管线。指管道内流体介质由外部施加力使其流动的工程管线，通过一定的加压设备将流体介质由管道系统输送给终端用户。给水、燃气、热力、电力、电信等为压力输送。

（2）重力自流管线。指管道内流动着的介质由重力作用沿其设置的方向流动的工程管线。这类管线有时还需要中途提升设备将流体介质引向终端。污水、雨水管道为重力自流输送。

2. 按工程管线输送介质分类

此分类通常用于工业项目中。工业企业敷设的管线种类，因企业的性质、规模和当地的条件而不同，大致分以下 4 类。

（1）气体管道。包括有煤气、天然气、液化石油气、乙炔、氢气、氧气、氮气、压缩空气、蒸汽以及空气管道等。

（2）液体管道。包括有供水、排水、循环水、软水、燃油、碱液以及酸管道等。

（3）固体（粉料）管道。包括有气力管道、水力管道。

（4）输电管道。包括有电力、电信管道。

3. 管线模型

在 Civil 3D 中管线模型的创建主要是通过压力管网和重力管网来创建的。重力管网分别通过创建管道和结构来达到模拟三维管线的效果（图 3.5-1）。压力管网是通过创建管道、管件、设备来模拟三维管线的效果。

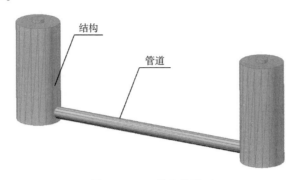

图 3.5-1　三维管线模型

在创建模型时，除用软件自带的管道和结构尺寸外，也可以通过内容目录编辑器和基础设施构件编辑器来自己创建需要的管道和结构。

（1）内容目录编辑器。

内容目录编辑器适用于压力管网中。压力管网和管网的区别是在于弯头的设置上。管网可以绘制任意角度的管线，而压力管网只能绘制管件里面默认的几个角度。因为零件列表里的弯头数量有限，因此我们在绘制压力管网之前，通过内容目录编辑器来创建符合设计标准或与厂家型号一致的管件。内容目录编辑器可以通过 Windows 的系统开始菜单打开（图 3.5-2）。

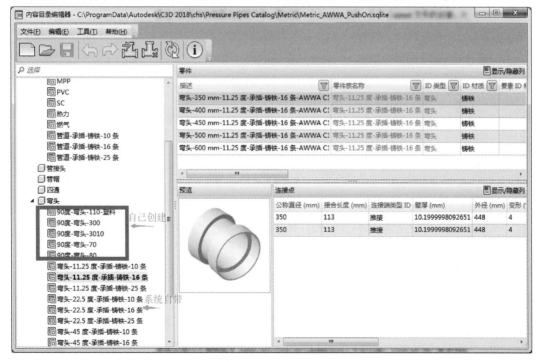

图 3.5-2　内容目录编辑器界面

（2）基础设施构件编辑器。

基础设施构件编辑器同时适用于压力管网和重力管网，此软件需要单独安装（图3.5-3）。

在基础设施构建编辑器中，可以创建两种类型，一种是排水结构，另一种是管道。

排水结构：排水结构是由装配、构件和涵洞在导航面板中组成（图3.5-4）的。

管道：管道是由管道、管件（三通、四通）、设备附件（消火栓、阀门）等组成。

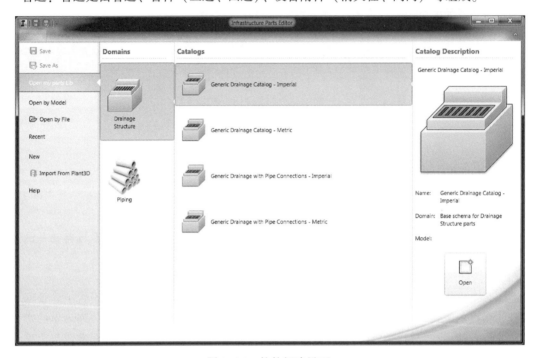

图 3.5-3　软件新建界面

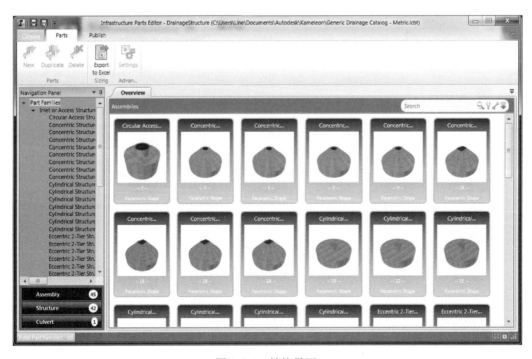

图 3.5-4　结构界面

3.5.2 管线敷设方式

场地内管线的敷设方式通常有地下敷设和架空敷设两种。地下敷设又包含地下直埋敷设和地下综合管沟敷设两种。具体选用方式要根据项目性质、场地条件、管线种类、施工方法以及工程造价等因素确定。在总图管网中，通常采用地下敷设方式。本节以地下敷设为主要内容，架空敷设仅做简单介绍。

1. 地下直埋敷设

地下直埋敷设施工简单，节省投资，适应性很广。但直埋方式的敷设线路检修、增改线管都需要开挖地面，对地面及周围环境造成一定的影响。

（1）覆土深度。

严寒或寒冷地区给水、排水、燃气等工程管线，应根据土壤冰冻深度确定管线覆土深度；热力、电信、电力电缆等工程管线以及严寒或寒冷地区以外的工程管线，应根据土壤性质和地面承受荷载的大小确定管线的覆土深度。

工程管线的最小覆土深度详见《城市工程管线综合规划规范》（GB 50289—2016）。

如图 3.5-5 所示为北方某项目管线埋深剖面图，可以看到不同类型管线埋深深度是不同的。

（2）平行布置次序。

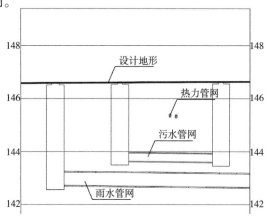

图 3.5-5 管线埋深剖面图

1）工程管线在道路下面的规划位置。

工程管线在道路下面的规划位置，应布置在人行道或非机动车道下面。电信电缆、给水输水、燃气输气、污雨水排水等工程管线可布置在非机动车道或机动车道下面。

工程管线在道路下面的规划位置宜相对固定。从道路红线向道路中心线方向平行布置的次序，应根据工程管线的性质、埋设深度等确定。工程管线分支线少、埋设深、检修周期短和可燃、易燃及损坏时对建筑物基础安全有影响的，应远离建筑物。

工程管线应从道路红线向道路中心线方向平行布置，其次序宜为：电力管线、电信管线、热力管、燃气管、给水管、污水管、雨水管。如图 3.5-6、图 3.5-7 所示，为某项目工程管线在道路下面的规划位置示意。

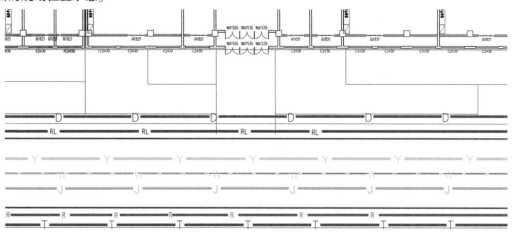

图 3.5-6 管线综合平面布置图

图 3.5-7　管线综合模型

在实际项目中，会根据施工或现场情况进行管线次序的调整。例如某项目中，管线分为两个阶段施工，以道路中心线为界线分批次施工。左侧第一次施工，布置电力管线、给水管、热力管；右侧第二次施工，布置污水管、雨水管等。如图 3.5-8 所示，为实际项目在 Civil 3D 中创建的管线模型。

图 3.5-8　实际项目在 Civil 3D 中创建的管线模型

2）工程管线与庭院内建筑物的规划位置。

工程管线在庭院内由建筑物向外方向平行布置的顺序，应根据工程管线的性质和埋设深度确定，其次序宜为：电力管线、电信管线、排水管、燃气管、给水管、热力管。

当燃气管线可在建筑物两侧中任一侧引入均满足要求时，燃气管线应布置在管线较少的一侧。如图 3.5-9 所示为工程管线在庭院内建筑线向外规划位置示意，即建筑两侧的管线模型。

图 3.5-9　建筑两侧管线模型

（3）最小水平净距。

工程管线之间的最小水平净距应符合规范规定。当受道路宽度、断面以及现状工程管线位置等因素限制难以满足要求时，可根据实际情况采取安全措施后减少其最小水平净距。

工程管线之间的最小水平净距统计表见《城市工程管线综合规划规范》（GB 50289—2016）。

（4）交叉排列顺序。

1）各种工程管线不应在垂直方向上重叠直埋敷设。

2）当工程管线竖向位置发生矛盾时，宜按下列规定处理（图3.5-10、图3.5-11）：

①压力管网宜避让重力流管线。

②易弯曲管线宜避让不易弯曲管线。

③分支管线宜避让主干管线。

④小管径管线宜避让大管径管线。

⑤临时管线宜避让永久管线。

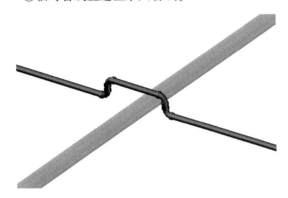

图3.5-10　管线避让示意图　　　　　　　　图3.5-11　管线竖向布置模型

3）当工程管线交叉敷设时，管线自地表面向下的排列顺序宜为：电信管线、电力管线、燃气管、热力管、给水管、雨水管、污水管。

4）工程管线在交叉点的高程应根据排水管线的高程确定。当受现状工程管线等因素限制难以满足要求时，应根据实际情况采取安全措施后减少其最小垂直净距。

工程管线交叉时的最小垂直净距统计表见《城市工程管线综合规划规范》（GB 50289—2016）。

2. 地下综合管沟敷设

综合管沟即将各种管线集中敷设于地下的钢筋混凝土管沟中的方式。管沟敷设可保护管线不受外力影响，且便于检修和维护，使用年限长。但管沟敷设基建投资大，排水、防水等有一定要求。

当遇下列情况之一时，工程管线宜采用综合管沟集中敷设。

①交通运输繁忙或工程管线设施较多的机动车道、城市主干道以及配合建设地下铁道、立体交叉等工程地段。

②不宜开挖路面的路段。

③广场或主要道路的交叉处。

④需同时敷设两种以上工程管线及多回路电缆的道路。

⑤道路与铁路或河流的交叉处。

⑥道路宽度难以满足直埋敷设多种管线的路段。

（1）管沟布置原则。

①综合管沟内宜敷设电信电缆管线、低压配电电缆管线、给水管线、热力管线、排水管线。

②综合管沟内相互无干扰的工程管线可设置在管沟的同一个小室；相互有干扰的工程管线应

分别设在管沟的不同小室。电信电缆管线与高压输电电缆管线必须分开设置。给水管线与排水管线可在综合管沟一侧布置，排水管线应布置在综合管沟的底部（图 3.5-12）。

③工程管线干线综合管沟的敷设，应设置在机动车道下面，其覆土深度应根据道路施工、行车荷载和综合管沟的结构强度以及当地的冰冻深度等因素综合确定；敷设工程管线支线的综合管沟，应设置在人行道或非机动车道下，其埋设深度应根据综合管沟的结构强度以及当地的冰冻深度等因素综合确定。

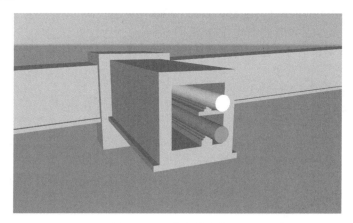

图 3.5-12　综合管沟模型

（2）综合管沟分类。

1）不通行管沟。

用于单层敷设性质相同的管线，不通行管沟在工业企业中应用也较多。因为它的外形尺寸小，占地面积少，并能保证管线自由变形。此外，对比架空敷设和采用其他管沟，它消耗的材料少、投资省。它的缺点是工作人员不能进入沟内操作，发现问题较难，对管线检修也不方便。一般同一路径根数不多的电缆和距离较短、数量较少、直径较细的给水管、蒸汽管等，常采用此种方式敷设，如图 3.5-13 所示。

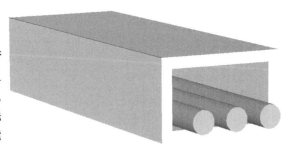

图 3.5-13　不通行管沟

2）半通行管沟。

用于单层或双层敷设性质相同或类似的管线。半通行管沟的沟内净高，一般不小于 1.4 ~ 1.6m；通道净宽，一般单侧布置时不小于 0.5m，双侧布置时不小于 0.7m。此外，根据管沟长度，设置一定数量的人孔和通风口。它的优点是工作人员可以弓身进入沟内操作。与不通行管沟相比，虽然管线检修条件有所改善，但管沟消耗的材料较多，投资较贵，工程中应用不甚广泛。一般只是在同一路径电缆根数多时或地下压力水管和动力管数量较多、管径较大或距离较长时，才采用此种敷设方式，如图 3.5-14 所示。

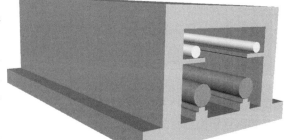

图 3.5-14　半通行管沟

3）通行管沟。

通行管沟的沟内净高，一般不小于 1.8m；通道净宽一般不小于 0.7m，并在转角处、交汇处和直线段每隔一定距离处，设有安装孔、出入口和通风室。它的优点是工作人员可以进入沟内对管线进行安装和检修。此外，沟内的管线均为多层布置，管线占地面积相对也比较少。但通行管沟消耗的材料很多，投资很大，建设周期较长。一般多用于市政综合管沟以及大型企业中总平面布置拥挤、管线密集的局部地段，如图 3.5-15～图 3.5-17 所示为某工业区管沟。

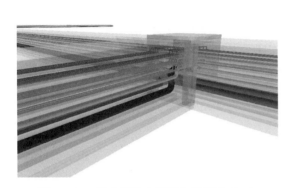

图 3.5-15　综合管沟内管线布置模型（一）

图 3.5-16　综合管沟内管线布置模型（二）

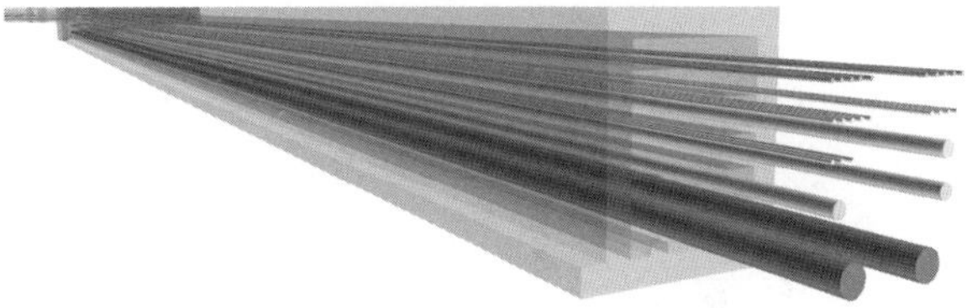

综合管沟内相互无干扰的工程管线可设置在管沟的同一个小室，相互有干扰的工程管线应分别设在管沟的不同小室。综合管沟排布应满足《煤炭企业总图运输设计标准》（GB 51276—2018）、《城市综合管廊工程技术规范》（GB 50838—2015）等规范。

图 3.5-17　综合管沟内管线布置模型（三）

下列管线严禁共沟敷设：

①可燃气体管与易燃液体管。

②氧气管与可燃、易燃液体管。

③电力电缆、通信电缆与可燃气体管。

④采用蒸汽介质的热力管道应在独立小室。

管线共室敷设还应符合下列规定：

①电力电缆、通信电缆不应与热力管共室。

②排水管道应布置在沟底。

③电信及控制电缆与高压输电电缆不应同侧布置。

3. 架空敷设

架空敷设多用于城市边缘、无居住建筑的地区和工业厂区。架空敷设管道不受地下水的侵蚀，使用寿命长，管道坡度易于保证，所需的放水、排气设备少，可充分使用工作可靠、构造简单的方形补偿器，且土方量小（只有支撑构件基础的土方量），维护管理方便。在小场地内，极少用到架空敷设。

（1）架空敷设原则。

①沿城市道路架空敷设的工程管线，其线位应根据规划道路的横断面确定，且不影响道路交通、居民安全以及工程管线的正常运行。

②架空管线宜设置在人行道上距路缘石不大于 1m 的位置，有分隔带的道路，架空线线杆可

布置在分隔带内，并应满足道路建筑限界要求。

③架空电力线与架空通信线宜分别架设在道路两侧。

④同一性质的工程管线宜合杆架设。

⑤架空金属管线与架空输电线、电气化铁路的馈电线交叉时，应采取保护措施。

⑥工程管线跨越河流时，宜采用管道桥或利用交通桥梁进行架设。

（2）架空敷设线路最小净距。

①架空管线之间及其与建（构）筑物之间的最小水平净距要求。

详见《城市工程管线综合规划规范》（GB 50289—2016）。

②架空管线之间及其与建（构）筑物之间交叉时的最小垂直净距要求。

详见《城市工程管线综合规划规范》（GB 50289—2016）。

3.5.3 管线综合设计

管线综合设计就是在工程项目的总体设计阶段，依据有关规范和规定，根据各种管线的介质、特点和不同的要求，综合布置各专业工程技术管线，解决各管线间的相互矛盾，合理安排各种管线敷设位置，使各种管线设计合理、经济。

1. 工程管线综合设计的主要内容

（1）确定工程管线在地下敷设时的排列顺序和工程管线间的最小水平净距、最小垂直净距。

（2）确定工程管线在地下敷设的最小覆土深度。

（3）确定工程管线在架空敷设时管线及杆线的平面位置及周围建（构）筑物、道路、相邻工程管线间的最小水平净距和最小垂直净距。

2. 地下管线与场地其余要素关系模型

（1）地下管线与建筑管线接口模型。

确定好建筑与室外管线衔接处标高点，创建的室外管线能够与建筑室内管线达到无缝对接（图 3.5-18）。

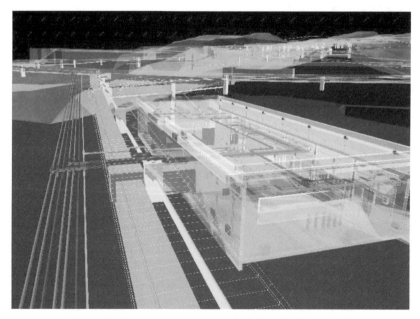

图 3.5-18　室内外管线衔接

（2）地下管线与道路模型。

当场地内管线布置在道路下方时，创建道路模型与管线模型，可以查看管线布置合理性。例如道路雨水收集井布置，如图 3.5-19 所示道路宽度修改，雨水收集井要随着改变位置。

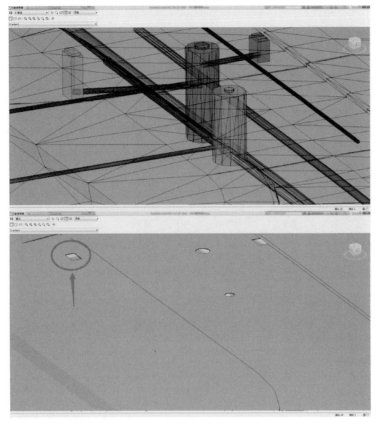

图 3.5-19　管线与道路模型关系

（3）地下管线与挡土墙关系模型。

在有高差区域，管线尽量避免与挡土墙发生关系。如果无法避免，可采用绕过挡土墙或穿过挡土墙的方式（图 3.5-20）。

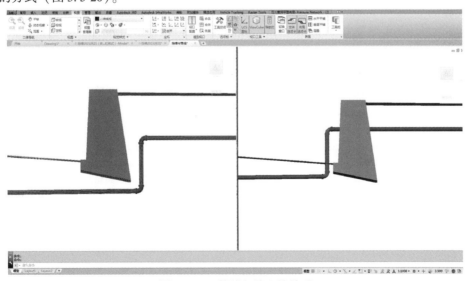

图 3.5-20　管线与挡土墙关系

（4）地下管线与景观绿化关系模型。

景观绿化中的乔木由于根系发达，对管线是会造成一定的影响。因此将乔木的根系模拟出来，通过对管线与乔木进行碰撞检测，调整植物位置或管线位置（图 3.5-21）。

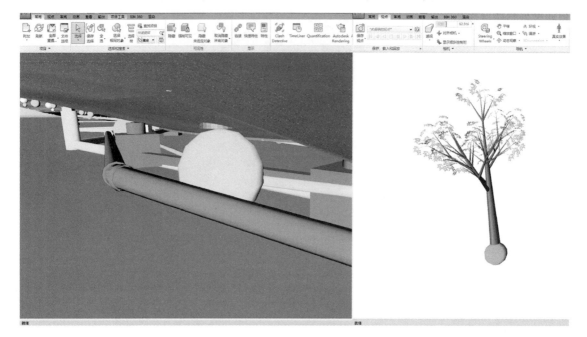

图 3.5-21　管线与乔木关系

3.5.4　管线工程量统计

1. 基于 BIM 技术的施工成本控制

现阶段工程建设行业中，竣工结算成本超出工程预算现象十分普遍，加强施工全过程的成本控制已成为建设项目管理中最为关键的一环。然而，由于施工过程的高度动态性和不确定性，对于施工资源与成本管理的分析和控制难度较大，尤其在发生工程变更时，需要大量的时间变更预算成本，成本核算工作量将成倍增加，施工成本管理效率低下。并且，在施工阶段，项目各参与方之间协作较少，且更加关注其自身利益，十分重视事中以及事后的成本核算和控制问题，而往往忽视事前控制的重要性，无形中造成资源浪费和成本流失。

而基于 BIM 的成本控制能够从项目全过程提升施工成本管理水平，尤其是项目前期，各参与方在 BIM 模型内进行协同设计、碰撞检测、预施工模拟等，在项目实际施工前对模型内潜在的设计问题进行及时更正和优化，有效降低因决策失误、设计变更等导致的项目风险，节约施工成本。同时运用 BIM 技术可以对建设项目全生命周期进行快速、精准的计算，在发生设计变更时，通过 BIM 模型的联动修改功能，能够迅速对各种计价数据和预算成本进行及时更新，显著提高对施工成本的控制能力。

2. 工程量统计

根据 BIM 的工程量可统计特性，对项目进行工程量统计，然后导出工程量统计明细表。在三维模型基础上关联施工进度和成本信息，进行项目工程量统计与预算成本的准确计算，并利用工程量的自动计算实现对变更成本的实时更新。可以对各专业的管道、不同管径的管道、管件数量通过明细表来进行统计。按区域、施工队、阶段等约束导出各专业明细表。现以某项目污水管道系统为例，分别统计出各管道明细表以及结构明细表，如图 3.5-22、图 3.5-23 所示。

管道表格			
管道名称	大小/mm	长度/m	坡度
W(41)	300.000	5.269	0.45%
W(42)	300.000	2.601	0.46%
W(43)	300.000	37.673	0.52%
W(44)	300.000	4.641	0.30%
W(45)	300.000	5.516	6.19%
W(46)	300.000	13.991	0.30%
W(47)	300.000	4.700	0.30%
W(48)	300.000	7.200	0.30%
W(49)	300.000	7.200	0.30%
W(50)	300.000	7.200	0.30%
W(51)	300.000	7.200	0.30%

图 3.5-22　管道明细表

结构表格	
结构名称	结构详细信息
W80	井口 = 596.481 井底 = 595.206 W(257)　出口底部 = 595.406
W82	井口 = 595.980 井底 = 592.970 W(68)　入口底部 = 592.970 W(102)　入口底部 = 593.600 W(69)　出口底部 = 592.970
W29	井口 = 595.979 井底 = 594.821 W(125)　入口底部 = 594.821 W(126)　出口底部 = 594.821
W81	井口 = 595.973 井底 = 592.995 W(67)　入口底部 = 592.995 W(257)　入口底部 = 594.454 W(68)　出口底部 = 592.995
W28	井口 = 595.900 井底 = 594.893 W(125)　出口底部 = 594.893
W30	井口 = 595.881 井底 = 594.796 W(126)　入口底部 = 594.796 W(127)　出口底部 = 594.796

图 3.5-23　结构明细表

3.5.5　管网设计流程

Civil 3D 管网通常的设计流程，首先是根据原始数据创建三维地形曲面，再根据设计方案，进行设计曲面的创建，针对设计曲面进行分析，主要是了解整个地形的汇水位置和出水位置，帮助设计者做好管道的进水口和出水口。然后在设计曲面上，按照管道设计规则，使用管网零件，进行三维管网网络设计。管网设计是自动生成的，并且这些管网不是单独的个体，不是和道路、曲面分开的，实际上创建管网时，它就和道路的"平、纵、横"图进行关联，根据这些关联就可以进行对管网零件的"平、纵、横"调整，以满足管网设计的精确性。最后，可以在三维视图中对管网进行审核和碰撞分析。重力管网中如需对管道直径、坡度进行进一步优化，还需要计算流水时间。最终添加上相应的管网标签后，即完成整个管网的设计。具体流程如图 3.5-24 所示。

创建三维地形曲面

管道设计规则

由出水点和进水点定出管道起始点

进行管道平面设计

在平、纵、横断面精确调整管网设计

碰撞检查

根据检查结果优化管道设计整体网络布置

管网规则审查

根据审查结果进一步调整管道直径、坡度等

管网标签制作

管网设计完成

图 3.5-24　Civil 3D 中三维管线设计流程图

1. 管网创建（平面）

常规总图综合管线是对各管线专业的图纸进行汇总，以检查各类型管线是否有冲突问题，所以拿到的图纸是设计好的各专业二维的管线布置图。在此基础上进行三维模型的创建并进行碰撞检测。

在创建管网之前，需要设定管网目录（图 3.5-25），其次对管网进行零件列表以及管道规则集的设置（图 3.5-26、图 3.5-27）。

图 3.5-25 设定管网目录

图 3.5-26 管网零件列表界面

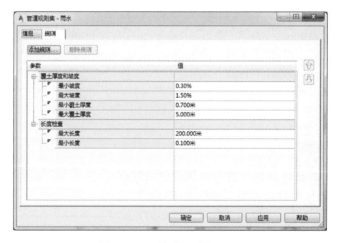

图 3.5-27 管道规则集界面

　　Civil 3D 提供了管网创建工具和从对象创建管网两种管网创建工具。重力管网与压力管网创建工具界面如图 3.5-28、图 3.5-29 所示。从对象创建管网主要是在进行市政道路管网设计时，要根据道路路线进行管网的布设。在 Civil 3D 里"从对象创建管网"中，"对象"包括二维线、三维线、多段线等，在根据路线设计好管网线段后，只需要选择相应的线段即可生成管网。当然这里也可以根据路线中心线或者边坡线生成管道。如图 3.5-30 所示，为某项目创建的雨、污水管网模型。

图 3.5-28 重力管网创建工具界面

图 3.5-29 压力管网创建工具界面

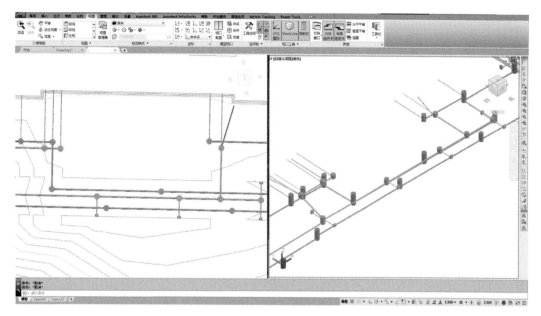

图 3.5-30　管网模型

2. 管网空间位置确定

　　在根据平面图绘制管网网络之后，管网也直接在纵断面、横断面图中显示出来，如图 3.5-31、图 3.5-32 所示。同时在绘制零件后，可以通过在不同的视图中展示，使用夹点编辑或直接在零件特性对话框中编辑表格格式的功能来调整零件的垂直布局；也可以通过添加动态管理表格方式来统计管网零件数据，或标记零件使其容易被识别。

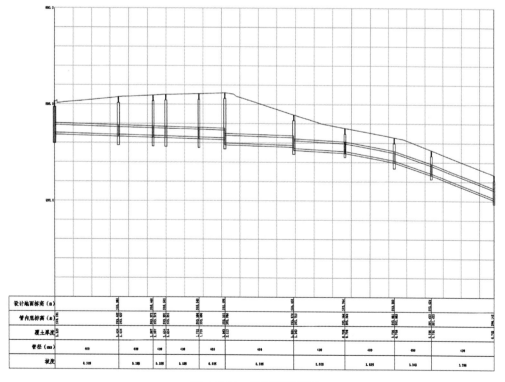

图 3.5-31　管网纵断面图

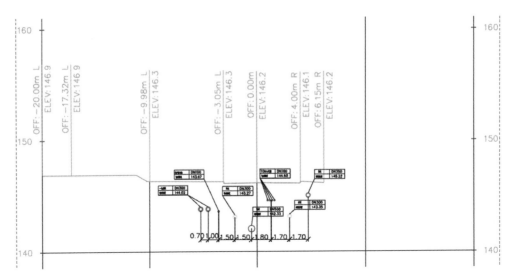

图 3.5-32　管网横断面图

3. 管网网络优化

管网设计好后，对不符合设计要求的管道或结构，只需要在管网特性中进行调整以达到设计要求。Civil 3D 提供了比较丰富的管网特性设置，可以非常方便地修改管网结构的几何图形属性、水力学计算属性，以及调整管网零件数据等，如图 3.5-33、图 3.5-34 所示。还可以查看管道设计采用何种规则和是否满足规则要求。从管道特性上面可以非常清楚地看到管网的基本数据，与设计管网数据能一目了然地做出对比。

图 3.5-33　管道特性　　　　　　　　　　　图 3.5-34　结构特性

4. 管网网络分析

在管网结构和网络创建完成之后，还需要对整个网络进行分析。这里分析有两层含义，一是通过三维模型发现平面图纸难以发现的错误，例如管道碰撞，这在二维图纸中很难发现，在三维空间则很容易；二是设计图纸是否与相关的管网设计规则不符，发现设计问题，对照规范进行改正。具体分析与操作如下：

（1）管网规则。

虽然在创建管网之前应用了相关的规则集，但局部管道还是会出现不满足规则值的状况。因此Civil 3D 为用户提供了管网规则接口，当出现与规则不符的设计时，就会出现警告符号，具体的不符信息将显示在管道特性对话框中，如图 3.5-35 所示。而状态栏上也会显示具体的问题以便与前面的规则集值进行对比。根据错误提示可以修改有问题的管道。同时也可以在"管道特性"面板上直接修改规则，通过调整规则来满足实际工作需求，从而全面提高设计人员工作效率和准确性。

图 3.5-35 管网设计检查错误提示

（2）管网碰撞。

总图设计人员可以运用此功能快速识别整个管网网络发生的碰撞或者两个管网网络之间发生的碰撞。主要是根据管网零件生成的实际三维模型来检查碰撞。可以运行碰撞检测来识别两管网零件的空间位置是否相交。

在 Civil 3D 中，碰撞检测指的是重力管网与重力管网之间的检测，管网的碰撞检测是近似检查，在运行碰撞检测时，可以启用或禁用三维近似检查规则，如图 3.5-36 所示是重力管网之间的碰撞检测，在发生碰撞的区域会添加一个球体，便于定位修改。Civil 3D 中重力管网与压力管网之间是不能碰撞检测的，如果需要检查重力管网与压力管网的碰撞检测，则要导入到其他软件中，例如 Navisworks 中，如图 3.5-37 所示。

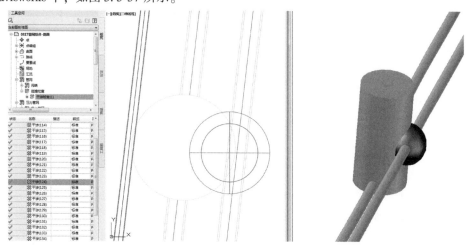

图 3.5-36 Civil 3D 中重力管网之间的碰撞检测

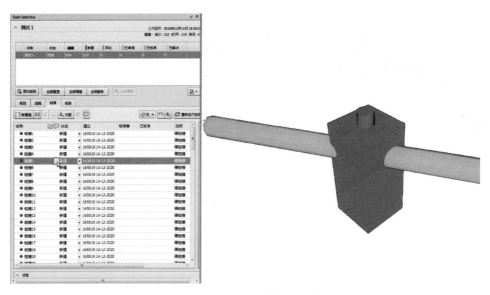

图 3.5-37　Navisworks 管线碰撞检测

5. 管沟模型

在 Civil 3D 中创建管沟平面、纵断面和标准横断面，然后在 Revit 中进行管沟的标准段和节点的设计，如图 3.5-38 所示。

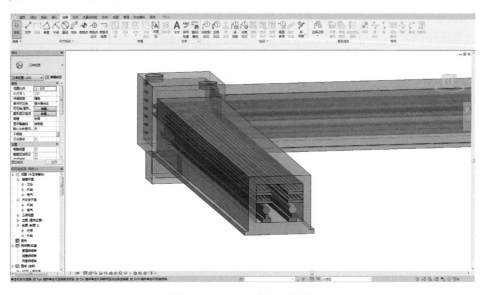

图 3.5-38　Revit 中管沟模型

3.6　景观场地模型

景观工程中对地形分析、等高线利用、植物搭配等方面的模型创建使用得越来越广泛，模型配合可视化的优势也越来越大，通过工程本身的可视化手段，降低业主方与设计者在沟通上的成本与认知偏差，直观展示设计成果。再一个是将传统成本核算方式进行改进，相关工程信息纳入模型之中，能快速、准确生成工程量清单，同时在协同化工作的支持下，提高设计、预算等部门间的工作效率。

景观环境模型是包含了场地各种元素的整合模型，从某种程度上也是一类总图工程，同样要完成多种场地和工程信息的设计整合。景观环境信息模型，在创建三维模型的同时生成所有的平面、立面、剖面、统计表等视图，从而节省了大量的绘制与处理图纸的时间。突破了长期以来用抽象的视觉符号来表达设计的固有模式，其信息数据的传递在工程量统计、可视化管理与景观工程后期养护、管理等方面都将发挥出传统二维设计所不具备的巨大优势。

环境模型主要由铺装模型、园路模型、广场模型、自然山体水系、人工水体、小品、景观照明、管线等模型组成，园路、广场、管线上文已涉及，本节对微地形、植物、铺装、水体、观景平台、小品等做简要介绍。

3.6.1 微地形模型

景观微地形是目前场地设计中的一种常用手法，总图场地中也多有涉及。其专指在建设园林绿地时，人为地模拟起伏错落的自然地形而设计出的一种立体景观。实际上虽然同为设计地形，但微地形更为精细，对地形的模拟需要更为精准，过去人工手段十分有限，而模型的创建很好地解决了这个问题。通过合理改造地形，进行微地形处理，不仅可以有效地改善原有地形的面貌，创造出高低曲折、错落有致的地形环境，还可以通过与园路铺装相结合，辅以合理的植物配置，营造出景观园林设计复杂多变的空间环境。景观微地形一般可分为自然式微地形模式、混合式微地形模式、台阶式微地形模式和平板式微地形模式。

微地形的形成主要通过坡比达成，跟地形所处环境制约条件也有很大关系。利用 Civil 3D 可以便捷地实现坡比变化和尺度调整，直观看出场地设计特点（图 3.6-1、图 3.6-2、图 3.6-3）。

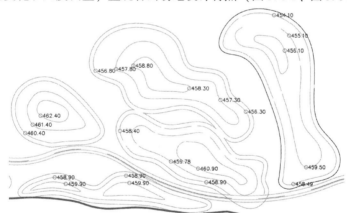

图 3.6-1 微地形等高线图

图 3.6-2 微地形模型图

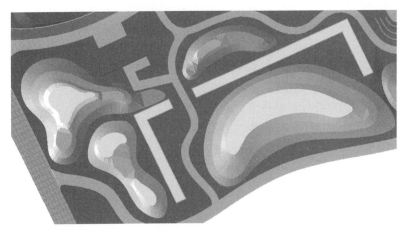

图 3.6-3　整合模型效果图

3.6.2　植物模型

植物是场地的一个组成部分，植物搭配是总图布置的一项内容。同时植物景观配置设计在景观设计中既是一门艺术又是一门实践性很强的技术。植物搭配具有时间、空间上的组合变化特点，受季节、地域影响较大。

在传统 CAD 中种树采用最方便快捷的方式为：定义植物块→通过定距等分对象→控制树与树之间的间距，一排整齐的树即可种树成功，仅只能作为二维图纸出图，不能展示三维效果，且不能得到植物属性信息。

在 Civil 3D 创建三维植物模型，定制植物模型数据库是创建植物模型的第一步。创建植物模型数据库，对其属性进行分类、分层描述。植物数据库可不断重复使用，并在此基础上，根据不同需求进行个性化的定制修改（图 3.6-4）。

在 Civil 3D 中三维植物模型通过定制植物多视图块，再定义点样式的方式达到植物三维展示且自带属性信息的效果，具体操作流程如图 3.6-5 所示。

⊕	国槐	⊛	红花碧桃	⊕	鸡爪槭
⊕	银杏	⊛	绛桃	⊕	华北珍珠梅
⊕	蒙古栎	⊛	山桃白花	⊕	天目琼花
⊙	元宝枫	⊙	海棠花	•	连翘
⊙	油松	⊙	海棠花	⊛	彩叶豆梨
▲	五角枫	⊙	亚当海棠	⊙	杏树
⊛	金叶复叶槭	⊛	染井吉野		大叶黄杨球
⊛	栾树	⊛	日本早樱		瓜子黄杨球
⊙	白皮松	⊙	黄栌		日本红枫
•	秋紫白蜡	⊛	黄刺玫	⊕	松树

图 3.6-4　编者自定义的部分植物模型

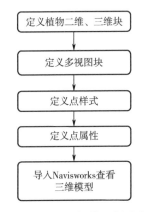

图 3.6-5　三维植物模型创建步骤

1. 定义植物二维、三维块

如图 3.6-6 所示，分别定义植物二维状态显示块，以及植物三维状态显示块。三维植物块可以利用其他软件导出的 DWG 文件定义。

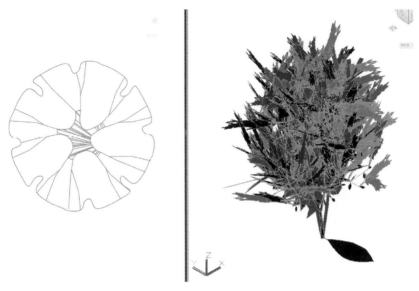

图 3.6-6 植物二维、三维块

2. 定义多视图块

将相对应的二维、三维块重新定义为多视图块（图 3.6-7）。多视图块能够在平面上显示平面图样，在三维视角下显示三维图样。同时 Civil 3D 还可以将多视图块直接放置在生成的设计地形曲面上，以三维视角观察浏览设计的合理性，从而优化设计方案。

图 3.6-7 多视图块定义界面

3. 定义点样式

将定义的多视图块重新定义为块，作为点样式中的标记（图 3.6-8）。不同的树种，以不同点样式的形式展示出来。点样式实际上就是控制点在图形中的显示形式，以不同形态显示，代表不同的植物。代表不同种类植物的点，由点编组统一管理，点编组是由一些具有共同特性的点组合的一个集合。某个点只有符合了这些特性所描述的标准才能属于某个点编组。不同的树种需要定义不同的点编组。

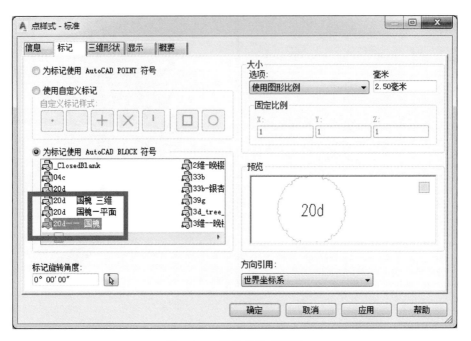

图 3.6-8　定义点样式界面

4. 定义点属性

　　通过用户定义的特性分类，还可以添加植物的很多属性，如：胸径、冠幅、高度等，将植物属性在点表格中直观地表现出来（图 3.6-9）。最后对植物进行统计输出数据的时候，可以通过创建点表格来实现。创建出来的动态表格会根据图中点的变化随之变化，动态关联。植物统计可以按照植物的类别和形式进行统计，可以统计其位置及植物属性等相关信息，可以通过 Civil 3D 一键获取（图 3.6-10）。

图 3.6-9　定义植物属性界面

植物统计						
编号	植物名称	东距	北距	冠幅（m）	胸径（cm）	高度（m）
47	樱花	3773628.04	70723.16	4—6	10—20	5—8
48	樱花	3771404.47	66057.64	4—6	10—20	5—8
49	樱花	3774288.06	61793.44	4—6	10—20	5—8
50	樱花	3779221.67	62176.41	4—6	10—20	5—8
51	樱花	3781396.87	66734.56	4—6	10—20	5—8
52	樱花	3778566.83	70940.86	4—6	10—20	5—8

图 3.6-10　植物统计表格

5. 植物三维展示

将创建好的植物三维模型导入 Navisworks 中，形成植物二维与三维的动态更新，在三维状态观察设计是否合理，及时修改设计，能够精准地再现设计意图，实现三维视图的可视化（图 3.6-11、图 3.6-12）。

图 3.6-11　Civil 3D 中二维效果　　　　图 3.6-12　Navisworks 中三维效果

6. 植物动态变化

植物是场地内随时间变化的动态景观。通过 Civil 3D 与 Navisworks 结合使用，修改树木多视图块的体块大小，模拟树木成长变化，观察树木变化对广场的影响，以便推敲方案（图 3.6-13、图 3.6-14）。

图 3.6-13　栽植第 1 年树木　　　　　　图 3.6-14　栽植第 5 年树木

3.6.3 铺装模型

铺装一直是园林景观设计中重要的组成部分，具有空间界定、视觉引导、疏散交通、烘托主题、营造意境等重要作用。铺装通过与场地、园路等进行不同形式的组合，贯穿设计始终，在营造空间整体形象上也有极为重要的作用。铺装在园林景观中包括硬质景观和种植池。

利用 Civil 3D 曲面功能，根据场地竖向设计，对不同材质的区域分别创建曲面模型。将模型导入 Navisworks 中，赋予曲面不同的材质（图 3.6-15、图 3.6-16）。软件中自带部分材质，如果没有符合设计意图的材质，可以新建常规材质，以便准确表达设计意图。在方案设计阶段，通过在三维状态对广场铺装进行不同方案的对比，选择最优方案。

图 3.6-15　铺装方案 1

图 3.6-16　铺装方案 2

3.6.4　水体模型

　　水景设计通常是景观设计中的重要环节，水景形式的选择离不开方案设计的初衷，需要与环境相匹配，能够表达意境。水景在景观中的应用越来越广泛，形式也越来越灵活多样。

　　按照水景的观感形式可以分为天然水景和人工水景。水景按照动、静形式可以分为静水、流淌、落水、跌水和喷涌，相互组合或是独立成景，就形成了多样的水体形式。

　　三维水体模型常用于创建一些规则的几何水体，对于天然水体模型，要完全模拟还是有点困难。如图 3.6-17 所示，是在 Revit 中模拟的一个跌水水体模型，与 Civil 3D 场地模型结合（图 3.6-18），最终完成效果如图 3.6-19 所示。

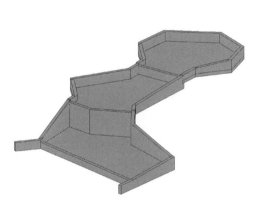

图 3.6-17　Revit 中创建模型

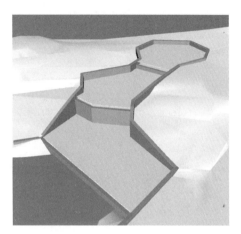

图 3.6-18　Revit 与 Civil 3D 结合

图 3.6-19　水体模型效果

3.6.5　构筑物模型

　　景观设计师可以利用 BIM 软件，对各场地结构元素进行建模，如花架、露台、栈道、观景平台等构筑物。构筑物及小品是景观场地中的重要组成部分，占有一定的面积用地，对景观视觉效果的塑造举足轻重。

Revit 可以对带有建造信息的构件进行组织，不同于 BIM 中"建筑为主体、族为零件"的逻辑，BIM 景观可将场地景观视为主体，建构筑物视为零件。族是 Revit 管理模型的基本概念，单次使用的构件可使用内建族建模，重复利用的构件可使用系统族进行建模。非预设的小品、山石等可用载入族进行建模。创建构筑物模型之前，初步设计阶段确定构筑物的平面设计以及建筑风格。在后续设计中，对其与原始地形进行结合，不断深化其结构，并对其产生的工程量进行统计。做到模型、图纸一体化，将最终完成的模型（图 3.6-20），导出成为二维施工图纸（图 3.6-21），不会造成重复工作量，做到一个模型贯穿整个工作过程。

下面将以廊亭、观景平台、坐凳、景观桥梁、小品为例，分别用一个案例模型进行展示。

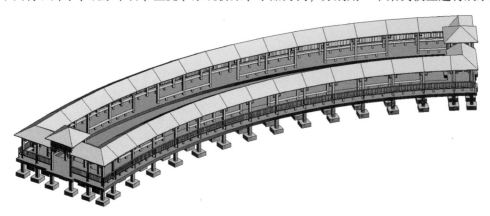

图 3.6-20 三维模型

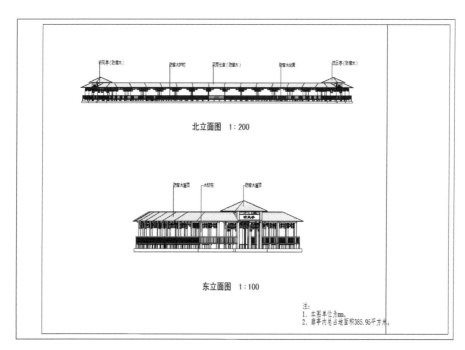

图 3.6-21 模型导出二维图纸

1. 廊亭模型

廊亭在平缓场地中不需要考虑过多，但在山地中，需要考虑与地形的融合。构筑物与地形地貌的融合，使得整体景观中人工化的建筑与自然景观要素之间的形象差异缩小。

以下图廊亭构筑物为例，将 Civil 3D 地形曲面导入 Revit 中（图 3.6-22），在构筑物选址以及构筑物平面布局上遵循地形，做成弧形构筑物（图 3.6-23、图 3.6-24），而非方形构筑物，做到最少土方量。让构筑物与地形相衔接（图 3.6-25），又增加方案趣味性。

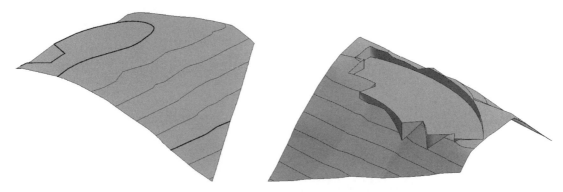

图 3.6-22　Revit 地形三维图　　　　　　　　图 3.6-23　构筑物顺应地形设计

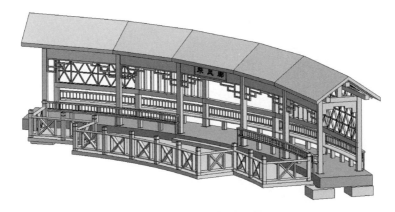

图 3.6-24　Revit 构筑物模型

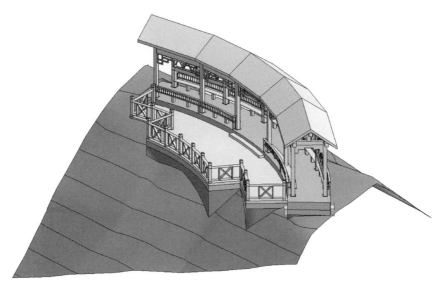

图 3.6-25　构筑物与地形融合

2. 观景平台模型

观景平台是景观场地的特色节点，是人们经选择观察景物活动的场所。既可以是未经人工雕琢的纯自然驻足之处，也可以是在某一地点主要为观察而设置的纯粹人工建筑物、构筑物。根据其在不同地理空间的分布，可分为山体观景平台、水体观景平台、人文观景平台等。

以山体观景平台为例（图 3.6-26、图 3.6-27），山体观景平台是山体联系通道的重点部位，满足人们在自然景观中驻足停留休息的需要，需要一定的面积，山体观景平台的关键是视野开阔的视点。

图 3.6-26　山体观景平台模型

图 3.6-27　山体观景平台实景

3. 坐凳模型

景观设计中坐凳是能提供给人休息、聊天的公共设施，坐凳的设置地点要结合实际周边空间来考虑，使得景观环境中能产生各种趣味性和功能性。坐凳是室外环境最基本的组成部分，属于功能性景观小品。随着人性化的设计理念深入人心，景观座椅的设计不仅要符合环境设计的需求，同时还需考虑座椅的美观性和协调性。

常见坐凳根据样式分为两种，一种是普通座凳，从厂家批量订购，直接放置在需要的区域；另外一种是根据场地设计，需要独立设计的坐凳。在三维模型表达中，第一种同创建植物模型方法一样，创建定制块来表示；第二种就需要单独建模。下面以第二种为例进行简要介绍。

案例中景观坐凳根据场地设计，是以不规则弧线（图 3.6-28）来创建的。创建方法是应用 Civil 3D 中的要素线创建的，通过选取从对象创建要素线，并确定要素线的高程，然后将要素线添加到曲面，通过给曲面赋予不同的材质，从三维视图下就可查看到景观坐凳的真实状态（图 3.6-29、图 3.6-30）。需要注意的一点是，此方法创建的坐凳仅为模拟坐凳的外表皮作为展示作用。

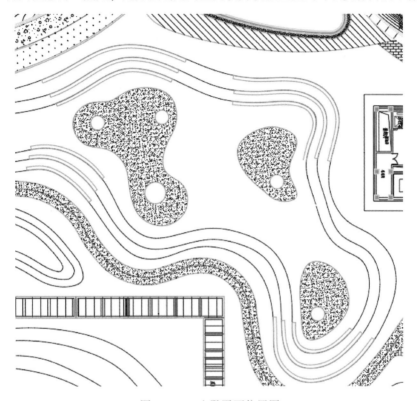

图 3.6-28　坐凳平面位置图

图 3.6-29　坐凳与场地三维模型图

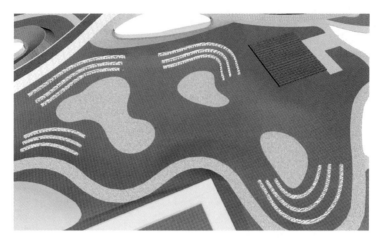

图 3.6-30　坐凳与场地三维效果图

4. 景观桥梁模型

景观桥梁属于景观设计体系中的重要领域，系指以桥梁和桥梁周边环境为"景观主体"和"景观载体"，在美学的原则指导下，结合工程状况和地域特征，融合艺术与结构所进行的"美"的创造。景观桥在设计时，使得桥梁与自然环境产生呼应关系，使其使用更方便、更舒适、更具美感。

常见的景观桥梁从形态分类分为：梁式桥、拱式桥、钢构桥、汀步桥。

从材料分类分为：石桥、木桥、石木桥、竹木桥。

景观桥梁通过桥梁表面处理，即色彩和质感的处理，能够恰当地表现出桥梁各部位结构的特征，使桥梁与周边环境更加协调。

以下面桥梁为例（图 3.6-31、图 3.6-32），借助 Revit 软件，建立桥梁主体结构及其桥梁附属设施三维模型。通过建立该桥梁的模型，让其与地形衔接更紧密。并且桥梁构件尺寸、位置关系、表现材质都能在模型中被直接反映出来，方便施工。

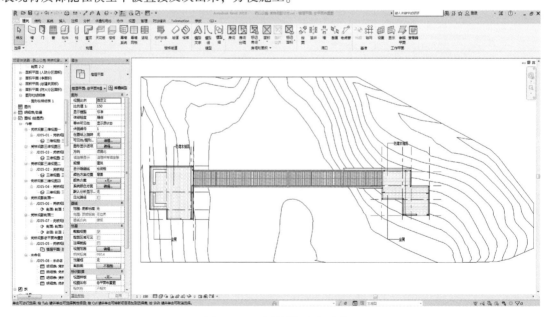

图 3.6-31　桥梁模型平面图

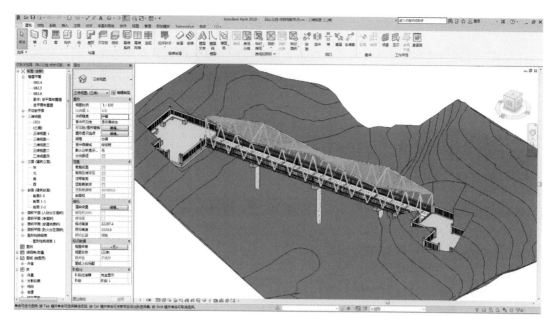

图 3.6-32　桥梁三维模型

5. 小品模型

在整个景观设计大系统中，景观小品是一个重要的组成元素，也承担着景观中装饰和使用的责任，体量相对较小，起到点景作用。

景观小品包括景观构筑物小品、景观雕塑、水景设施、城市设施、绿化小品等，它们彼此联系、相互影响，在设计中成为一个体系来展现园林景观的特色。

以如图 3.6-33 所示小品，利用 BIM 技术对复杂的小品进行数字化设计建模，通过参数的调整反映小品形体。通过 BIM 创建三维模型，替代了原有二维技术，把一些构筑物、小品等构件结合起来形成三维的立体实物图形展示。

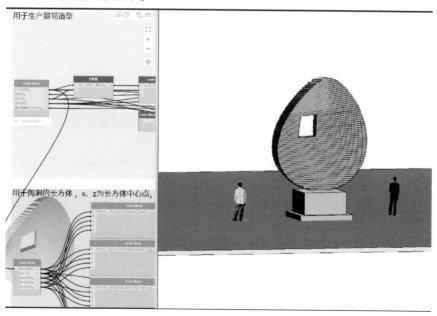

图 3.6-33　小品数字化建模界面

3.6.6 景观工程量统计

建立的三维建构筑物模型不仅可以从视觉上直观地看出整个景观节点的效果，而且还能直接完成节点的平面、立面及剖面的图纸，每个节点的工程量可以很精确地统计出来，这对于整个方案总造价的控制非常方便高效。

设计过程中，可根据模型实时统计工程量清单进行工程套价，及时把握调整景观的经济指标。"适用、经济、美观"是景观设计必须遵循的原则。景观工程在美观的同时，经济也很重要。目前，景观工程普遍要求进行限额设计，一般都是根据经验进行粗略估算，经常要在设计完成之后，做出详细概算，然后再次对设计进行增减。通过应用 BIM 设计，可以实时、准确地提供所需的各种工程量信息，快速生成相关数据统计表。BIM 模型富含模型构件工程信息的数据库，借助这些信息，快速做出成本

序号	材质	二维面积	三维面积
1	10-12-60白麻路缘石	6.333	9.812
2	30-60-3火烧芝麻白	52.069	74.878
3	40-40-3厚粉红麻1	497.076	497.076
4	40-40-3厚粉红麻2	48.540	48.540
5	40-40-3厚烧面粉红麻	12.469	12.469
6	60-60-3厚火烧面黄锈石	116.541	116.541
7	60-60-3烧面啡红麻花	139.654	139.654
8	60-60-3烧面芝麻白	308.508	308.508
9	绿地	108.304	108.304
10	台阶挡墙	9.354	100.004

铺 装 面 积 统 计 表

图 3.6-34　铺装面积统计

核算，全过程精确把握工程成本。如图 3.6-34 所示，常规统计铺装面积仅能统计二维平面面积，而建立模型后，可以统计出铺装三维模型面积，对所需材料数量会更加精确。

3.6.7 景观效果展示

通过 BIM 技术，对模型进行深化后，进行贴近现实的模拟演示，360°旋转以及细部的放大观赏，可以给甲方提供一个清晰的效果展示，来更好地讲解项目。

基于三维模型进行效果展示流程如下：

（1）利用 Civil 3D 完成场地设计曲面（图 3.6-35）。

（2）将曲面根据材质的不同拆分，并赋予相对应的材质（图 3.6-36）。

（3）应用 Revit 软件，创建建筑模型（图 3.6-37）。

（4）将曲面与建筑整合进后期效果制作软件中（图 3.6-38）。

（5）添加景观植物、构筑物、车辆、人等，达到展示效果（图 3.6-39）。

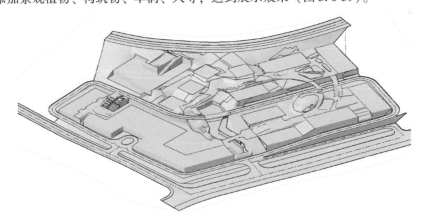

图 3.6-35　设计场地模型

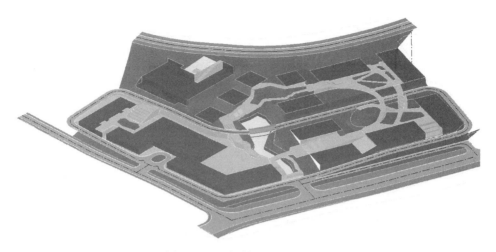

图 3.6-36　设计场地附材质模型

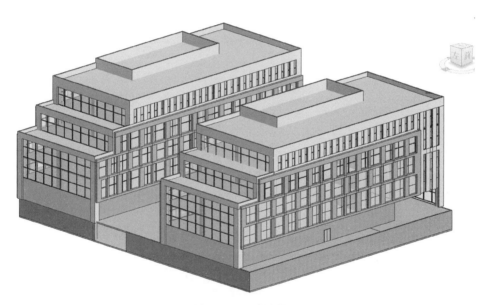

图 3.6-37　建筑模型

图 3.6-38　场地与建筑结合模型

图 3.6-39　最终效果图展示

3.7　室外高差处理模型

在场地工程设计中，合理利用并解决室外场地存在的高差变化是总图设计师的一项基本工作。常见的处理室外高差的方法有室外台阶、室外坡道、挡土墙及护坡等人工设施。在场地设计中具体采用哪一种高差处理设施，需要根据高差大小、使用功能、水平距离、工程地质条件、工程造价、总图布置要求等条件综合考虑确定。

3.7.1　挡土墙工程模型

当室外场地在短水平距离内存在较大的竖向高差时，可以选择挡土墙来处理高差，当然挡土墙的造价会相对较高。对于总图设计师来讲，场地标高的确定是我们的强项，但在挡土墙设计过程中，挡土墙顶标高与挡土墙底标高被总图设计师确定之后，挡土墙的选型需以相应的图集设计为主；当挡土墙较高或地质复杂的情况下，需要结构专业进行挡土墙专项设计。

挡土墙类型的选择应根据与所支挡土体的稳定平衡条件，考虑荷载的大小和方向、地形、地质状况、冲刷深度、基础的埋置深度、基底的承载力设计值和不均匀沉降、可能的地震作用、与其他构造物的衔接、墙体的外观美感、施工难易、造价高低、环境特点等因素，综合考虑后确定。

1. 挡土墙分类

挡土墙的分类方法较多，总图设计中一般以结构形式的分类为主，常用挡土墙形式有重力式、衡重式以及悬臂式。

1) 重力式挡土墙分为仰斜式挡土墙、直立式挡土墙、俯斜式挡土墙。重力式挡土墙依靠墙自重承受土压力、结构简单、施工简便，由于墙身重，对地基承载力的要求也较高。墙身一般用浆砌片石或块石砌筑。在墙身不高时，也可用干砌，在缺乏石料地区或条件许可时，也可用混凝土浇筑。

①仰斜式挡土墙（图 3.7-1）。在重力式挡土墙中，断面形式土压力最小，断面最小，工程造价最低，但在填方地段不能使用。墙顶最小宽度 0.4m，边坡角不能大于土壤内摩擦角，坡面坡度

和墙背坡度不宜小于1:0.25。

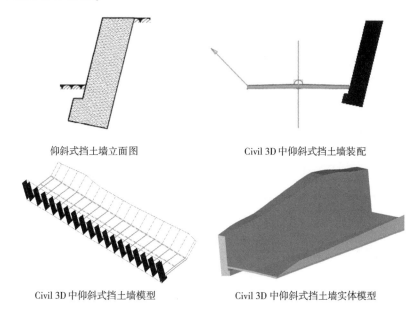

仰斜式挡土墙立面图　　　　　Civil 3D中仰斜式挡土墙装配

Civil 3D中仰斜式挡土墙模型　　　Civil 3D中仰斜式挡土墙实体模型

图 3.7-1　仰斜式挡土墙

②直立式挡土墙（图3.7-2）。在重力式挡土墙中，断面形式土压力居中，断面较小，工程造价较低，不受填挖方的限制，工程中采用最为广泛。其中坡面角、墙顶宽度、边坡角要求同仰斜式挡土墙。

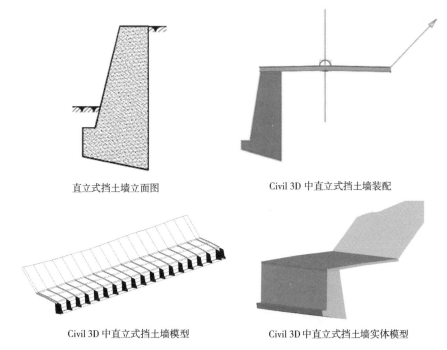

直立式挡土墙立面图　　　　　Civil 3D中直立式挡土墙装配

Civil 3D中直立式挡土墙模型　　　Civil 3D中直立式挡土墙实体模型

图 3.7-2　直立式挡土墙

③俯斜式挡土墙（图3.7-3）。在重力式挡土墙中，断面形式土压力最大，断面最大，工程造价最高，在挖方地段不宜采用，通常在地面横坡陡峭时采用，可以减少墙高。坡面角墙顶宽度、

边坡角要求同仰斜式挡土墙。墙背角的取值应验算是否出现第二破裂面,以保证土压力计算的准确性和防护结构使用的安全性。

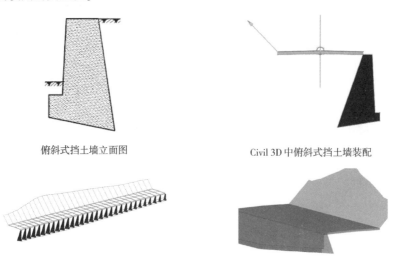

俾斜式挡土墙立面图　　　　　　　　　Civil 3D 中俾斜式挡土墙装配

Civil 3D 中俾斜式挡土墙模型　　　　　Civil 3D 中俾斜式挡土墙实体模型

图 3.7-3　俾斜式挡土墙

2) 衡重式挡土墙(图 3.7-4)。墙背可视为在凸形折线式的上下墙之间设一衡重台,并采用陡直墙面。上墙墙背的坡度,通常为 1∶0.25 ~ 1∶0.45,下墙一般为 1∶0.25 左右,上下墙的墙高比一般采用 2∶3。设置衡重台使墙身中心后移,并利用衡重台上的填土,增加墙身稳定。上墙背俾斜而下墙背仰斜,可降低墙身及减少基础开挖,以及节约墙身断面尺寸。适用于陡山坡的路肩墙、路堤墙和路堑墙(兼有拦挡落石的作用)。

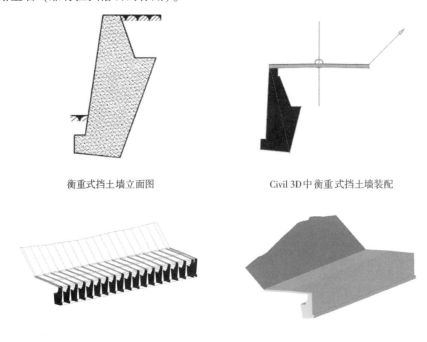

衡重式挡土墙立面图　　　　　　　　　Civil 3D 中衡重式挡土墙装配

Civil 3D 中衡重式挡土墙模型　　　　　Civil 3D 中衡重式挡土墙实体模型

图 3.7-4　衡重式挡土墙

3）悬臂式挡土墙（图 3.7-5）。墙高一般不大于 6m，墙顶宽最小 0.2m，面坡坡度通常为 1:0.02 ~ 1:0.05，背坡可直立。挡土墙施工周期长，技术水平要求较高。墙身及基础均采用钢筋混凝土浇筑，断面尺寸较小。由立壁、墙趾板和墙踵板三部分组成。立壁下部弯矩较大，特别在墙高时，需设置的钢筋较多。适用于缺乏石料地区及挡土墙高度不大于 6m 的情况。

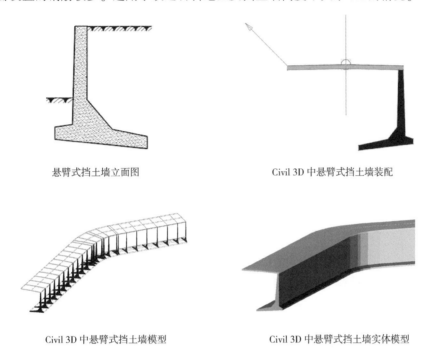

悬臂式挡土墙立面图　　　　　　　　　　Civil 3D 中悬臂式挡土墙装配

Civil 3D 中悬臂式挡土墙模型　　　　　　Civil 3D 中悬臂式挡土墙实体模型

图 3.7-5　悬臂式挡土墙

2. 挡土墙设计

现阶段，最终的设计成果还是要以平面图纸的形式输出。若场地中挡土墙较多，需要用 CAD 绘出大量的挡土墙相关图纸，包括平面图、纵断面图、横断面图等，还要计算出挡土墙的工程量，这样耗时、耗力，准确度还不高，调整挡土墙某个标高，则需要修改大量的图纸，工作量会很大。但是在 Civil 3D 中创建挡土墙模型，经过相应的样式设置后可以快速地输出符合要求的二维图纸。

通过 Civil 3D 二次开发挡土墙的部件创建挡土墙，可以自动判断挡土墙的高度、挡土墙的起终点位置、挡土墙的占地范围、挡土墙覆土深度等是否满足规范要求等，完美地创建挡土墙的三维模型，将挡土墙的模型和原始场地的模型结合，形成精准的三维模型（图 3.7-6、图 3.7-7）。

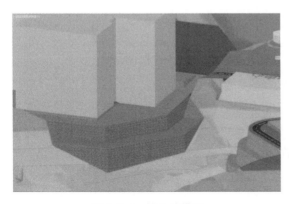

图 3.7-6　挡土墙模型　　　　　　　　　　图 3.7-7　挡土墙施工现场

根据地质条件以及设计标高与原始地面之间的高差，确定需要设置的挡土墙形式，然后在 Civil 3D 中创建相应的装配（图 3.7-8）。

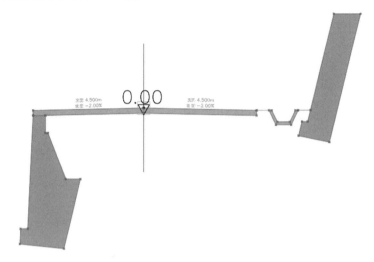

图 3.7-8 道路两侧含挡土墙装配

创建挡土墙纵断面，根据纵断面图中，挡土墙处的原始地面线，绘制出设计线，再根据挡土墙的基础埋深，将该设计线整体向下降低一定的埋深高度，作为挡土墙墙趾底标高，如果坡度大于 5%，需要设置错台（图 3.7-9）。可根据挡土墙顶标高与挡土墙的墙踵底标高，确定挡土墙的高度，然后在图集上选择对应的挡土墙型号。

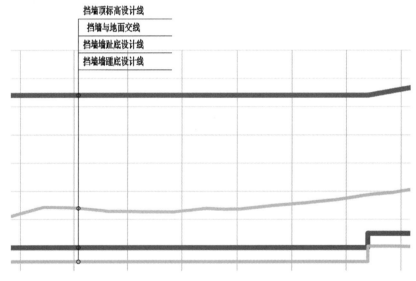

图 3.7-9 挡土墙纵断面

创建了上面的装配及挡土墙纵断面之后，可生成挡土墙模型，如图 3.7-10 所示。

挡土墙二维图纸输出，利用挡土墙三维模型可以导出挡土墙的平面设计图（图 3.7-11、图 3.7-12），图中用五条线确定挡土墙的精准位置，五条线包含挡土墙的墙顶内外两条线、墙趾线、基底线、墙踵线。

可利用挡土墙三维模型快速生成挡土墙横断面图图纸（图 3.7-13），精确统计挡土墙的工程量（图 3.7-14）。

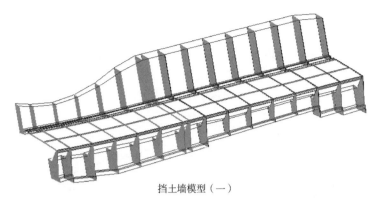

挡土墙模型（一）

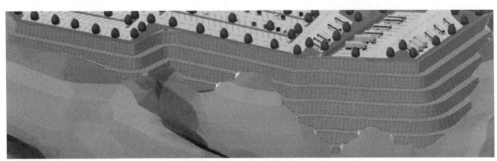

挡土墙模型（二）　　　　　　　　挡土墙模型（挡土墙基础错台模型）

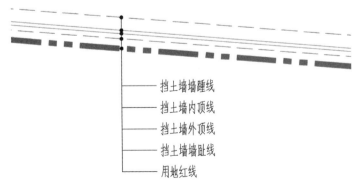

多级挡土墙模型

图 3.7-10　挡土墙模型

挡土墙墙踵线

挡土墙内顶线

挡土墙外顶线

挡土墙墙趾线

用地红线

图 3.7-11　挡土墙位置确定图

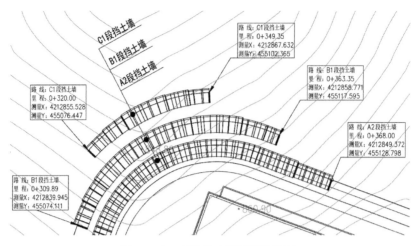

图 3.7-12　多级挡土墙平面设计图

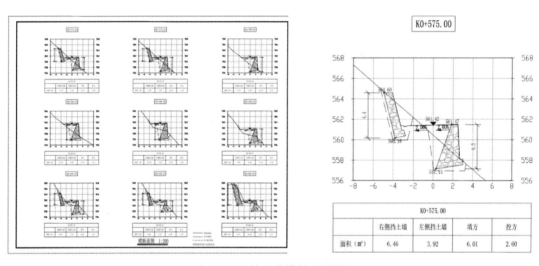

图 3.7-13　挡土墙横断面图图纸

D段挡土墙 体积表			
里程	面积	体积	累计体积
0+309.90	9.62	95.75	3139.65
0+310.00	10.41	1.00	3140.65
0+319.90	10.10	101.54	3242.19
0+320.00	10.43	1.03	3243.22
0+330.00	10.14	102.83	3346.04
0+330.10	10.21	1.02	3347.06
0+340.00	10.01	100.09	3447.16
0+345.00	9.95	49.90	3497.06
0+345.10	9.78	0.99	3498.05
0+350.00	9.74	47.81	3545.86
0+350.10	8.66	0.92	3546.78
0+360.00	8.62	85.55	3632.33
0+360.10	0.00	0.43	3632.76

注：体积单位为立方米。

图 3.7-14　挡土墙体积表

3.7.2　护坡工程模型

在坡体稳定地段，具备采用自然边坡进行适当人工铺砌就可以达到解决场地高差的问题，这时尽量采用自然边坡（图 3.7-15）。但在土壤易于风化、流失，悬崖、陡坡、侵蚀较为严重、降雨强度大、易受水流冲刷等地段就需要采用人工护砌的边坡，例如直型坡面，如图 3.7-16 所示。护坡对于处理高差来讲较为经济简易，但比挡土墙需要更大的空间。护坡的形式以及坡度的选择要综合考虑当地气候、水文地质、边坡高度、环境条件、施工条件、材料来源以及工期等综合因素。

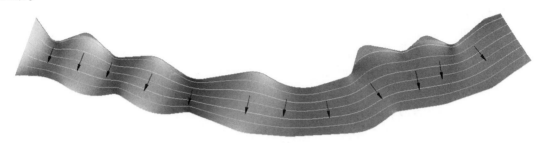

图 3.7-15　近自然坡面

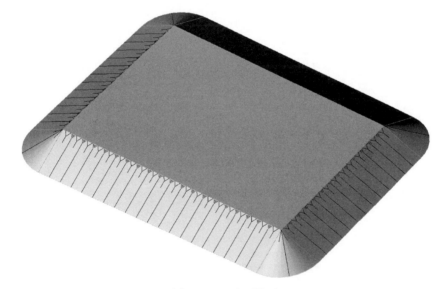

图 3.7-16　直型坡面

1. 护坡分类

护坡形式可以分为植被护坡、生态护坡、骨架植物护坡、封面、捶面护坡、石砌护坡、喷浆护坡以及护面墙等。

砌筑型护坡指干砌石、浆砌石或混凝土护坡，城市中的护坡多属此类，为了提高城市的环境质量，对护坡的坡度值要求适应减少，土质护坡宜慎用。

一般来说，土质护坡的坡度应小于或等于 1:2，砌筑型护坡的坡比值宜为 1:2～1:1。坡度边坡大小的计算确定，应根据土质、填挖土方的高度、填挖方式、留置时间的长短、排水情况等综合考虑。

（1）挖方边坡。

1）永久性挖方边坡应符合设计要求。

2）临时性挖方应根据工程性质和边坡高度，结合当地同类土体的稳定坡度值确定。

3）时间较长的临时性挖方边坡坡度如下：

①砂土（不包括细砂）1:1.25~1:1.5；

②一般性黏土（坚硬）1:0.75~1:1；

③一般性黏土（硬塑）1:1~1:1.25；

④碎石类土（坚硬、硬塑性土）1:0.5~1:1；

⑤碎石类土（砂土）1:1~1:1.5。

注：岩石边坡坡度应根据岩石性质、风化程度、层理特性和挖方深度等确定。黄土（不包括湿陷性黄土）边坡坡度应根据土质、自然含水量和挖方高度等确定。

（2）填方边坡。

1）永久性填方边坡，按设计要求施工。

2）时间较长（大于一年）的临时性填方应符合下列规定：

①当填方高度≤10m 时，1:1.5；

②当填方高度>10m 时，作折线形，上部 1:1.5，下部 1:1.75。

（3）护坡选用条件表（表 3.7-1）

表 3.7-1　护坡选用条件表

适用条件 护坡类型	边坡坡率	土（石）质
植草护坡	缓于 1:1.5	易于植被生长的土质边坡，不高于 8m
铺草皮护坡	缓于 1:1	土质和严重风化的软质岩石边坡
三维植被网护坡	缓于 1:0.75	植物难以生长的土质和强风化软质岩石边坡
挖沟植草护坡	缓于 1:0.75	易于人工开挖的软质岩石路堑边坡
土工格室植草护坡	缓于 1:0.75	人工开挖困难的岩石路堑边坡
浆砌片石（或水泥混凝土）骨架植物护坡	缓于 1:0.75，当坡面受雨水冲刷严重或潮湿时应缓于 1:1	土质和全风化岩石边坡
方格（人字）形截水骨架植物护坡		降雨量较大且集中的地区
水泥混凝土空心块植物护坡（正方形或六边形）	缓于 1:0.75	土质和全风化、强风化的岩石路堑边坡
封面护坡	/	坡面较干燥、未经严重风化的各种易风化岩石边坡
捶面护坡	缓于 1:0.5	易受冲刷的土质或风化剥落的岩石边坡
干砌片石护坡	缓于 1:1.25	土（石）质边坡、植物不易生长的路堑边坡
浆砌片石护坡	缓于 1:1	易风化岩石路堑边坡和不易植物生长的土质路堑边坡
喷射混凝土护坡	缓于 1:0.5	易风化但未风化的岩石路堑边坡
挂网喷射混凝土护坡	缓于 1:0.5	坡面为破裂结构的硬质岩石路堑边坡
实体护面墙	缓于 1:0.5	易风化或风化严重的轻质岩石或较破碎的路堑边坡
窗孔式护面墙	缓于 1:0.75	以及坡面易受侵蚀的土质边坡

（4）护坡附材质模型。

在 Civil 3D 中创建了护坡模型后，可以根据护坡类型，在 Civil 3D 材质库中为护坡选择合适的材质，使模型看着更加真实（图 3. 7-17、图 3. 7-18、图 3. 7-19、图 3. 7-20）。

图 3.7-17　植草护坡模型

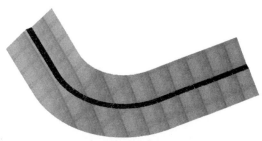

图 3.7-18　铺草皮护坡模型

图 3.7-19　土方格室植草护坡模型

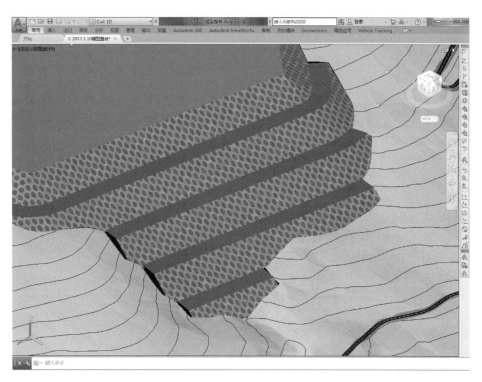

图 3.7-20　水泥混凝土空心块植物护坡（六边形）模型

2. 护坡设计

在进行场地竖向设计时，在室外存在高差的地方且平面空间满足的情况下，可以采用护坡设计来处理高差。护坡类型的选择应根据设计坡度、设计意图、土体条件等来确定，所有护坡必须采用植被或机械的方法稳定，以减少潜在的侵蚀。如图 3.7-21 所示，为一常用道路两侧护坡装配设计。

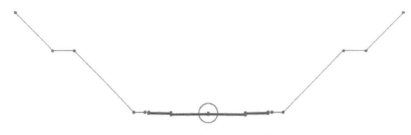

图 3.7-21 道路两侧护坡装配

在总图设计中，护坡较多用于设计场地与周边原始场地的衔接处。根据地质条件以及设计场地与原始场地之间的高差，来确定护坡的形式，再利用 Civil 3D 通过护坡所在的位置、放坡原则等设置来创建相应的护坡装配。

列举下面两个实际应用的多级放坡，该多级边坡的放坡原则是：

挖方边坡（图 3.7-22）：当边坡高度 $H \leqslant 8m$ 时，采用直线形边坡，边坡坡率采用 1:1；当边坡高度 $H > 8m$ 时，采用台阶形边坡，每级边坡高 8m，一~四级边坡坡率均采用 1:1，五~八级边坡坡率均采用 1:1.25，每级平台宽 3.0m，在 24m 处将平台加宽至 10m。

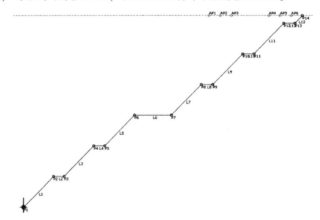

图 3.7-22 挖方多级边坡装配

填方边坡（图 3.7-23）：填方边坡一级边坡坡比为 1:1.5，二级边坡坡比为 1:1.75，三级边坡坡比为 1:2.0，四级边坡~五级边坡坡比为 1:2.25；填方坡高为 10m，平台宽为 2m。

通过在装配中设置放坡原则，边坡的相关参数可以在边坡部件特性中进行修改（图 3.7-24），在 Civil 3D 中利用创建道路的方法即可创建出边坡的精确三维模型（图 3.7-25），得到护坡的放坡级数，也可准确地定位护坡的平面位置。

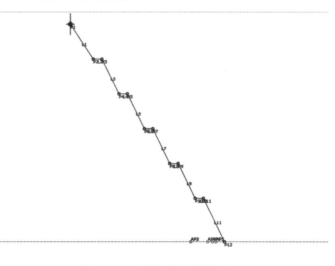

图 3.7-23 填方多级边坡装配

图 3.7-24　边坡参数

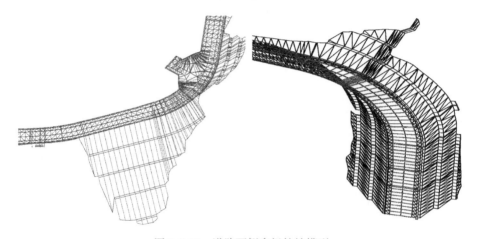

图 3.7-25　道路两侧多级护坡模型

通过模型可以生成多级护坡精准的平面等高线图以及模型等高线图，平面等高线图可以作为施工图直接使用（图 3.7-26、图 3.7-27）。

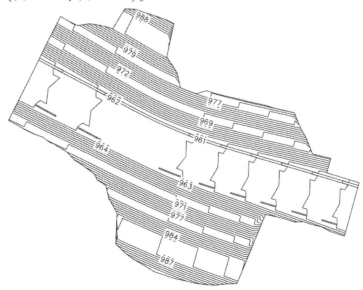

图 3.7-26　多级护坡平面等高线图

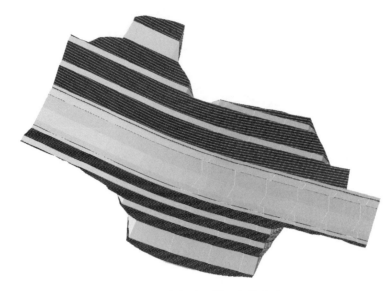

图 3.7-27　多级护坡模型加等高线图

3.7.3　室外台阶模型

室外台阶是连接不同高程，提供人行流线的最常见方法。台阶的宽度可以根据规范要求、使用类型、使用量和使用强度而变化。

台阶宽度可变化，但不应小于 0.9m，可以允许两个人舒适通行的更让人满意的最小宽度是 1.2m；台阶踏步宽度不宜小于 0.3m，台阶踏步高度不宜大于 0.15m，且不宜小于 0.1m。

在一段台阶中不应少于 3 个踏步，这样才能引起人的注意，不至引发危险；一段台阶最多可设置 18 个踏步，否则需设置休息平台。

室外台阶应采用防滑材料，不宜采用抛光地砖及抛光石材。台阶高度超过 0.7m 且侧面临空时，应有防护设施。

1. 台阶的形式

比较常见的台阶形式有单面踏步（图 3.7-28）、两面踏步（图 3.7-29）、三面踏步（图 3.7-30）以及单面踏步带花池（图 3.7-31）。

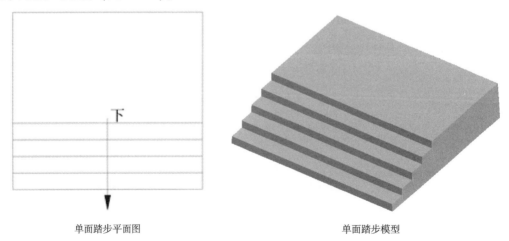

单面踏步平面图　　　　　　　　　　　　　　单面踏步模型

图 3.7-28　单面踏步

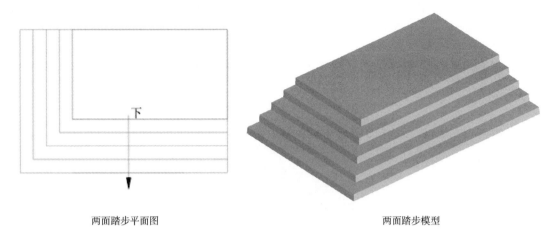

两面踏步平面图   两面踏步模型

图 3.7-29　两面踏步

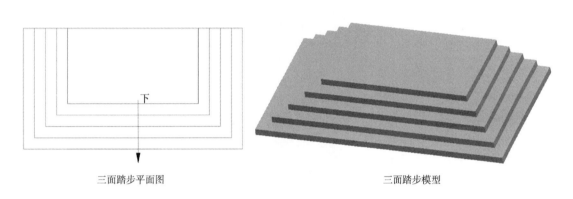

三面踏步平面图   三面踏步模型

图 3.7-30　三面踏步

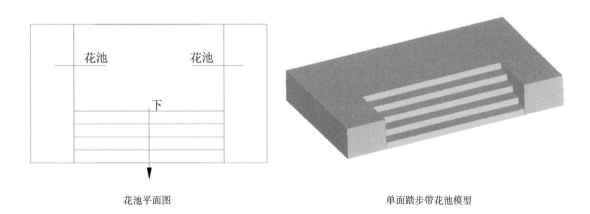

花池平面图   单面踏步带花池模型

图 3.7-31　单面踏步带花池

2. 台阶模型设计

在 Civil 3D 中创建台阶模型的常用方法有两种：一是使用要素线创建；二是利用创建道路模型的方法创建。

要素线创建台阶常用于台阶数较少的情况下，使用要素线偏移的功能创建台阶；而利用创建道路的方法创建台阶模型则用于场地高差较大、台阶数较多的情况下使用比较方便。下面主要以某复杂场地的台阶模型设计为例。

（1）原始地形分析。

通过对原始场地进行建模分析（图3.7-32），南北高差30m，南北平面距离90m，平均坡度33%。

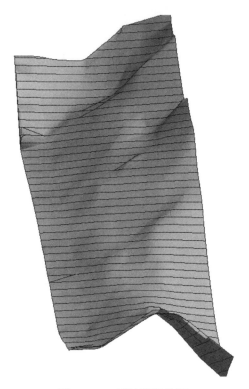

图 3.7-32　原始地形曲面

（2）步道平面设计。

根据项目需要在该场地南北方向设计一条步道供人行走（图3.7-33）。步道上的踏步尽量设置在直线段上，踏步高度为150mm，踏步宽度为300mm。

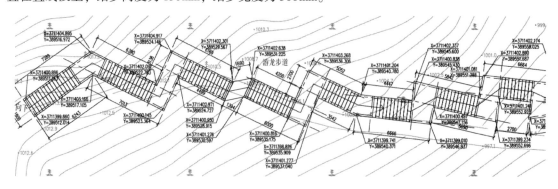

图 3.7-33　步道平面设计图

（3）步道纵断面设计。

步道的竖向设计，在处理30m高差的同时，使土方量尽量达到平衡。Civil 3D 中步道的纵断面设计与道路的纵断面设计相同（图3.7-34）。

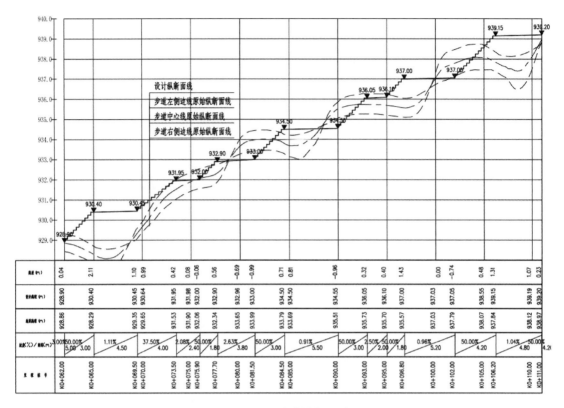

图 3.7-34　步道纵断面图

（4）步道横断面设计。

Civil 3D 中创建步道的装配即横断面（图 3.7-35）。

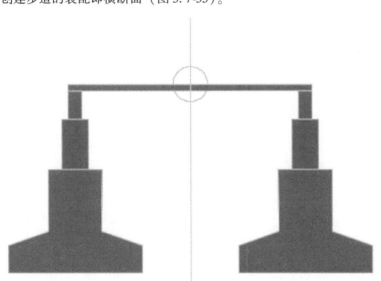

图 3.7-35　步道横断面

（5）生成步道模型。

根据步道的"平、纵、横"生成步道模型（图 3.7-36、图 3.7-37）。若需要给步道添加扶手等，使步道模型更加准确，可在 Revit 中进行更进一步的设计（图 3.7-38）。

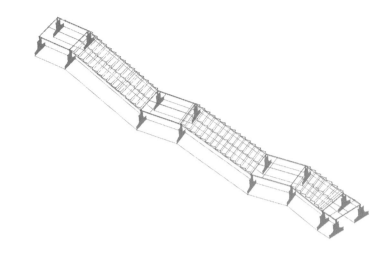

图 3.7-36　Civil 3D 中步道模型

图 3.7-37　Civil 3D 中步道模型曲面

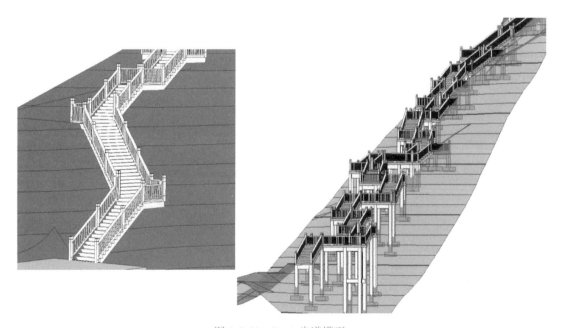

图 3.7-38　Revit 步道模型

3. 室外台阶模型展示

（1）某景观项目中室外踏步模型，如图 3.7-39、图 3.7-40 所示。

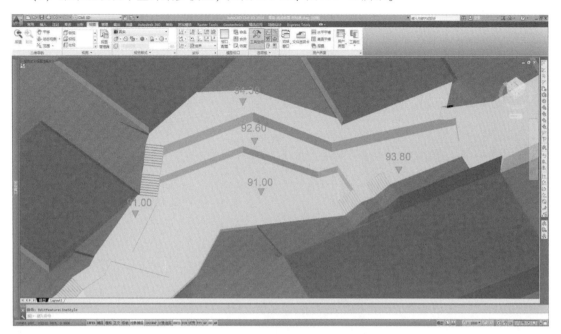

图 3.7-39　室外踏步模型（一）

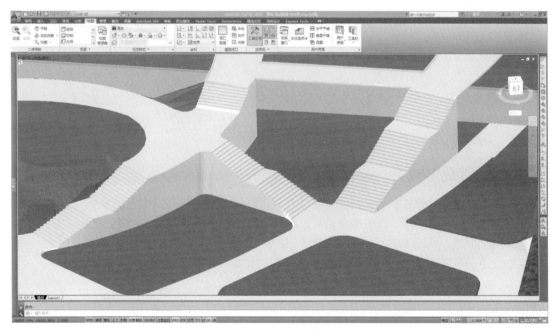

图 3.7-40　室外踏步模型（二）

（2）某室外总体中大踏步模型。

在 Civil 3D 中根据大踏步平面（图 3.7-41）及竖向创建该踏步模型，需要创建多个装配（图 3.7-42），利用创建道路的方法创建出模型（图 3.7-43）。

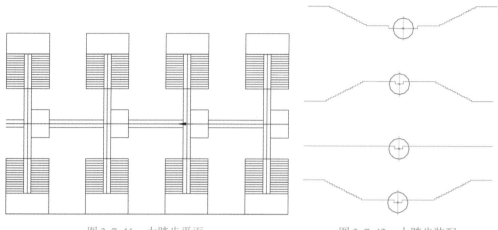

图 3.7-41　大踏步平面　　　　　　　　图 3.7-42　大踏步装配

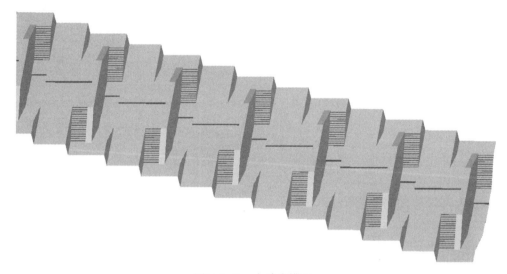

图 3.7-43　大踏步模型

3.7.4　室外坡道

在室外存在高差的地方，根据功能需要设置坡道，既可满足车行，又可满足人行要求。坡道的坡度、平面尺寸、高差等，需根据项目需求及规范要求进行设计；坡道侧边临空高度超过 0.7m 时，应有防护设施。如图 3.7-44 所示为室外坡道模型。

室外坡道的坡度应不大于 1:10；供残疾人使用的轮椅坡道的坡度不宜大于 1:12。

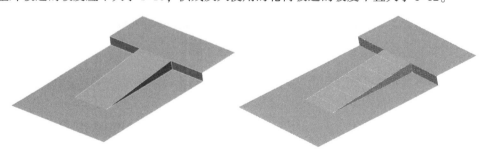

图 3.7-44　室外坡道模型

3.8　总图经济技术指标统计

在进行总平面布置时，总图经济技术指标是判断平面方案是否合理的一个重要指标，是衡量专业技术是否先进，经济上是否合理的一把尺子。所以总平面在布置的同时需与相关指标进行对应。在民用项目中，经济技术指标表基本包含总用地面积、总建筑面积、地上建筑面积、地下建筑面积、容积率、绿地率、车位数等数据。

在经济技术指标表中，每个指标是否满足规范、是否合理非常重要，但指标计算的快速性与准确性也极为重要。因为在项目的整个阶段，随着方案的不断变化与修整，指标需要不断地计算修改，如果还用之前使用的计算器来计算指标，那我们的工作效率及准确性会大打折扣。

现在利用 Civil 3D 软件中的地块功能，可以快速地计算出相应的指标。Civil 3D 中地块用来表示小块的土地，它是由场地中所包含的封闭边界构成的。一个场地中可以包含多个地块，这些地块可以相邻，也可以不相邻。每个地块都有唯一的编号，每个地块不仅可以指定其名称，还可以对地块添加多种属性，例如面积、绿化率、停车位个数等指标。

下面以统计场地面积指标为例，体现 Civil 3D 中地块的作用。如图 3.8-1 所示，总平面图中含有建筑、道路、绿化三部分，现对其进行面积的统计。

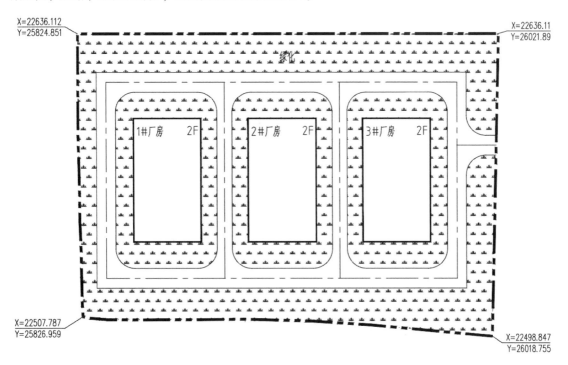

图 3.8-1　总平面图

首先将需要统计面积的区域创建成 Civil 3D 可以识别的地块，也就是在 Civil 3D 中创建地块。创建地块的方法主要有两种：地块创建工具与从对象创建地块；在这里常使用从对象创建地块。

如图 3.8-2 地块平面图中所示为建筑、道路、绿化分别生成了地块，每个地块上都可以显示该地块的面积等信息，这里需要根据项目需求设置地块的样式及标签（图 3.8-3、图 3.8-4）。

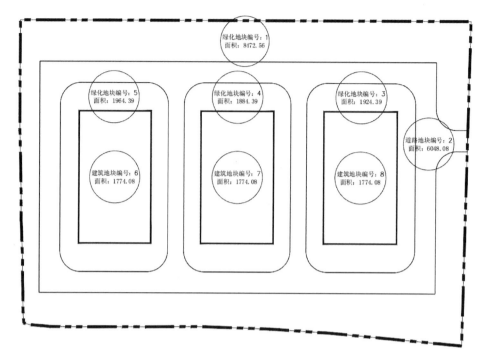

图 3.8-2　地块平面图

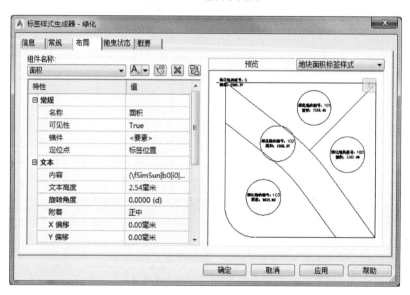

图 3.8-3　地块标签样式设定

图 3.8-4　地块标签

当然统计地块的面积，可以通过表格的形式来展现，地块的面积可以根据地块的类别进行统计，如图 3.8-5 所示。

道路地块指标统计表	
地块编号	地块面积
2	6048.08m²

绿化地块指标统计表	
地块编号	地块面积
1	8472.56m²
3	1924.39m²
4	1884.39m²
5	1964.39m²

建筑地块指标统计表	
地块编号	地块面积
7	1774.08m²
6	1774.08m²
8	1774.08m²

图 3.8-5　地块面积统计表

使用 Civil 3D 中的地块功能统计指标，当对建筑或道路轮廓进行调整时，地块信息会进行联动，快速更新数据。如图 3.8-6 所示，道路边线发生变化后，只需拖动道路的地块边线，编号 2 与编号 3 地块的面积随之更新，提高了工作效率。

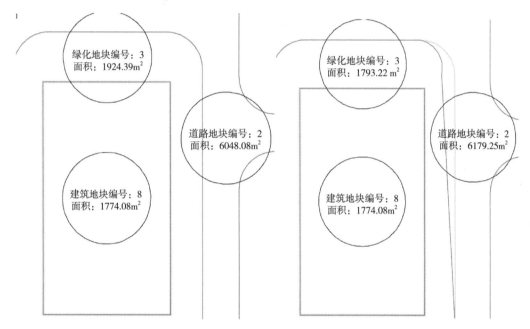

图 3.8-6　数据联动

第4章 三维总图设计的实现路径

4.1 模型协同

4.1.1 总图模板的内容及制订

设计从根本上讲是一种转译。总图便是一个项目在大地上的转译。二维图纸是一种传达，三维场景更是一种传达。模型是把场景真实呈现出来的基础，在此基础上才可以进一步组合诠释。这个转译过程是借助一系列的图形语言来实现的。对此我们要制订一系列的模板和联系，将不同部分的参数化合成到一个体系中便成为"模板"。

模块之间的连接部分，相当于人体最重要的关节、隔膜，比如在"放坡高程——填挖方量——放坡组体积——平衡体积"这个系列中，修改放坡高程，后续的填挖方量、放坡组体积会随之变化；同样修改平衡体积，放坡高程会随之变化，它们之间属于动态链接。

模板一般是通用型，能多次重复套用。但在总图中可重复使用的内容非常少，几乎每个都不相同，都需要"加工"和"定制"。模板是项目起始时首先要创建的，可提高成果的通用性，所谓"磨刀不误砍柴工，工欲善其事必先利其器"。有完善的模板，后续工作会有事半功倍的效果。常规模板主要有图形模板、施工图模板、本地化包模板等。

1. 图形模板

在 Civil 3D 中总图常用到的对象有：点、曲面、路线、纵断面、要素线、管道、装配以及道路等。通过控制这些对象的显示样式以及标签，达到最终模型的效果，以及二维图纸输出。每个公司都有自己的制图标准，因此制订属于本公司的图形模板是很有必要的。使用图形模板可以避免重复性工作，还可以帮助保持图形之间的一致性。

（1）模板位置。

Civil 3D 软件自身提供了一系列的模板文件，有公制、英制以及本地化包模板。通常模板文件默认存储在："C：\ Users \（用户名）\ AppData \ Local \ Autodesk \ C3D（版本号）\ chs \ Template"。

（2）模板中的对象和标签样式。

Civil 3D 图形模板包含标准的 AutoCAD 信息（例如 AutoCAD 设置和图层）与标准的 AutoCAD 对象（例如直线和文本）。此外，还包含列在"设定"树（包括 Civil 3D 设置、样式、标签样式、表、描述码以及导入/导出格式）和"浏览"树（包括任何 Civil 3D 对象，例如点编组）中的任何 Civil 3D 图形信息。如图 4.1-1、图 4.1-2 所示是本地化包模板与公制模板关于曲面样式及标签的列表对比图。

理想情况下，每个公司根据自己的出图习惯定制专属图形模板，但是这通常需要花一些时间来改进。要完成此过程，需要创建包含一个或多个曲面、路线和其他对象类型的演示图形，保存其样式标签等。当然，也可以在提供的公制或本地化包模板的基础上进行修改，这样能节省一些时间。

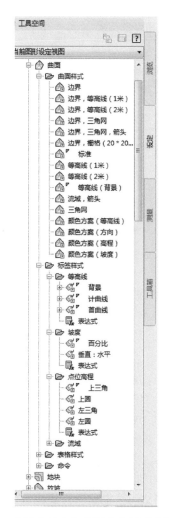

图 4.1-1　中国本地化包模板曲面样式及标签列表

图 4.1-2　公制模板曲面样式及标签列表

2. 施工图模板

　　Civil3D 可以创建平面及纵断面、仅平面、仅纵断面以及横断面 4 种图纸类型模板，且都有相对应的模板（图 4.1-3）。每一种图纸均具有不同的工作流。图形必须包含特定数据，然后才能使用创建施工图工具，如图 4.1-4 所示的为创建施工图工具的前提条件。此外，必须使用为创建的图纸类型配置的模板。前提条件略有不同，这取决于要创建的图纸类型。

　　同图形模板一样，施工图模板也可以进行定制，可以对模板的图框大小、图签、视图比例进行修改，创建专属项目的施工图模板。

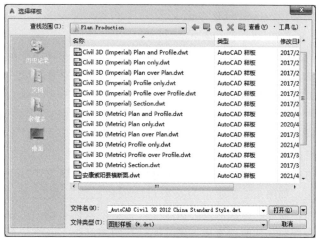

图 4.1-3　出图模板

图纸类型	使用创建施工图工具的前提条件
仅平面	• 当前图形必须包含一条路线 • 您必须能够访问包含将"视口类型"定义为"平面"的视口模板，例如 Civil 3D (Imperial) Plan Only.dwt 或 Civil 3D (Imperial) Plan.dwt 模板，两者均位于 Template\Plan Production 文件夹内
仅纵断面	• 当前图形必须包含一条路线和一个纵断面 • 您必须能够访问包含将"视口类型"定义为"纵断面"的视口模板，例如 Civil 3D (Imperial) Profile Only.dwt 或 Civil 3D (Imperial) Profile over Profile.dwt 模板，两者均位于 Template\Plan Production 文件夹内
平面及纵断面	• 当前图形必须包含一条路线和一个纵断面 • 您必须能够访问包含将一个"视口类型"定义为"平面"，一个"视口类型"定义为"纵断面"的视口的模板，例如位于"Template\Plan Production"文件夹中的"Civil 3D (Imperial) Plan and Profile.dwt"模板
横断面	• 当前图形必须包含路线、采样线和横断面 • 您必须能够访问包含将"视口类型"定义为"横断面"的视口的模板，例如位于 Template\Plan Production 文件夹中的 Civil 3D (Imperial) Section.dwt 模板

图 4.1-4　各图纸类型前提条件

3. 本地化包模板

Civil 3D 提供了多个国家的本地化安装包，包含的内容和标准随国家/地区而异，可能包含：绘图和设计标准（Civil 3D 标签和对象样式）；设计标准文件，用于计算超高；图形模板（AutoCAD 的 DWT 文件）；图纸模板，用于创建施工图（AutoCAD 的 DWT 文件）；代码文件，用于本地化道路模型的点、连接和造型代码；报告；管道和结构目录；装配和部件；国家/地区自定义的工具选项板。

中国本地化包是为了使 Civil 3D 软件更加符合中国用户的使用习惯，满足中国国内的设计、出图要求而进行的工作。主要是对图形模板以及道路出图表格进行了制定。需要注意的是下载本地化包选择版本时要与安装的 Civil 3D 版本一致。

4.1.2　模型协同设计

1. Civil 3D 软件内部协同

（1）数据快捷方式。

数据快捷方式，是 Civil 3D 中最方便的一种协同的方法。数据快捷方式可以将 Civil 3D 中创建的对象导入一个或者是多个 DWG 图形文件中。

数据快捷方式可以为曲面、路线、纵断面、道路、管网和图幅组而创建。这些快捷方式可提供图形之间的参考链接，而不必使用数据库。从图形创建数据快捷方式后，这些快捷方式便会显示在浏览树的"数据快捷方式"节点上，如图 4.1-5 所示为某项目所创建的数据快捷方式列表。通过在参照对象的快捷方式上单击鼠标右键，可以将参照对象从此位置插入到其他打开的图形中，或将快捷方式拖放到当前图形。

创建数据快捷方式的工作流程如图 4.1-6 所示。

图 4.1-5　某项目数据快捷方式列表

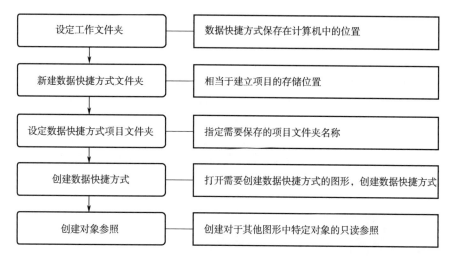

图 4.1-6　创建快捷方式流程

当参照数据的源数据发生了变化，在应用的图形中右下角会提示数据快捷方式定义可能已更改，是否需要同步，单击"同步"即可完成数据的同步更新，如图 4.1-7 所示。

（2）LandXML 格式的应用。

LandXML 提供了一个由行业伙伴联盟推动的非专有数据标准。

使用 LandXML 将数据传输到其他图形或其他支持导入的 XML 的应用程序。例如，可以使用 LandXML 在图形间传输曲面，如图 4.1-8、图 4.1-9 所示。

图 4.1-7　提示快捷方式引用数据同步

图 4.1-8　选择导出 LandXML 对象　　　　图 4.1-9　选择导入 LandXML 对象

通过将 Civil 3D 图形数据变换为 LandXML，可以达到以下目的：

1）交换数据。将 LandXML 数据导入其他软件应用程序。然后可以修改这些数据，并以所需格式将其提交给客户和代理。

2）传送或归档数据。将数据传输到另一个 Civil 3D 图形中。还可以以非专有格式存档数据。

3）转换单位。先使用英制测量单位导出数据，然后使用公制测量单位导入数据，以缩放和转换值。

4）转换、旋转坐标。全局调整数据的高程。

（3）Autodesk Vault。

Autodesk Vault 是为使用 Civil 3D 的大型设计团队而准备的项目管理选项。Vault 可以管理任何类型的工程文件。文件可以是 Autodesk 系列，包含 Civil 3D、Inventor、AutoCAD、Navisworks、Revit、3ds Max、Moldflow 以及 Microsoft Office、Microsoft Outlook 文件或设计过程中使用的任何其他文件。Vault 有两个主要组件：关系数据库和文件存储。关系数据库用于存储有关文件的信息。文件存储是一个文件夹层次结构，Vault 服务器在其中存储 Vault 管理的文件的物理副本。Vault 服务器有三个主要组件：Web 服务器、数据库和文件存储。Vault 各个组件的基本配置如图 4.1-10 所示。

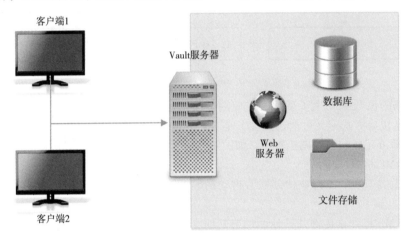

图 4.1-10　Vault 组件的基本配置

主要数据库位于指定服务器（例如网络上的文件服务器）上，并且客户端软件安装在需要访问数据库权限的每个计算机上。通过 Vault，可以共享曲面、路线、纵断面、管网、点、图幅组以及测量数据。Vault 是一款单独的软件，需要单独安装，这里仅介绍 Vault 的相关概述，更多关于 Vault 的详细使用方法，读者可以查看关于 Vault 的相关资料（图 4.1-11）。

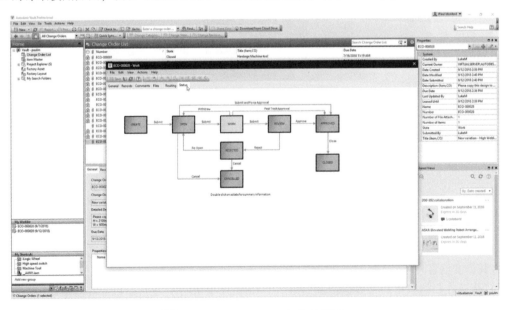

图 4.1-11　Autodesk Vault 软件界面

2. 不同软件应用程序交互

Civil 3D 能够与 Autodesk 旗下的各类软件通过数据的转换达到交互的效果，但实际工作中，各公司所使用的软件不同，并不能达到完美的数据交互，因此各软件需要有一个共同的数据格式。根据已为建筑行业中的常用对象制定的国际标准，行业基础类（IFC）文件格式提供不同软件应用程序之间的互操作性解决方案。

使用 IFC 格式，可以将图形导出到其他经过 IFC 认证的应用程序，这些应用程序无法通过其他方式打开 DWG 文件。同样地，也可以导入 IFC 文件，以便在最初使用非 DWG 格式创建的 DWG 文件中创建和工作。

在 Civil 3D 中可以使用 IFC 模式所示版本 4x1 将 Civil 3D 路线对象及其关联的设计纵断面数据导出为 IFC 格式，如图 4.1-12 所示。若要将其他 Civil 3D 对象导出为 IFC 文件，必须先将其转换为三维实体。可以使用 Civil 3D 中包含的命令，将三角网曲面、道路、管网和压力管网转换为三维实体。对象转换为实体后，可以使用导出实体的选项，将图形导出为 IFC 文件。

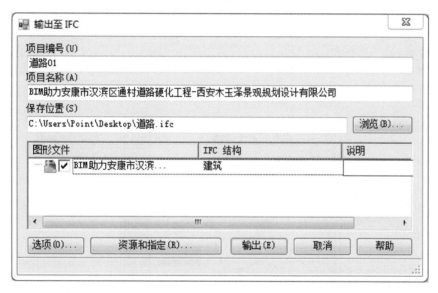

图 4.1-12　导出 IFC 文件界面

3. 图形动态链接

在一个项目中，通常会涉及多个专业的工作人员，当设计某一处发生变动时，其他的相关专业也要发生变动。例如需要出一套公路图纸，按照以往的操作，选线专业根据原始地形进行选线，出平面图和纵断面图，选完路线之后，发给路基、桥梁、给水排水等专业人员。当路线或者原始地形发生变化时，需要反复修改图纸，会带来多次提资。Civil 3D 通过设定数据快捷方式来解决这个问题。设置数据快捷方式之后，当某一个人的数据发生变化时，可以同步更新数据，其他人员直接就可以看到变化，无须多次传输修改文件（图 4.1-13）。而且还可以将一条长的道路划分为多段，便于多人同时进行工作。这样不仅大大减少了重复性工作，提高了工作效率，而且利用数据快捷方式，减少文件所占的空间，运行文件也会更加顺畅。

在导出道路二维图纸时，能根据需求自动或设置桩号分幅生成多张图纸（图 4.1-14）。变更设计，图纸跟随变动。

在 Civil 3D 中生成的设计场地剖面、道路横断面、管线横断面等一系列断面，都会跟随修改的设计曲面实现联动。

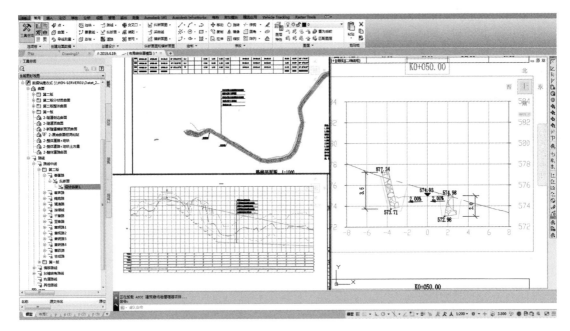

图 4.1-13　平、纵、横设计联动

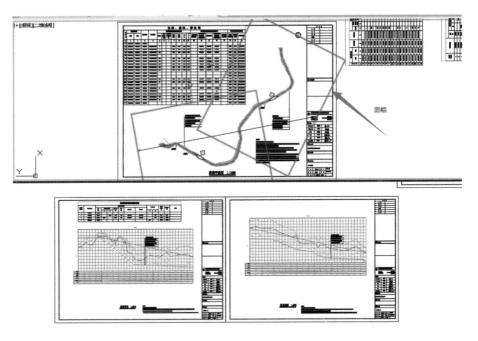

图 4.1-14　根据路线图幅生成相对应纵断面图纸

4.1.3　（过程）模型传递

模型搭建的过程是一个项目完整程度逐步提升的过程，是一系列点、线、面空间的形成过程。这中间存在着诸多连接与传递。

工程模型的本质或理想状态应该是按一定规则和标准，进行数据和信息的标准化表达、有效传递、互换和共享，从而实现全生命周期和全过程产业链各方的协同工作、提升现场管理水平、提高工程效率、降低工程成本、提高工程质量和投资效益。实际来说，目前 BIM 技术的应用，大多处在虚拟设计施工阶段。要实现理想的 BIM，真正做到各方信息共享、工作协同，还有很长的路要走，其中一个关键的问题就是不同专业、不同阶段相关各方之间的数据传递和共享。以建筑行业为例，如图 4.1-15 和图 4.1-16 所示。

图 4.1-15 传统建筑行业

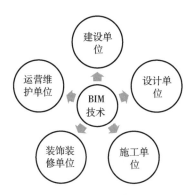

图 4.1-16 基于 BIM 技术的建筑行业

建筑行业现已具有成熟的国家标准或地方标准对其模型精细度进行了相关定义。但有关总图的模型标准还很欠缺，由此导致各公司的模型在不同阶段的精细程度有所不同。

总图三维信息模型的应用贯穿于项目全过程，信息的传递主要有双向传递、单向传递和间接传递三种方式（图 4.1-17）。

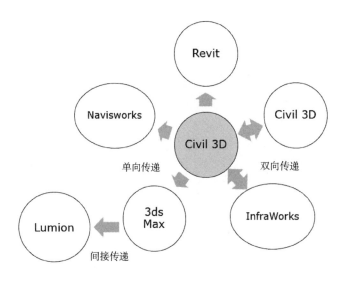

图 4.1-17 总图相关软件数据传递方向

1. 双向传递

双向传递即两个软件或平台间的信息可以互相转换，无缝衔接。这种信息互用方式，效率高、失真几乎不存在，但是真正实现起来又受到技术层面和商业层面的各种限制。

例如 Civil 3D 与 InfraWorks 是总图中常用的两个互相转换的软件。InfraWorks 中可以完成前期方案设计，将方案设计的内容导入到 Civil 3D 中进行详细的施工图设计，Civil 3D 中完成的设计模型可以导入到 InfraWorks 进行综合展示、视频动画的制作，如图 4.1-18、图 4.1-19 所示。

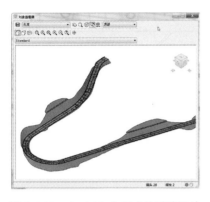 

图 4.1-18　Civil 3D 中完成的道路设计　　　　　图 4.1-19　在 InfraWorks 中的展示效果

2. 单向传递

单向传递是指模型信息只能从一个软件传到另一个软件，并且不能转换回来，是单向的不可逆的。

例如 Civil 3D 与可视化软件 3ds Max 就是这种单向传递关系。将 BIM 的信息模型转到可视化软件进行效果图的制作，把实际的想法通过照片形象表达出来，但是不能把数据再转回到设计软件中，如图 4.1-20 所示。

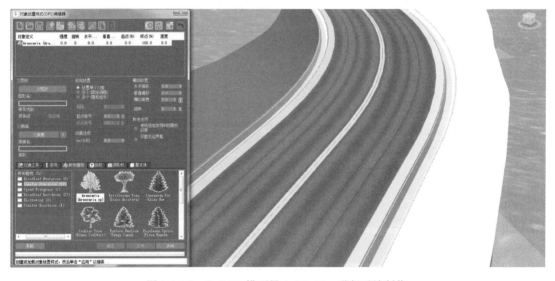

图 4.1-20　Civil 3D 模型导入 3ds Max 进行后续制作

3. 间接传递

间接传递是指两个软件之间的信息传递要依靠双方都能识别的中间文件来实现。但是此种信息传递方式很容易有信息失真甚至丢失的弊端。

例如 Civil 3D 与后期效果制作软件 Lumion 就是间接传递关系，如图 4.1-21、图 4.1-22 所示，需要通过 3ds Max 来进行转换。如果将 Civil 3D 模型直接导入 Lumion 中，所有的曲面将整合成一个曲面，达不到区分材质的目的，同时会丢失 BIM 模型的相关信息，如果需要修改模型，要回到原始模型中进行修改，再重新更新修改。

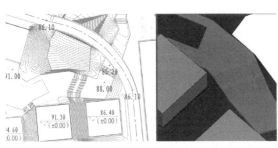

图 4.1-21 Civil 3D 中完成场地模型 图 4.1-22 Lumion 中完成后期效果

4.2 模型校核

建模过程中要不断对模型进行检测。对原始数据，以及各种曲面、断面、剖面、管线交叉等进行检查，不同层面的拟合过程也需要进行检测。只有叠合才有对比，对模型从不同角度去剖切进行校核。比如对大型且受地形条件变化影响较大的项目，需要大量的剖面来说明设计场地与原始地形的关系（图 4.2-1）。要完成这个剖面，最有效的工作途径是建立原始地形和设计场地的两个曲面。然后通过叠加，找两者的关系。在两个曲面建立之后，我们可以在不同的方向和不同的位置进行剖切，形成剖面图，便于分析调整。

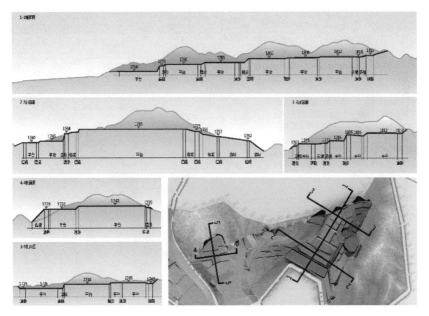

图 4.2-1 某项目设计场地与原始地形的关系剖面图

模型还可以辅助进行方案匹配度的校核，如与规划设计条件的校核（主要通过地块功能）以及计算准确度（比如二次土方精算）的校核，还可以通过三维设计平台校核设计成果是否满足规范要求，这在一定程度上节约了人力和时间。总之校核的要求越高，对模型的精细度要求也越高。

在创建设计曲面的过程中，需要不断地对已创建的模型进行校核。与二维设计前期消化整合资料流程类似。创建模型过程中，对高程、坐标等进行校核，主要是通过对模型中曲面、体块的检测。

4.2.1　坐标校核

准确定位是合理设计的第一步。总图设计要为后续的各项管网设计提供基础资料，只有初始坐标准确，后续的各专业才能坐标正确。在原始数据阶段，需要校准红线坐标，以及外部市政道路和管网的坐标。设计中，要校核内部管线坐标、道路坐标、建（构）筑物坐标等。

在同个软件内，用同个底图建模，不涉及坐标的转换。在项目整合中，需要对不同软件的模型进行整合，因此需要涉及坐标的对应关系。在总图中，常用到的软件为 Civil 3D 以及 Revit，整合进 Navisworks 软件中。常用软件数据导入方法如下文所述。

1. 将 Civil 3D 数据导入 Navisworks 中

Navisworks 可以直接打开 Civil 3D 保存的 DWG 文件。Civil 3D 的对象，如道路、曲面、管网、多视图块等，都可以在 Navisworks 中直接显示而无须任何转换（图 4.2-2）。

在 Navisworks 中可以直接添加 Civil 3D 保存的文件，文件是以图层和对象为大类来显示的。但是直接导入会有一个明显的问题，就是 DWG 文件中的所有对象都会导入到 Navisworks 中，例如部件、参照底图等。因此建议在导入之前对图形根据需要进行整理，或者导出另外的格式，例如实体或者 IFC 格式的文件，这样在 Navisworks 中就不会有太多的无用对象。

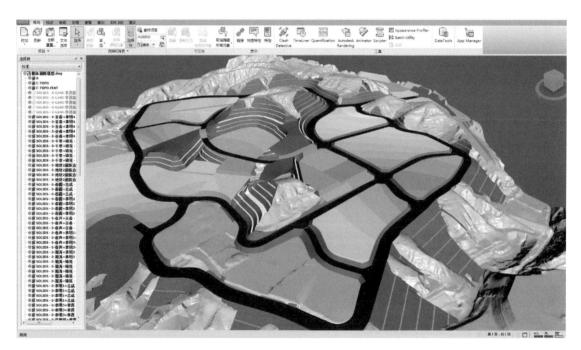

图 4.2-2　Civil 3D 模型直接导入 Navisworks 中

2. 将 Revit 数据导入 Navisworks 中

Navisworks 可以直接打开 Revit 保存的 RVT 文件。要将 Revit 文件放置在原坐标，需要设置相关点坐标。

Revit 中需要设置的两个坐标点为项目基点以及测量点。测量点会为 Revit 模型提供真实世界的关联环境。测量点用于在其他坐标系（如在土木工程应用程序中使用的坐标系）中正确确定建筑几何图形的方向。项目基点可用于建立一个参照，用于测量距离以及相对于模型进行对象定位。

在 Civil 3D 中定位好 Revit 所构建模型的项目基点以及高程，在 Revit 中修改项目基点的相关数据，然后进行后续建模（图 4.2-3）。

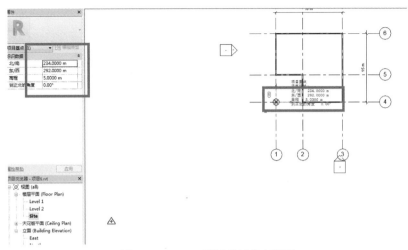

图 4.2-3　Revit 设置项目基点界面

　　例如某项目中，道路涉及桥梁以及隧道，在 Civil 3D 中创建道路的模型（图 4.2-4），将桥梁段 CAD 文件导入 Revit 进行相应模型的创建（图 4.2-5），最后将道路以及桥梁整体汇总进 Navisworks 中（图 4.2-6）。

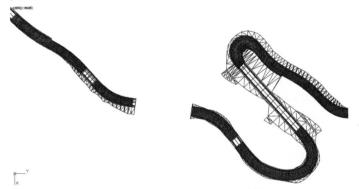

图 4.2-4　道路在 Civil 3D 中建模

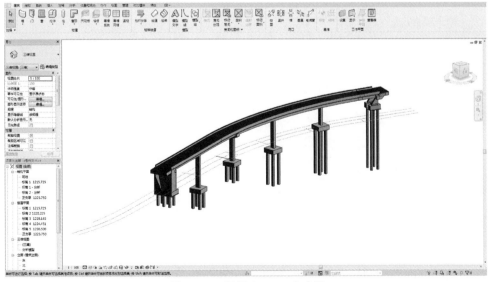

图 4.2-5　桥梁在 Revit 中建模

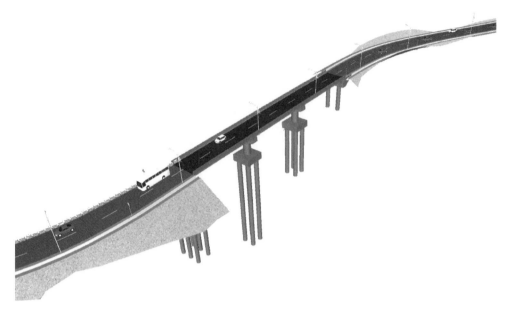

图 4.2-6　在 Navisworks 中整合道路和桥梁模型

4.2.2　高程校核

在地形复杂的场地内，可能会涉及护坡、挡土墙、排水沟、管网等设施模型，它们是分开创建的，因此对其高程的校核是很有必要的。在 Civil 3D 中对高程的校核通常是通过纵断面或横断面来进行的，都是通过剖切模型查看剖面标高是否正确。

高程校核通常用于对地下车库覆土以及管线埋深进行校核。通常两者可结合来检验，如图 4.2-7 所示，某项目对地下车库通廊上部的管线埋深通过剖面来校核。首先创建好设计场地模型以及通廊模型，直接剖切就可查看管线埋深是否正确。

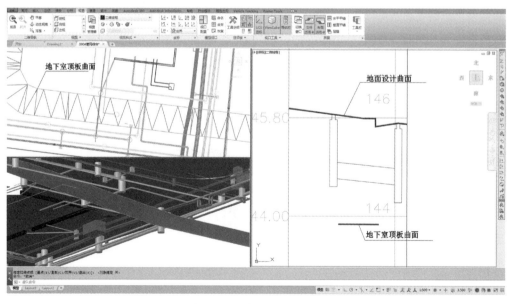

图 4.2-7　某项目校核管线与地下室顶板模型图

再例如某项目中挡土墙的设计（图 4.2-8），创建完挡土墙模型后，通过挡土墙的纵断面图来检查挡土墙标高是否正确（图 4.2-9），其次通过场地断面图来检查挡土墙与周边道路的竖向关系是否正确（图 4.2-10）。

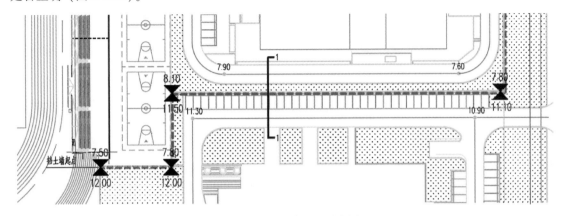

图 4.2-8　挡土墙平面示意图

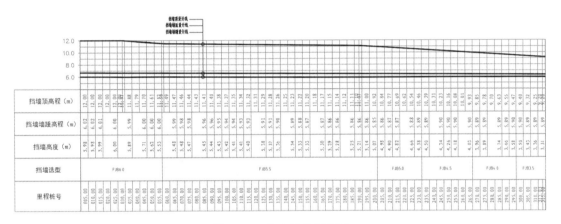

图 4.2-9　挡土墙纵断面图

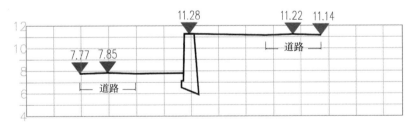

图 4.2-10　场地断面图

4.2.3　模型检测

1. 曲面检测

（1）标高点检测。创建完成模型后，对生成的曲面进行标高点检测（图 4.2-11），主要对场地内的主要控制点，例如台阶、道路起止点、交叉点、变坡点、建（构）筑物室内外地坪、排水沟底及沟顶等的标高进行检测，并标注在图中，便于后期输出二维图纸。

（2）等高线检测。在场地竖向复杂的情况下，需要用等高线来对道路、边坡、防护工程、交

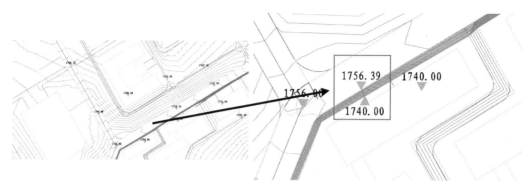

图 4.2-11　标高点检测

叉路口等设施的曲面进行检测。等高线能够将地面设计标高表达清楚，便于直观检测错误点。

如图 4.2-12 所示为某项目局部等高线示意图，通过该图能够直观感受到建筑正负零曲面与道路之间绿地的坡度变化。如图 4.2-13 所示为某物流区局部等高线，展示场地次入口与市政路的衔接方式，同时对布置雨水收集口提供依据，这些情况如果不创建三维模型，很难用二维方法表示出来。

图 4.2-12　某项目局部等高线示意图

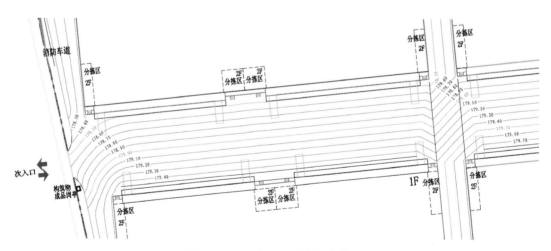

图 4.2-13　某物流区局部等高线

2. 体块检测

在 Civil 3D 中，曲面、道路、挡土墙等都可以生成 AutoCAD 实体（图 4.2-14），这些常规的图元可以用于分析和可视化，或者与其他无法直接和 Civil 3D 模型交互的应用程序配合使用。

若检测挡土墙与建筑之间间距是否满足规范要求，可将挡土墙模型（图 4.2-15）提取为实体（图 4.2-16），在具有碰撞检测的软件（例如 Navisworks）中与建筑模型进行碰撞检测（图 4.2-17）。

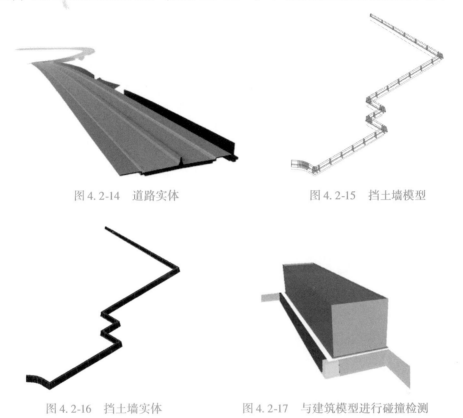

图 4.2-14　道路实体　　　　　　　　　图 4.2-15　挡土墙模型

图 4.2-16　挡土墙实体　　　　　　图 4.2-17　与建筑模型进行碰撞检测

3. 碰撞检测

碰撞检测是我们检测模型的一个常用手段。总图设计中主要涉及用地界限、行车轨迹、管线交叉、管线与乔木交叉等，在建立三维模型的基础上，可以根据需要进行不同内容的专门检测。

（1）车辆行驶路线检测。

基于 Vehicle Tracking 的车辆扫掠路径预测（图 4.2-18、图 4.2-19）。

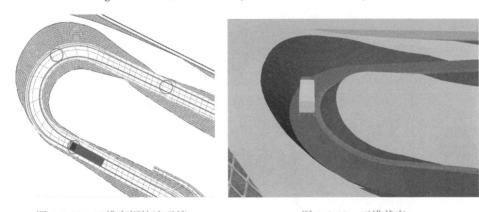

图 4.2-18　二维车辆轨迹碰撞　　　　　　图 4.2-19　三维状态

运行车辆模拟轨迹后，可以查看到车辆运行的区域，得到能够满足道路设计的车辆信息，以便限制车辆通行或修改道路设计。

（2）规则检测。

在道路设计最常用的规范中，除了规范路线自动加宽、超高以及纵断面坡度、长度之外，Civil 3D 的检查集功能也可以验证设计规范文件中未包含的规范的设计参数。通过设计检查的表达式检查其他规范（图 4.2-20）。

在路线中，Civil 3D 提供了四种检查类型：直线、曲线、缓和曲线和切线交点，通过这四种类型可对路线进行设计检查。

在纵断面中，Civil 3D 提供了两种检查类型：直线和曲线，通过这两种类型可对纵断面进行设计检查。

同样在管线设计中，也可通过相对应的规则集来进行检查。管网中对管道的覆土厚度、坡度、长度等进行检查（图 4.2-21）。

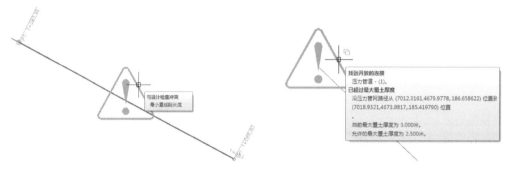

图 4.2-20　路线长度检查与规范冲突警示符号　　　　图 4.2-21　管网覆土检查警示符号

（3）管线碰撞检测。

在 Civil 3D 软件内部管线碰撞检测中，管线碰撞检查指的是重力管网与重力管网之间的检查。Civil 3D 软件内重力管网与压力管网之间是不能进行碰撞检查的，如果要进行重力管网与压力管网的碰撞检查，需要导入到其他的软件中，例如 Navisworks 中（图 4.2-22）。

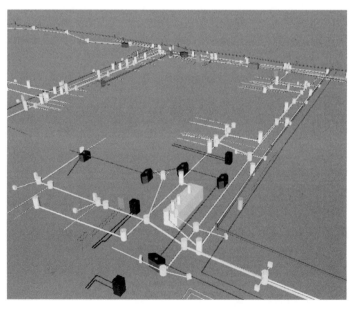

图 4.2-22　在 Navisworks 中对管线进行碰撞检测

4.3　模型整合

只用模型来达到局部和零散的作用不是我们的目标，更多的是要发挥模型组合的作用，在组合中发现问题，争取"一模多用"。模型整合不是简单地将所有模型元素组合叠加起来，中间需要通过一定的链接（图 4.3-1）。

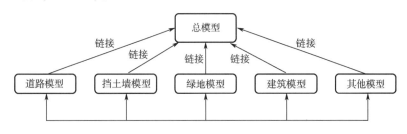

图 4.3-1　"模型链接"方式工作图

当单个单元模型建立出来后，其作用远远没有发挥出来，需要在总图的场景中去描述，这就要进行模型局部组装或整体总装。难点就在这里，在组装的过程中会发现要调整部分模型，有的甚至需要重新建立，没有拟合成的整体难以从全局看问题。建模的时候组合不起来，实际建造过程中，想组合也是困难重重，这就造成了许多返工和浪费。

现在的三维模型不是把平、立、剖合在一起，而是把各部分融合在一起。计算机并不会自动把单个的模型组装起来，只能依靠一定的路径和指示，或者基于某种事先确定的规则。不一样的组合思路，得到的效果完全不同。就像不一样的导演，拿到同样的素材，剪辑出的作品也不同。模型的整合主要是场地与外部的融合以及场地内部自身的融合。

4.3.1　场地与外部的融合

1. 场地道路与市政道路的融合

场地周边城市道路资料是场地设计的重要条件，城市道路的等级决定场地各边建筑退红线要求、禁止开口范围；城市道路标高通常决定场地的竖向设计、排水方向等。因此市政道路的模型是固定不变的，与场地道路模型分开创建，通过数据快捷方式链接进同一个图形中（图 4.3-2、图 4.3-3、图 4.3-4）。

图 4.3-2　市政道路模型

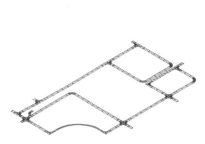

图 4.3-3　场地道路模型

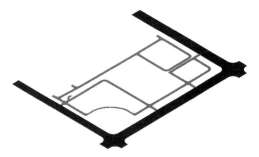

图 4.3-4　场地道路与市政道路汇总

2. 场地管网与市政管网的融合

市政管网工程一般与城市道路设计同期进行，齐全的城市道路资料是包含市政管网资料的。市政管网资料，特别是雨污水资料是决定场地竖向布置的重要条件之一。

以重力管网为例，如图 4.3-5 所示为某项目周围市政管网资料，对重力管网各个井的标高进行确定，选择最适合的市政预留接口井（图 4.3-6）。对场地内雨水管网进行设计，让其最终汇总在市政雨水收集井中，最终模型如图 4.3-7 所示。

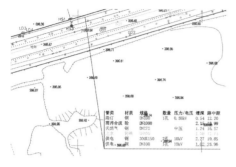

图 4.3-5　市政道路相关管网位置及埋深

图 4.3-6　确定好场地与市政管网衔接的井标高

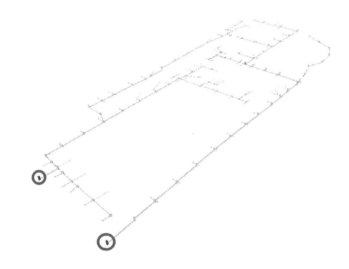

图 4.3-7　场地内雨水管与市政雨水管衔接

4.3.2　场地内部的融合

1. 道路与交叉口的融合

在 Civil 3D 中，创建道路模型前，首先要对道路进行划分。道路划分的形式有很多种，原则之一是要方便项目管理及工程划分，原则之二是要方便 Civil 3D 软件制图。在这里需要注意划分的两个要点，一是路线不能形成闭合的环形，要起止点不同；二是在用自动创建交叉口命令创建模型时，一条路线的起止点交叉口不能同时与另一条路线相交。如图 4.3-8 所示，路线 1 的起止点交点同时与路线 2 相交，

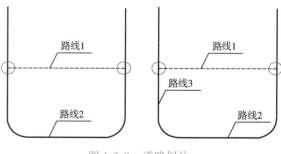

图 4.3-8　道路划分

这种情况使用自动创建交叉口命令，只能成功创建一个交叉口，另一个交叉口是创建不成功的，

将路线 2 断开为路线 2 与路线 3，分别同路线 1 相交，就能同时使用自动创建交叉口命令。

在创建道路模型过程中，为便于后期修改，会把交叉口分开创建，一个交叉口一个道路模型，如图 4.3-9 所示，三个交叉口为三个道路模型。多个道路模型不能融合成一个道路模型，只能是将每个道路模型生成道路曲面，将多个道路曲面粘贴成一个道路曲面，通过曲面来进行整个场地的融合（图 4.3-10）。

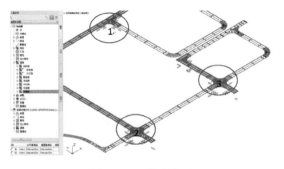

图 4.3-9　道路模型　　　　　　　　　　　　图 4.3-10　融合道路曲面

2. 道路与挡土墙、护坡的融合

在地形复杂的场地内，往往会有道路与挡土墙或护坡的各种结合方式，有两者结合布置的，也有单独布置的。如图 4.3-11 所示为某矿区局部道路模型，其中连接各组团之间的道路结合放坡设计；组团内有高差道路结合挡土墙设计（图 4.3-12）；场地周围通过放坡到原始地形来解决高差问题（图 4.3-13）。所有的模型都通过生成对应的曲面来整合（图 4.3-14），便于进行后续的土方量计算、填挖高度分析等。

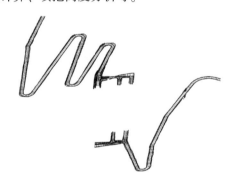

图 4.3-11　某矿区局部道路模型　　　　　　　图 4.3-12　挡土墙模型

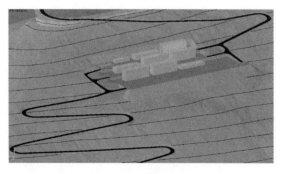

图 4.3-13　护坡模型　　　　　　　　　　　　图 4.3-14　整合模型

4.3.3 场地与建筑的融合

场地设计贯穿于建筑设计全过程，它配合建筑完成各个阶段的设计任务。

Revit 是常见的一种处理单体的 BIM 软件，Civil 3D 具有强大的场地处理能力。因为 Revit 和 Civil 3D 所采用的平台不一致，所以软件之间的格式也不相同。在一般设计中是将 Civil 3D 处理好的地形曲面导入 Revit 中，在 Revit 中完成建（构）筑物等详细的设计。最后在整合软件中整合场地和建筑模型（图 4.3-15、图 4.3-16）。

图 4.3-15　所有模型整合在 InfraWorks 中（一）　　　图 4.3-16　所有模型整合在 InfraWorks 中（二）

4.4　可视化浏览模型

4.4.1　移动端浏览模型

移动端模型浏览在设计阶段主要应用于与外部的沟通对接以及汇报工作，方便脱离 PC 端，不受场地限制，利用手机、平板等便携式移动设备即可实时查看设计模型。移动端模型浏览可以通过制作三维全景图链接和基于云端数据链接的软件平台（如 BIM360）等方式来实现。

1. 三维全景图链接

项目工程模型建立完成后，将模型整体导入到全景图发布平台进行发布，平台创建全景漫游图之后生成一个网页链接，网页链接可以在任意的移动端点开查看，为汇报提供了一种高效便捷、人人均可查看项目成果的方法。某项目在网页显示的全景图如图 4.4-1 所示。

图 4.4-1　某项目的浏览图

2. BIM360 系列

欧特克公司针对建筑物全生命周期管理的软件 BIM360 系列，支持在移动端安装平台软件后，对云端模型进行查看管理，实现了设计与施工数据的即时高效同步，如图 4.4-2 所示。

图 4.4-2　多平台查看模型

4.4.2　场景效果图

对工程项目某些重要节点创建效果图，能更好地展示本项目的特点，如场地高差处理、场地出入口等。场景效果图是在建立完模型对象的基础上，导入到专业的渲染软件（如 Lumion、3ds Max）中绘制的，如图 4.4-3 所示。

图 4.4-3　Lumion 模型效果

4.4.3　漫游视频

工程项目汇报可以通过一段漫游视频来完成，Lumion、3ds Max、Navisworks、InfraWorks、Fuzor 等软件均可制作漫游视频。如图 4.4-4 所示，汇报视频通过场景漫游配合语音说明的方式，能够用最短的时间，全面地对项目情况进行概述。

图 4.4-4　Lumion 制作漫游视频截图

第5章 三维总图设计研究案例一
——某养殖场总图方案设计

简介：

该项目位于我国东部省份，占地面积约7.5公顷，场地内高差较大，地形较为复杂，最大高差达55m。该项目距离城区较远，需要修建建场区与公路之间的联系道路，即场外道路，并结合场地平整条件，综合确定各建筑平台高度，以使土方量最为经济，节省前期建设费用。

5.1 地形分析

5.1.1 高程分析

从现场踏勘结果可以看到（图5.1-1），现状场地植被繁茂，整体高差较大。

图5.1-1 现状踏勘照片

根据建设方提供的实测地形图，利用 Civil 3D 创建三维模型，进行高程分析（图5.1-2），得到地块高程范围表。场地中部、东侧均为山峰，中部山峰为制高点，西南部地势较为平坦。项目红线内现状最大高程为125m，最低高程为70m，最大高差达到55m。

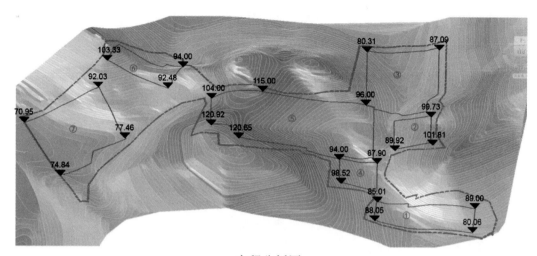

高程分析图

地块编号	①地块	②地块	③地块	④地块	⑤地块	⑥地块	⑦地块
高程范围/m	80.06~88.05	89.92~101.81	77.53~96.00	84.08~98.52	90.21~120.92	92.48~103.33	70.95~92.03
高差值/m	7.99	11.89	18.47	14.44	30.71	10.85	21.08

图 5.1-2　高程分析图

5.1.2　原始地形剖面

运用 Civil 3D 可对原始地形曲面进行快速剖切，原始地形剖面位置如图 5.1-3 所示，得到场地的剖面图（图 5.1-4），从中可以了解场地的高程范围、起伏情况。

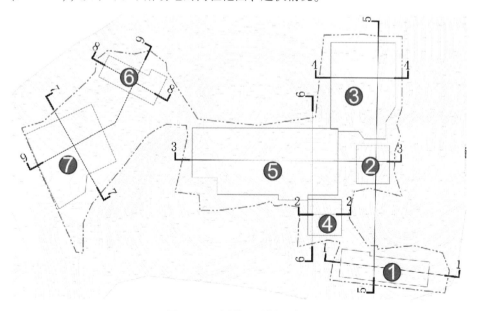

图 5.1-3　原始地形剖面位置

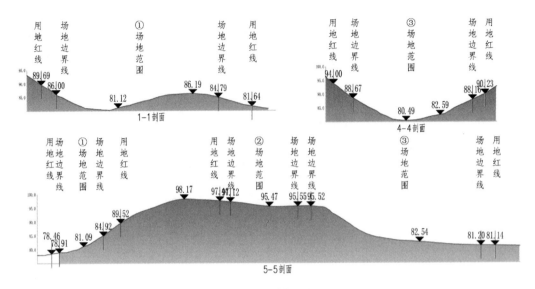

图 5.1-4　剖面图

5.1.3　坡度分析

对场地进行坡度分析（图 5.1-5），场地内西南侧地势较平坦，中部及西部以缓斜坡和斜坡为主。红线范围内的坡度主要集中在 15% ~45% 之间。

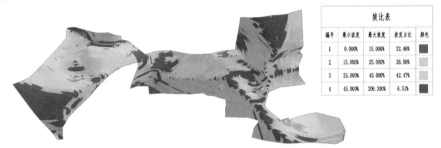

坡比表			
编号	最小坡度	最大坡度	坡度占比	颜色
1	0.000%	15.000%	22.46%	
2	15.000%	25.000%	28.56%	
3	25.000%	45.000%	42.47%	
4	45.000%	206.300%	6.51%	

图 5.1-5　坡度分析图

5.1.4　坡向分析

对场地进行坡向分析（图 5.1-6），可以看出用地范围内场地各个位置的日照情况，为设计场地中建筑的布置及朝向提供依据。

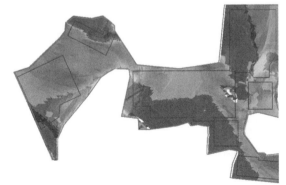

方向表			
编号	最小方向	最大方向	颜色
1	N0° 00′ 00.00″E	N44° 54′ 01.07″E	
2	N44° 54′ 01.07″E	N89° 54′ 16.09″E	
3	N89° 54′ 16.09″E	S45° 01′ 26.59″E	
4	S45° 01′ 26.59″E	S0° 02′ 54.43″E	
5	S0° 02′ 54.43″E	S44° 58′ 51.76″W	
6	S44° 58′ 51.76″W	S89° 57′ 27.57″W	
7	S89° 57′ 27.57″W	N45° 01′ 59.87″W	
8	N45° 01′ 59.87″W	N0° 03′ 28.39″W	
9	N0° 03′ 28.39″W	N0° 00′ 46.27″W	

图 5.1-6　坡向分析图

5.1.5 模拟结果及综合分析

基于以上分析结果，将场地划分为下面 6 个部分，如图 5.1-7 所示。

①为山坳、山谷区。

②为场地东部西北向坡。

③为场地东部南向坡。

④为场地中部东北坡。

⑤为场地西侧北部东南向坡。

⑥为场地西侧南部洼地。

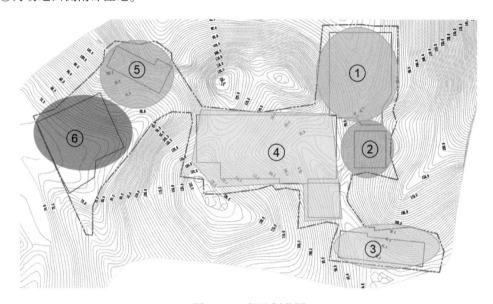

图 5.1-7 场地划分图

5.2 确定用地边界

总平面设计不能顶着边界做，尤其是在山地丘陵地带，要给挡土墙护坡留有位置，为场地的形成留有余地。顶着边界做，可能挡土墙护坡就没地方做，需要额外征地，或修改平面方案。如图 5.2-1 所示，当场地周边按 1∶1.5 放坡，放坡的边界超过用地红线，这时候就需要调整方案了。

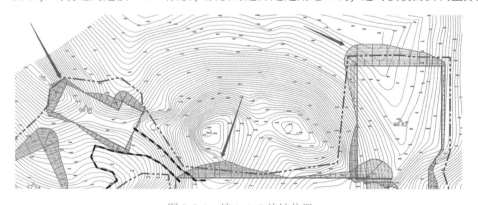

图 5.2-1 按 1∶1.5 放坡位置

有两种办法来调整。一种是通过调整放坡的坡比来调整场地的用地边界，创建流程如图 5.2-2 所示，让放坡坡比按照 1:1 来进行（图 5.2-3），或设置挡土墙。

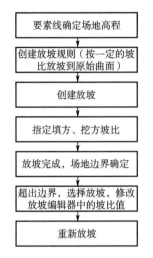

图 5.2-2 调整放坡坡比流程

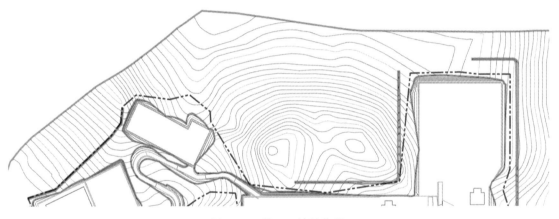

图 5.2-3 按 1:1 放坡位置

二是从用地边界，向场地内按一定的坡比放坡，放坡流程如图 5.2-4 所示，得到适宜的场地范围（图 5.2-5）。

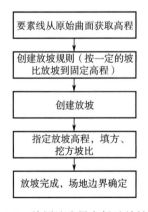

图 5.2-4 从用地边界向场地放坡流程

图 5.2-5　从场地边界向场地内放坡

5.3　确定进场道路入口

场地西侧有一条现状路，设计场地道路需与现状路相连接（图 5.3-1），因此，场地西侧设计道路标高为 83.0m。场地东侧有一条现状路，与平台①相连（图 5.3-2），场内道路从平台①开始。

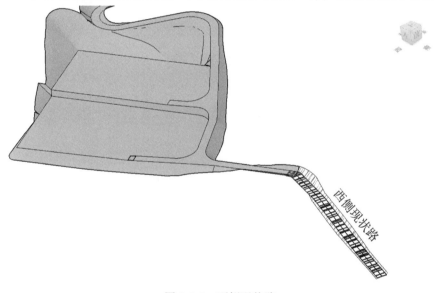

图 5.3-1　西侧现状路

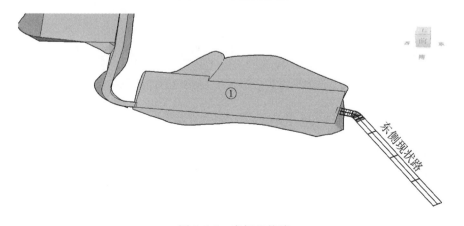

图 5.3-2　东侧现状路

5.4 方案比选

5.4.1 方案一

1. 竖向设计

结合现有的地形与现状道路标高，通过地形分析，可以看出，场地内⑤和⑥地块位于山顶，要将这两个地块尽可能地通过道路连接起来，道路按最大纵坡 7.5% 来设计。道路最大限度连接各个平台标高，在每个土方平衡计算得到的平台标高基础上，调整平台标高得到方案一。根据用地功能，将场地划分为 7 个不同标高平台，平台与周边场地填挖方均按 1:1 放坡，将场地各个平台连接起来。模型如图 5.4-1 所示，最高平台标高为 95.50m，最低平台标高为 81.00m。场地内填方最大高度为 16.94m，挖方最大高度为 27.37m，平台之间通过边坡或挡土墙相连接。

不足：

（1）平台边坡及道路部分边坡区域超出用地红线。

（2）东南角①区跨过山谷位置布置。

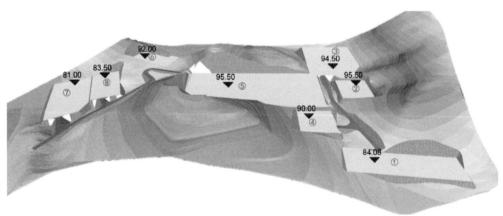

方案一场地平台标高

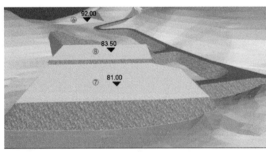

场地西侧模型   场地东侧模型

图 5.4-1　方案一平台标高及模型

2. 道路设计

设计流程如图 5.4-2 所示，道路的起点与南侧现有的道路相连接，顺应地形进行选线（图 5.4-3），使道路连通每一个平台。然后进行道路纵断面设计（图 5.4-4），根据道路规范要求，本方案道路最大纵坡为 7.50%，最大填方高度为 4.77m，最大挖方高度为 13.04m。最终形成道路模型（图 5.4-5）。

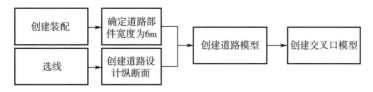

图 5.4-2　道路设计流程

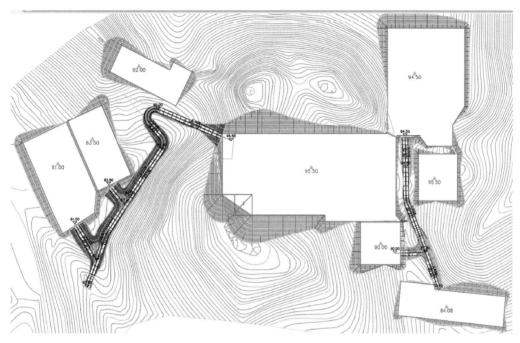

图 5.4-3　道路平面图

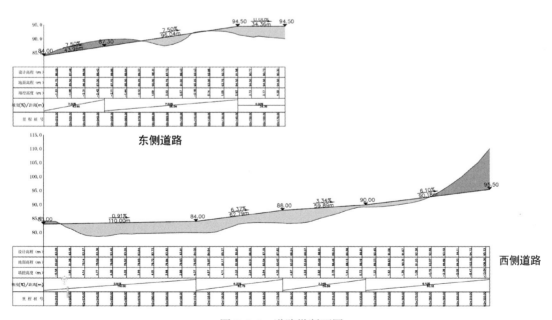

图 5.4-4　道路纵断面图

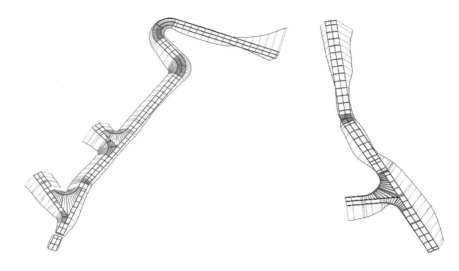

图 5.4-5　道路模型

3. 土方量计算

对方案一创建土方方格网计算图（图 5.4-6），本次土方量计算为初次土地平整，未考虑清表清淤、压实系数、基槽余土等。土方量统计结果如图 5.4-7 所示，整个场地占地面积 75310m²，挖方量 264908m³，填方量 239067m³，净值量为挖方 25841m³。

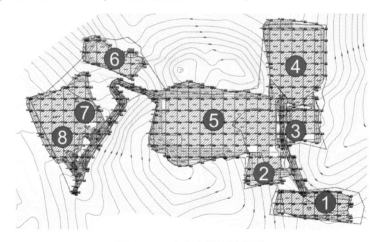

图 5.4-6　土方方格网计算图

类型	工程量
占地面积	75310平方米
挖方量	264908立方米
填方量	239067立方米
净值量	25841立方米（挖方）
填挖总量	503975立方米

地块名称	挖方	填方
地块1	4486	6375
地块2	3396	3234
地块3	2160	2941
地块4	443	101269
地块5	141795	12091
地块6	14999	218
地块7	2679	17031
地块8	0	47514
道路	5916	18058
放坡	89034	30336

图 5.4-7　土方量统计结果

4. 填挖高度分析

对完成的曲面进行粘贴，得到设计曲面，之后与原始地形曲面进行体积计算，得到体积曲面，对体积曲面进行高度分析，得到场地内土方填挖高度分析图，流程如图 5.4-8 所示。方案一填挖高度分析结果是：场地内填方最大高度为 16.94m，挖方最大高度为 27.37m，如图 5.4-9 所示。

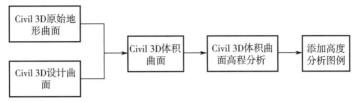

图 5.4-8　填挖高度分析流程图

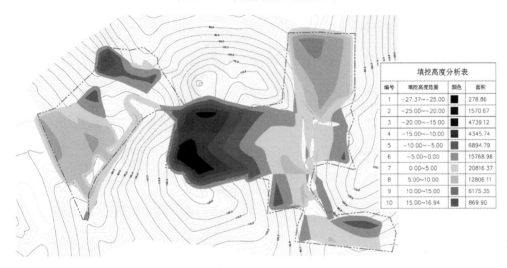

图 5.4-9 填挖高度分析

5. 设计剖面

通过建立的模型，对场地进行任意方向剖切，得到场地剖面图，为建筑设计提供依据，剖切平面位置如图 5.4-10 所示，得到的剖面图如图 5.4-11 所示。

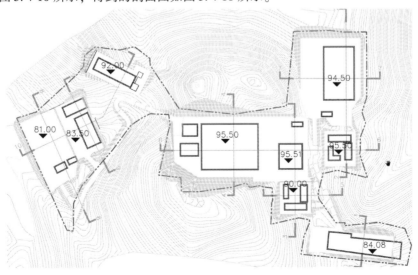

图 5.4-10　剖切平面位置图

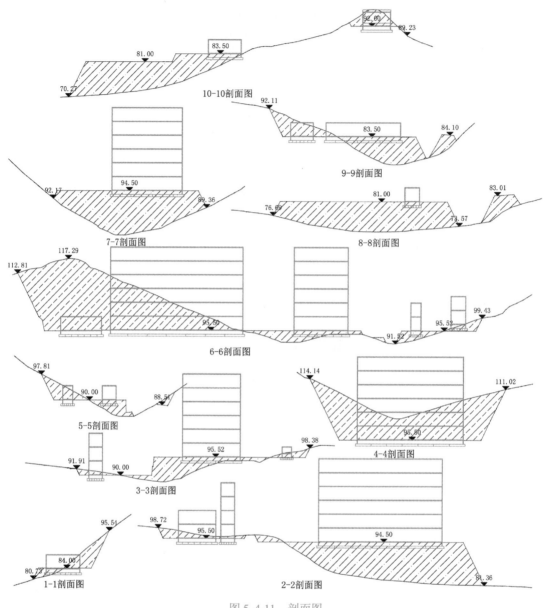

图 5.4-11　剖面图

5.4.2　方案二

1. 竖向设计

结合现有的地形与现状道路标高，结合地形特点与工艺需求，将东南角中①区向东移动 20m，避开山谷位置，西南角⑦与⑧向东南侧移动 6m，预留放坡位置。将场地划分为 8 个不同标高平台，平台与周边场地填挖方按 1:1 放坡，使得每一个平台土方量达到平衡，得到各个平台的标高，局部放坡会超过用地界限，调整坡比，设置挡土墙。场地各平台标高及模型如图 5.4-12 所示。最高平台标高为 98.00m，最低平台标高为 76.00m。场地内填方最大高度为 15.43m，挖方最大高度为 23.15m。平台之间通过道路平顺连接，平台与道路之间，会形成挡土墙。道路最大纵坡为 6.02%。

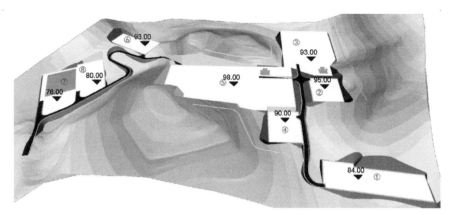

方案二场地平台标高

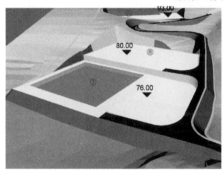

场地西侧模型

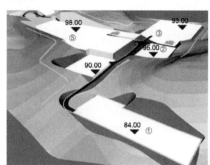

场地东侧模型

图 5.4-12　方案二平台标高及模型

2. 道路设计

道路的起点依然是与南侧现有的道路相连接，顺应地形进行选线，道路平面图如图 5.4-13 所示，使道路连通每一个标高平台。然后进行道路纵断面设计（图 5.4-14），调整后，本方案最大纵坡为 6.02%，最大填方高度为 6.41m，最大挖方高度为 15.28m。形成道路模型如图 5.4-15 所示。

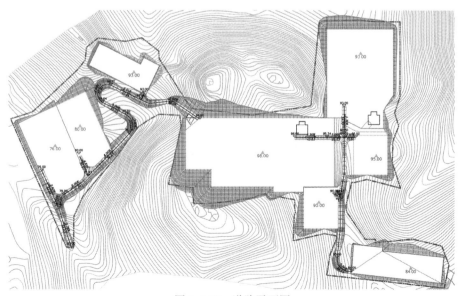

图 5.4-13　道路平面图

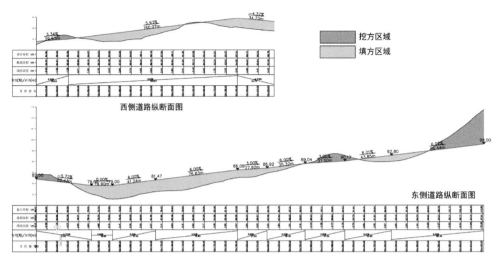

图 5.4-14　道路纵断面设计

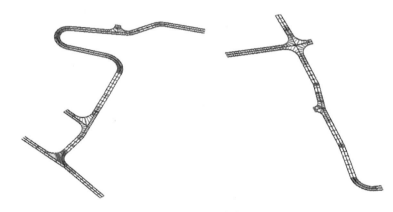

图 5.4-15　道路模型

3. 土方量计算

对方案二创建土方方格网计算图（图 5.4-16），本次土方量计算为初次土地平整，未考虑清表清淤、压实系数、基槽余土等。土方量统计结果如图 5.4-17 所示，整个场地占地面积 66097m²，挖方量 166757m³，填方量 167370m³，净值量为填方 613m³。

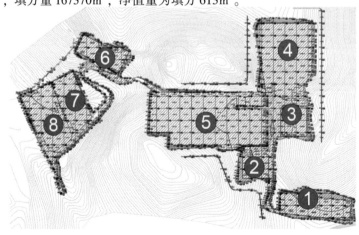

图 5.4-16　方格网计算图

类型	工程量
占地面积	66097平方米
挖方	166757立方米
填方	167370立方米
净值	613立方米（填方）
填挖总量	334127立方米

地块名称	挖方	填方
地块1	4408	5995
地块2	3140	3172
地块3	2387	2004
地块4	1905	85749
地块5	108370	21516
地块6	11521	341
地块7	8447	7868
地块8	2996	11206
道路	3714	19819
放坡	19869	9700

图 5.4-17　土方量统计结果

4. 填挖高度分析

对完成的曲面进行粘贴，得到设计曲面，之后与原始地形区曲面进行体积计算，得到体积曲面，对其进行高程分析。得到场地内土方填挖高度分析图，场地内填方最大高度15.43m，挖方最大高度为23.15m，如图5.4-18所示。

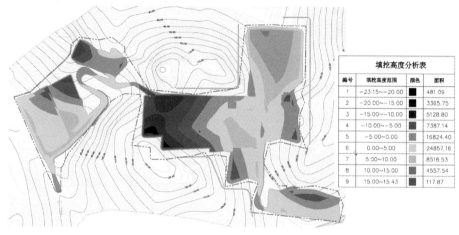

填挖高度分析表			
编号	填挖高度范围	颜色	面积
1	−23.15~−20.00		481.09
2	−20.00~−15.00		3365.75
3	−15.00~−10.00		5128.80
4	−10.00~−5.00		7387.14
5	−5.00~0.00		16824.40
6	0.00~5.00		24857.16
7	5.00~10.00		8516.53
8	10.00~15.00		4557.54
9	15.00~15.43		117.87

图 5.4-18　土方填挖高度分析图

5. 设计剖面

通过建立的模型，对场地进行任意方向的剖切，得到场地剖面图，为建筑设计提供依据，剖切平面位置如图5.4-19所示，得到的剖面图如图5.4-20所示。

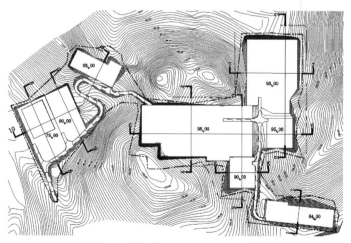

图 5.4-19　剖切平面位置图

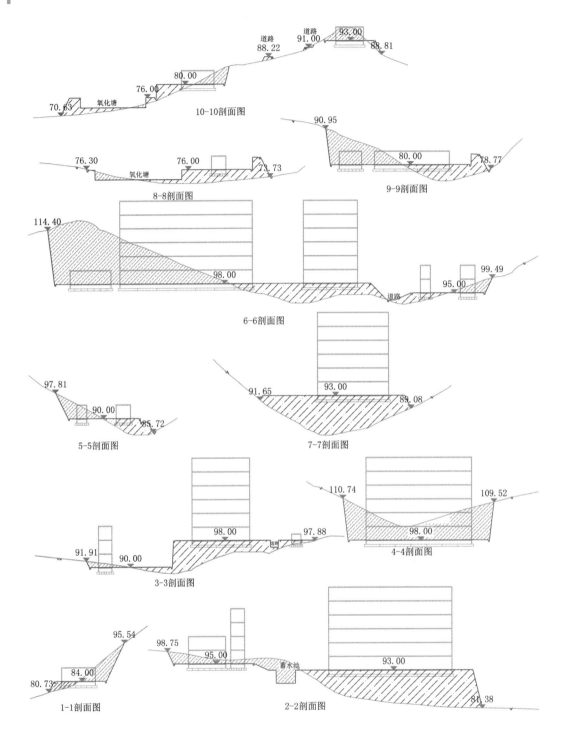

图 5.4-20　剖面图

5.4.3　方案比选

经过对比，见表5.4-1，方案二填挖总量小，道路坡度小，土方平衡，无外购土及弃土，相对更优。

表 5.4-1　方案技术指标对比

	比较项目	方案一	方案二
技术指标	道路最大纵坡	7.50%	6.02%
	最大回填高度/m	16.94	15.43
	最大开挖深度/m	27.37	23.15
	场地填方/m³	239067	167370
	场地挖方/m³	264908	166757
	填挖总量/m³	503975	334127
	净值量/m³	25841（挖方）	613（填方）
	占地面积/m²	75310	66097

5.5　设计场地

通过方案比选之后，对方案二进行深化设计，设计场地形成过程如图 5.5-1 所示。

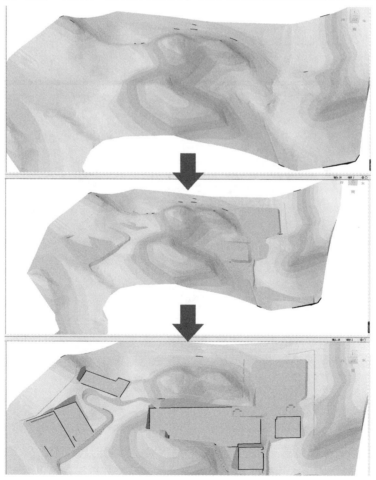

图 5.5-1　设计场地形成过程图

5.5.1 道路模型

对方案二进行深化设计后，形成设计场地道路模型，如图 5.5-2 所示。

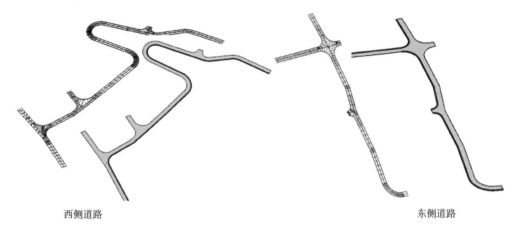

西侧道路 东侧道路

图 5.5-2 道路模型图

5.5.2 边坡挡土墙模型

对场地周边进行边坡挡土墙设计，边坡按 1:1 进行模拟，在超过用地红线的地方，设置挡土墙（图 5.5-3）。

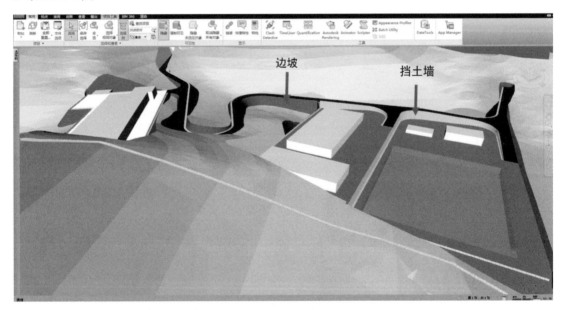

图 5.5-3 局部边坡挡土墙模型

5.5.3 径流分析

将设计地形曲面与原始地形曲面进行粘贴，对粘贴的曲面创建跌水路径，径流分析流程如图 5.5-4 所示，形成如图 5.5-5 所示的径流分析图。通过径流分析图，可以看到，场地的汇水位置，在汇水处设置排水沟或截洪沟。

图 5.5-4 径流分析流程图

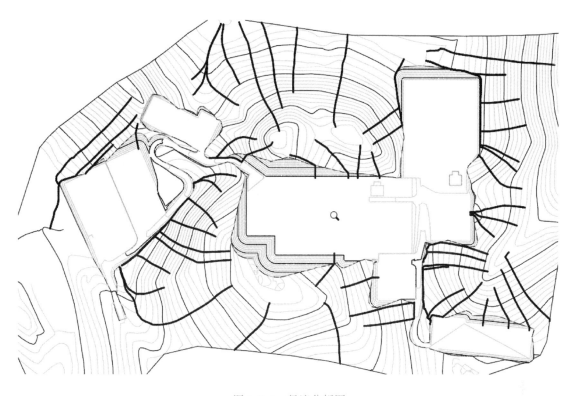

图 5.5-5 径流分析图

5.5.4 截洪沟模型

边坡坡顶外的雨水会流入边坡，故在场地周边山体适宜位置设置了截洪沟（图 5.5-6）。具体位置及形式需结合水力汇水面积计算，以及地质条件和施工条件确定。截洪沟距坡顶的距离不宜小于 5.0m，当土质良好、边坡较低或对截洪沟进行加固时，该距离可减少至 2.5m。截洪沟不应穿越场地。

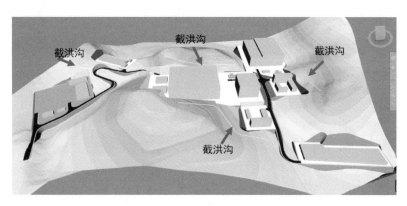

图 5.5-6 截洪沟模型图

5.5.5　排水沟模型

在道路的一侧设置道路边沟，在边坡底部设置排水沟（图 5.5-7）。

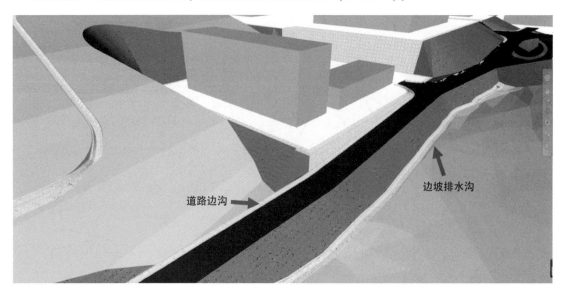

图 5.5-7　排水沟模型

场地内侧结合边坡底部设置排水沟。与道路边沟及边坡排水沟形成雨水排水体系，如图 5.5-8 所示。可考虑设置蓄水池，后期实现雨水回用。

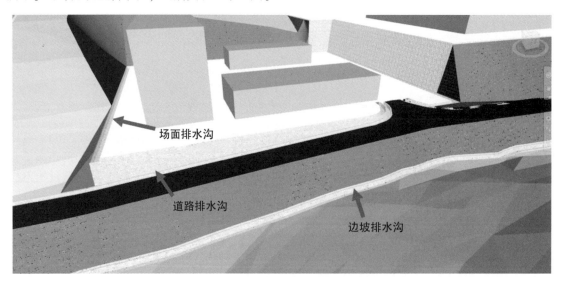

图 5.5-8　雨水排水体系模型

5.6　总图经济技术指标

通过创建模型，形成边坡挡土墙曲面、场地曲面、道路曲面、边沟及截洪沟曲面，如图 5.6-1 所示，将这些曲面进行面积统计，得到各项用地指标表见表 5.6-1。

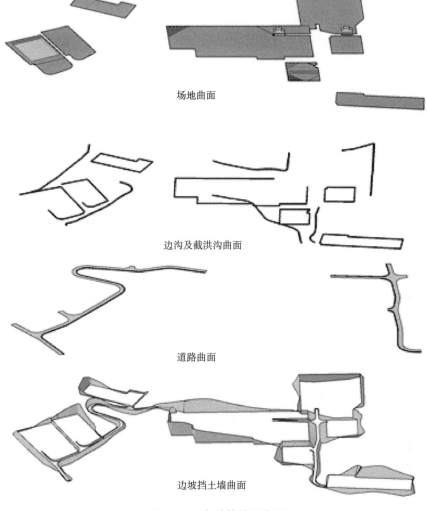

场地曲面

边沟及截洪沟曲面

道路曲面

边坡挡土墙曲面

图 5.6-1　各单体模型曲面

表 5.6-1　用地指标表

名称	面积/m²
道路	3528
蓄水池	442
场地	43622
边坡挡土墙	13077
排水沟及截洪沟	5428
总面积	66097

5.7　效果展示

将 Civil 3D 中的模型，导入到 Lumion 中，给不同的曲面赋予不同的材质，并添加一些景观种植树等，进行渲染，得到场地的效果图（图 5.7-1、图 5.7-2、图 5.7-3）。

图 5.7-1　模型效果展示（一）

图 5.7-2　模型效果展示（二）

图 5.7-3　模型效果展示（三）

5.8　设计总结

本案例为方案阶段总图三维设计，通过三维模型，将场地的设计形式，表达得更加清晰，工程量也得到更加精准的统计。本案例方案设计流程如下：

（1）建立原始地形曲面，对原始地形进行高程、坡度、坡向分析，得到场地综合分析结果，为设计场地中建筑的布置及朝向提供依据。

（2）确定场地的用地边界，场地的边坡等不能超出用地范围。

（3）确定场地的进场道路入口及标高。

（4）将两个不同的竖向设计方案，进行道路设计、场地工程量、场地填挖深度等方面的对比，根据技术指标对比结果，从经济合理性角度，选择了方案二，并对方案二进行了深化设计。

（5）对方案二进行设计优化，建立道路模型。

（6）建立边坡挡土墙模型。

（7）通过径流分析，确定场地的排水情况，设定排水沟或截洪沟。

（8）对各分项曲面进行统计，得到经济技术指标表。

（9）将 Civil 3D 中的模型，导入到 Lumion 中，添加材质，最终形成设计效果图。

第6章 三维总图设计研究案例二
——某新区基础设施总图初步设计

简介:

该案例距离某县中心约15km,占地面积约70公顷,是该县最具开发潜力和建设条件的区域,可以进行综合功能的整体打造。该县域地势沟壑纵横、梁峁起伏,地质景观资源丰富。现状多为丘陵沟壑地貌,高低起伏大。黄土疏松、保水性差,生态环境脆弱。规划区内大部分用地为农业用地,还未进行开发建设。现状建设主要为村镇建用地,布局零散。

作为成片开发的新区,在控规地块用途确定的基础上,需要进行下一步的基础设施规划设计工作。其中总图专业的道路、挡土墙、边坡、土方、场平、管线等设计协调工作均起着至关重要的作用,该场地集成了总图全部设计要素,模型量大,配合点多,在项目决策前期时间紧任务急的要求下,总图可以协同各专业,利用三维设计直观展示新区建设情况,便于建设方把控项目建设节点,在新型城镇化建设中发挥突出作用。

6.1 场地分析

经现场踏勘,得知该建设用地范围内地形多为山地丘陵,破碎复杂,东北高西南低,高低起伏较大,属于沟壑地貌;土壤为深层黄土覆盖的黄绵土(图6.1-1)。

图 6.1-1 本案例现状照片

拿到建设方提供的实测地形图资料后，先对资料进行熟悉，了解其中高程数据的格式。然后根据相应格式选择相应的方法将其导入三维建模软件 Civil 3D 中，形成原始地形的三维曲面（图 6.1-2、图 6.1-3）。

本案例中利用 Civil 3D 完成原始地形曲面创建的流程如图 6.1-4 所示。

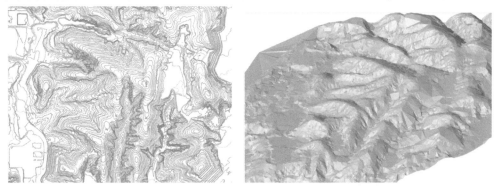

图 6.1-2 原始地形曲面平面展示　　　　图 6.1-3 原始地形曲面模型展示

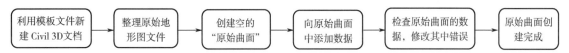

图 6.1-4 Civil 3D 中创建原始地形曲面流程图

在 Civil 3D 中创建完原始曲面后，可以对原始曲面进行任意方向的剖切，快速得到原始场地各方位的剖面图（图 6.1-5），对场地的高程及坡度走向有一定的认识。

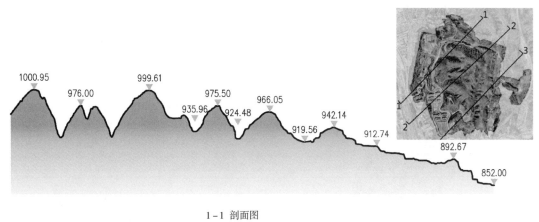

1－1 剖面图

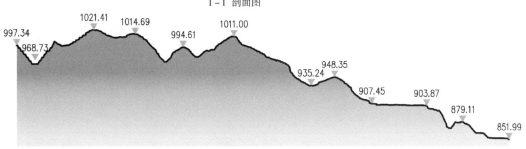

2－2 剖面图

图 6.1-5 剖面图

在 Civil 3D 中创建完原始曲面后,对原始场地的高程、坡度、坡向等进行分析,经分析可以得到场地内任意一点的高程数据、坡度大小、坡向等数据。此过程创建出的原始曲面为创建设计场地模型提供依据,可用于检查设计方案的合理性,也为土方工程量计算提供重要的依据。

6.1.1 高程分析

本案例中利用 Civil 3D 进行原始曲面分析的流程如图 6.1-6 所示,以高程分析为例。

图 6.1-6 Civil 3D 中原始曲面高程分析流程图

根据高程分析(图 6.1-7),从分析图中可以看出场地东侧均为丘陵沟壑,高低起伏较大,西侧地势较为平坦。项目红线内现状最大高程为 1035m,最低高程为 852m,最大高差达到 183m,较大的高差意味着竖向设计难度很大。

图例

	852 – 858
	859 – 866
	867 – 874
	875 – 881
	882 – 889
	890 – 898
	899 – 904
	905 – 912
	913 – 919
	920 – 927
	928 – 935
	936 – 942
	943 – 950
	951 – 957
	958 – 965
	966 – 973
	974 – 980
	981 – 988
	989 – 995
	996 – 1001
	1002 – 1006
	1007 – 1013
	1014 – 1021
	1022 – 1035

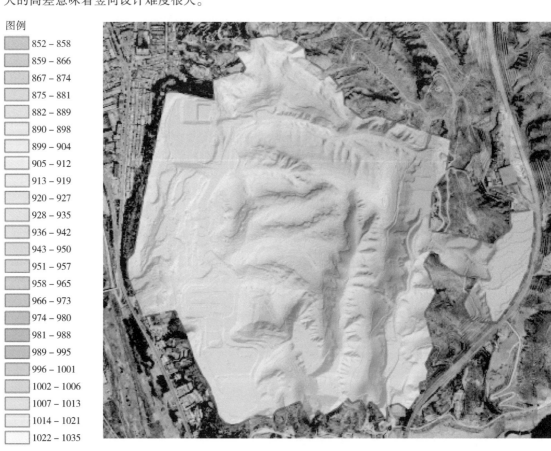

图 6.1-7 原始场地高程分析图

6.1.2 坡度分析

利用 Civil 3D 对原始场地进行坡度分析,从坡度分析图中(图 6.1-8)可以看出场地内西侧地势较平坦,坡度基本在 5% 以下,场地其余地方坡度变化较大,最大坡度达 90%。

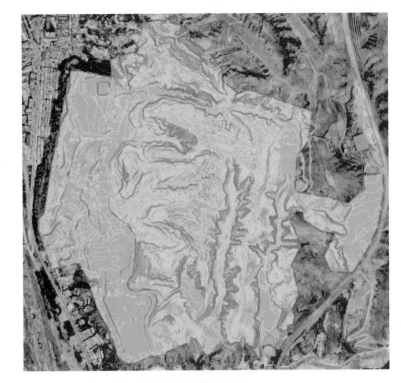

图例

	0 – 3
	3 – 5
	5 – 15
	15 – 35
	35 – 55
	55 – 90

图 6.1-8　原始场地坡度分析图

6.1.3　坡向分析

利用 Civil 3D 对原始场地进行坡向分析，从坡向分析图（图 6.1-9）中可以看出场地各个位置的日照情况，为设计场地中建筑的布置及朝向提供依据。

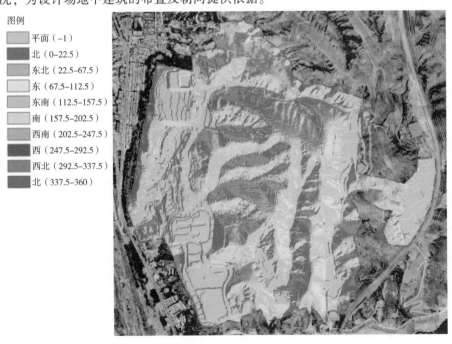

图例

	平面（–1）
	北（0–22.5）
	东北（22.5–67.5）
	东（67.5–112.5）
	东南（112.5–157.5）
	南（157.5–202.5）
	西南（202.5–247.5）
	西（247.5–292.5）
	西北（292.5–337.5）
	北（337.5–360）

图 6.1-9　原始场地坡向分析图

6.2 场平工程

场平工程既要协调各用地类型的平整坡度要求，又要考虑整体建成之后的景观视线效果，关系着新区的建成品质。将中部山峰予以保留作为山体公园。设置隧道与桥梁连接沟壑之间的地块，减少山体开挖量。在居住区内适当考虑划分台阶，并结合地下室范围消化土方。

本次场平工程包括道路、边坡、挡土墙、土方等，主要利用 Civil 3D 软件对设计场地进行三维模型的创建，土方工程量的计算，用此来检查设计方案的合理性，最终达到正向设计的目标。

6.2.1 竖向布置形式

在利用 Civil 3D 软件对场地原始地形进行分析之后，发现原始场地的高差起伏较大、自然坡度也较大，根据分析结果确定场地竖向设计的布置形式为混合式，即平坡式与阶梯式相结合的形式（如图 6.2-1）。

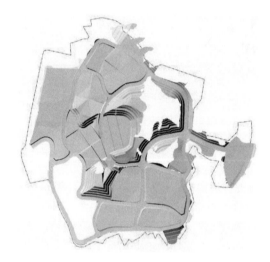

图 6.2-1 设计场地模型

如图 6.2-2 所示，设计平台之间存在 5～13m 的高差，设计场地的竖向布置形式为阶梯式，平台之间的高差通过挡土墙（或护坡）来解决。

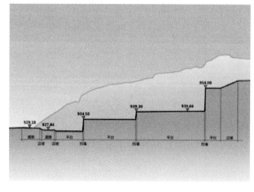

剖面图

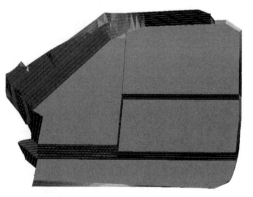

三维模型

图 6.2-2 阶梯式平台

如图 6.2-3 所示，设计场地的竖向布置形式也可以为平坡式，平台之间高差较小。

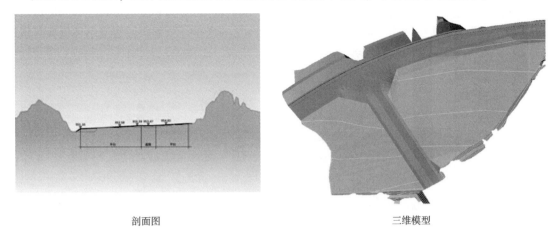

剖面图　　　　　　　　　　　　　　　　　　三维模型

图 6.2-3　平坡式平台

6.2.2　土方工程

本项目在土方工程阶段的工作流程如图 6.2-4 所示。

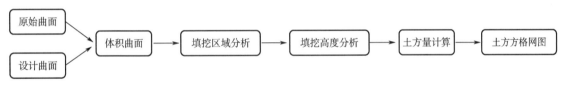

图 6.2-4　土方工程阶段工作流程图

1. 填挖方区域分析

根据之前创建的原始地形曲面与场地设计曲面生成体积曲面，通过体积曲面模型首先对场地填挖方区域进行分析。将场地填挖方区域用不同的颜色区分，并对填挖方的面积进行分别统计，这样整个场地需要填挖的地方就会一目了然（图 6.2-5）。

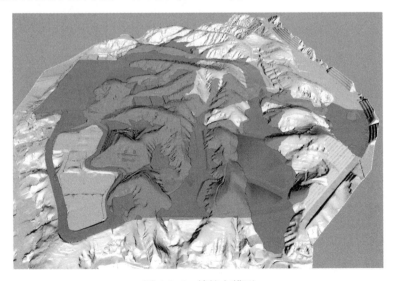

图 6.2-5　填挖方模型

2. 填挖高度分析

根据之前创建的体积曲面模型，对场地的填挖高度进行分析，得到场地任意位置的填挖高度值，方便对设计高程进行调整，填挖高度分析图如图 6.2-6 所示。从分析图图例中可以看出该设计场地最大挖方高度为 50m，最大填方高度为 40m。

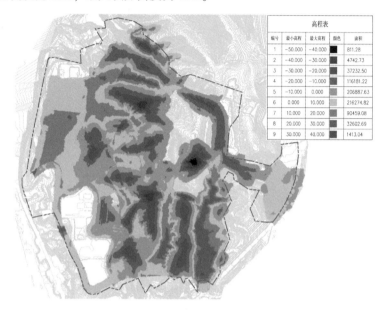

高程表				
编号	最小高程	最大高程	颜色	面积
1	-50.000	-40.000		811.28
2	-40.000	-30.000		4742.73
3	-30.000	-20.000		37232.50
4	-20.000	-10.000		116181.22
5	-10.000	0.000		206887.63
6	0.000	10.000		216274.82
7	10.000	20.000		90459.08
8	20.000	30.000		32602.69
9	30.000	40.000		1413.04

图 6.2-6　填挖高度分析图

3. 土方工程量计算

通过对场地填挖区域及填挖高度进行分析之后，可以计算场地最终的土方工程量，利用土方量计算相关插件绘制出场地的土方方格网图。如图 6.2-7 所示，土方方格网图采用不同填充样式表达挖方区域和填方区域。

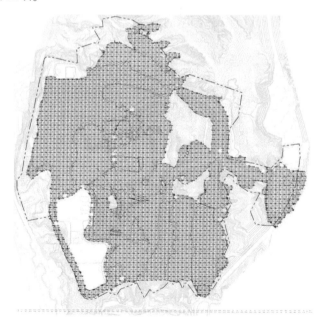

图 6.2-7　土方方格网图

土方量计算方格网大小为 20m×20m，土方量计算为初次土地平整，未考虑清表清淤、基槽余土等。

4. 土方调配

合理制订土方调配方案是大型工程建设项目的重要环节，对降低工程建设项目成本，节省造价有着十分重要的意义。通过基于 Civil 3D 土方工程算量以及运筹学、线性规划数学模型等，本着减少运距、节省调配工程量、节约成本、减少调配复杂程度的原则，进行二次开发，得到了一套利用 Civil 3D 来模拟实现土方调配的程序，解决土方工程量的调配问题。

本案例土方调配的原则为挖方与填方平衡，在挖方的同时进行填方，减少重复倒运；挖（填）方量与运距的乘积之和尽可能为最小，即运输路线和路程合理，运距最短，总土方运输量或运费费用最小；分区调配应与全场调配相协调、相结合，避免只顾局部平衡，任意挖填而破坏全局平衡；土方调配应考虑近期施工与后期利用相结合；工程分期分批时，先期工程的土方余额应结合后期工程的需要而考虑其利用数量堆放位置，以便就近调配，堆放位置应为后期工程创造条件，力求避免重复挖运，先期工程有土方欠额时，可以由后期工程地点挖取；在半填半挖断面中，应首先考虑在本段内移挖作填进行横向平衡，然后再做纵向调配，以减少总运输量；土石方调配应考虑桥涵位置对施工运输的影响，一般大沟不作跨越调运，同时还应注意施工的可能与方便，尽可能避免和减少上坡运土。

在计算完成的土方工程图基础上，根据土方调配原则可以快速生成土方调配图（图 6.2-8）以及土方调配统计表（图 6.2-9）。

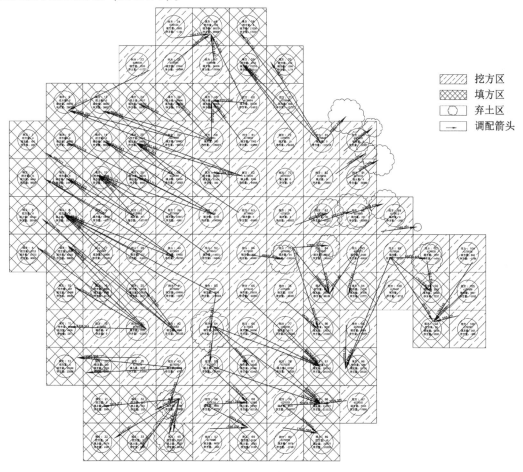

图 6.2-8　土方调配图

土方调配统计表

挖方区	填方区	调配量	平均运距
挖方:100	填方:96	6716.274	280.700
挖方:101	填方:102	5493.734	83.877
挖方:104	填方:103	1798.249	190.662
挖方:105	填方:103	1014.861	123.678
挖方:106	填方:103	558.031	71.504
挖方:16	填方:2	4176.975	187.332
挖方:17	填方:8	14502.489	151.330
挖方:23	填方:5	11771.873	247.778
挖方:27	填方:1	489.523	297.465
挖方:27	填方:15	34992.940	149.372
挖方:27	填方:7	111679.622	213.773
挖方:28	填方:8	64462.312	219.644
挖方:30	填方:10	16060.900	229.983
挖方:30	填方:11	5371.344	218.078
挖方:30	填方:18	4315.481	198.794
挖方:30	填方:4	9060.600	371.665
挖方:30	填方:9	18460.678	310.358
挖方:31	填方:8	11565.898	178.071
挖方:34	填方:46	1164.637	96.729
挖方:35	填方:46	66398.485	127.184
挖方:37	填方:13	32809.464	212.797
挖方:37	填方:5	13204.790	303.156
挖方:38	填方:14	16241.043	215.288
挖方:38	填方:25	3081.670	137.712
挖方:39	填方:15	5650.608	238.884
挖方:40	填方:46	4651.292	414.361
挖方:40	填方:7	35089.453	364.369
挖方:40	填方:8	23052.564	326.718
挖方:41	填方:8	4469.994	369.549
挖方:42	填方:29	2270.781	148.195
挖方:42	填方:8	20344.188	481.600
挖方:42	填方:8	20318.248	445.873
挖方:42	填方:9	21191.923	382.898
挖方:43	填方:12	12022.523	292.290
挖方:43	填方:20	2580.080	265.438
挖方:44	填方:21	3904.313	216.314
挖方:44	填方:22	4467.360	209.036
挖方:44	填方:32	181.695	74.635
挖方:44	填方:33	8958.029	177.530
挖方:44	填方:45	2014.245	92.226
挖方:47	填方:46	26083.695	82.613
挖方:49	填方:13	3227.260	310.525
挖方:49	填方:24	105185.251	226.946
挖方:49	填方:36	77916.134	151.055
挖方:49	填方:48	10355.681	108.669
挖方:51	填方:14	40062.661	360.121
挖方:51	填方:15	4625.173	338.048
挖方:51	填方:26	8663.217	236.519
挖方:51	填方:6	46935.318	450.719
挖方:52	填方:13	34681.560	374.777
挖方:53	填方:8	20602.098	468.515
挖方:54	填方:67	63442.272	143.449
挖方:54	填方:87	25706.496	308.330
挖方:54	填方:88	29123.262	356.502
挖方:55	填方:87	11768.851	143.200
挖方:55	填方:88	29729.616	320.817
挖方:56	填方:68	73947.239	115.770
挖方:56	填方:69	8804.059	132.723
挖方:57	填方:69	335.038	103.859
挖方:60	填方:46	5351.308	204.658
挖方:60	填方:9	9263.198	89.139
挖方:61	填方:48	54995.593	131.648
挖方:62	填方:25	39762.464	309.092
挖方:62	填方:5	4698.466	511.047
挖方:62	填方:50	384.838	85.818
挖方:63	填方:87	62632.783	336.980
挖方:65	填方:87	48298.248	285.490
挖方:66	填方:87	4773.990	229.959
挖方:71	填方:59	12156.547	147.087
挖方:72	填方:59	44403.130	231.214
挖方:75	填方:85	29689.692	161.604
挖方:75	填方:86	82615.044	230.710
挖方:76	填方:86	48386.963	119.067
挖方:77	填方:87	125363.957	145.075
挖方:78	填方:88	94519.891	137.013
挖方:79	填方:88	50439.591	106.328
挖方:79	填方:89	84347.600	125.849
挖方:80	填方:89	17480.588	100.153
挖方:81	填方:58	17031.258	370.286
挖方:81	填方:59	6951.417	303.915
挖方:81	填方:70	1178.974	259.568
挖方:84	填方:85	36244.340	125.659
挖方:93	填方:85	33254.481	157.648
挖方:93	填方:94	15772.346	138.046
挖方:95	填方:96	15076.120	118.891
挖方:97	填方:88	7699.385	72.857
挖方:99	填方:102	1763.723	147.304
挖方:99	填方:103	2628.786	209.725
挖方:99	填方:96	6333.732	322.722
挖方:43	弃土箱	32424.285	
挖方:44	弃土箱	58496.471	
挖方:53	弃土箱	107981.894	
挖方:54	弃土箱	8501.522	
挖方:64	弃土箱	48867.476	
挖方:75	弃土箱	45022.451	
挖方:75	弃土箱	20880.522	
挖方:81	弃土箱	88057.230	
挖方:82	弃土箱	19869.203	
挖方:83	弃土箱	92221.594	
挖方:90	弃土箱	14336.548	
挖方:91	弃土箱	59269.339	
挖方:92	弃土箱	53900.419	
挖方:98	弃土箱	1089.301	
挖方:99	弃土箱	56570.414	

图 6.2-9　土方调配统计表

6.3　道路工程

在本次建模过程中，场地内道路建模包含：道路平面、道路纵断面、道路横断面、交叉口、隧道等。

场区范围内共 9 条道路、2 条隧道、2 段桥梁。道路分为 2 条主干道、6 条次干道；主干道设计速度为 30km/h，次干道设计速度为 20km/h；道路为沥青混凝土路面，主干道设计年限为 15 年，次干道设计年限为 10 年；最大纵坡按积雪冰冻地区坡度 6% 控制，最小纵坡坡度 0.3%；抗滑标准横向力系数 SFC60≥45，路面构造深度 TD≥0.45。

本案例中利用 Civil 3D 完成道路创建的流程如图 6.3-1 所示。

图 6.3-1　Civil 3D 中道路创建流程图

6.3.1　道路平面

道路平面设计原则：路线总体服从路网规划要求；考虑与现状道路合理衔接；根据项目用地红线控制道路边界。

本案例在 Civil 3D 中创建路线的流程如图 6.3-2 所示。

图 6.3-2　Civil 3D 中路线创建流程图

在 Civil 3D 中创建道路，首先要创建道路的中心线，也就是路线。路线是 Civil 3D 中创建道路最基本也是最重要的部分，创建路线的方法有多种，在不同的情况下，灵活地使用不同的路线创建方法，有利于提高工作效率。此次建模是在路线平面走向确定的基础上（图 6.3-3），根据线路专业提供的路线 xml 文件，将其导入 Civil 3D 中对路线进行创建，将二维图纸数据导入三维软件中（图 6.3-4）。

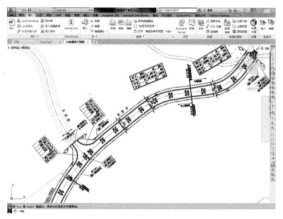

图 6.3-3　二维道路平面图　　　　　　　　图 6.3-4　Civil 3D 中路线创建图

6.3.2　道路加宽超高

该案例在道路设计过程中，根据《城市道路路线设计规范》（CJJ 193—2012）的要求对场地中的道路均考虑超高与加宽的设计（图 6.3-5）。

在 Civil 3D 中道路的超高与加宽需要在路线特性中进行设置。

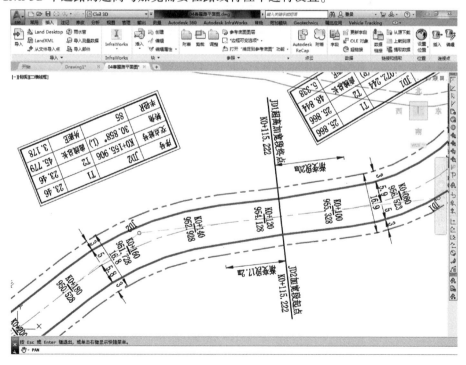

图 6.3-5　二维道路平面图（含超高及加宽数据）

Civil 3D 中创建道路加宽的方法有两种：手动加宽和通过标准规范文件自动加宽。本次使用的是通过标准规范文件自动加宽，在路线特性中根据道路等级给路线设定设计速度，然后选择符合国内规范的设计文件（图 6.3-6）。

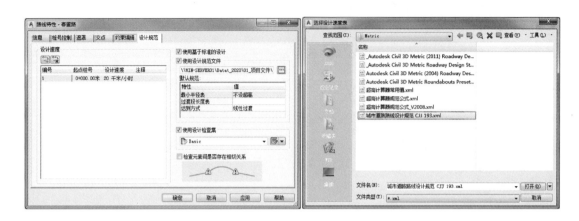

图 6.3-6 路线进行加宽（或超高）界面

Civil 3D 提供了多种超高计算和编辑的功能，可以根据道路的设计等级，选取合适的超高形式。超高也是在路线中计算的，要想在模型中创建超高，必须在路线中计算完超高后（图 6.3-7），在装配中选择支持超高的装配部件并设置好装配部件的超高参数。和自动加宽一样，超高在计算前同样需要选择标准的规范文件。最后根据 Civil 3D 计算超高的步骤进行，即可完成路线的超高。计算完超高之后路线上会生成超高标签，如图 6.3-8 所示添加超高后的路线。

超高曲线		起点桩号		终点桩号		长度	重叠	左侧外部车道	右侧外部车道
⊟ 曲线.1									
	⊟ 渐入区域	0+028.88米		0+046.38米		17.500米			
		⊟ 从超高到平坡	0+028.88米		0+036.38米	7.500米			
			正常路拱终点	0+028.88米				-1.50%	-1.50%
			水平横坡临界断面	0+036.38米				0.00%	-1.50%
		⊟ 超高缓和段	0+036.38米		0+046.38米	10.000米			
			水平横坡临界断面	0+036.38米				0.00%	-1.50%
			单向横坡临界断面	0+043.88米				1.50%	-1.50%
			全超高起点	0+046.38米				2.00%	-2.00%
			曲线起点	0+046.38米					
	⊟ 渐出区域	0+095.22米		0+112.72米		17.500米			
		⊟ 超高缓和段	0+095.22米		0+105.22米	10.000米			
			全超高终点	0+095.22米				2.00%	-2.00%
			曲线终点	0+095.22米					
			单向横坡临界断面	0+097.72米				1.50%	-1.50%
			水平横坡临界断面	0+105.22米				0.00%	-1.50%
		⊟ 从超高到平坡	0+105.22米		0+112.72米	7.500米			
			水平横坡临界断面	0+105.22米				0.00%	-1.50%
			正常路拱起点	0+112.72米				-1.50%	-1.50%
⊟ 曲线.2									

图 6.3-7 路线生成的超高表格

生成道路模型后，从道路横断面图中可以查看道路是否生成了超高及加宽，如图 6.3-9 所示的含超高及加宽的道路横断面图。

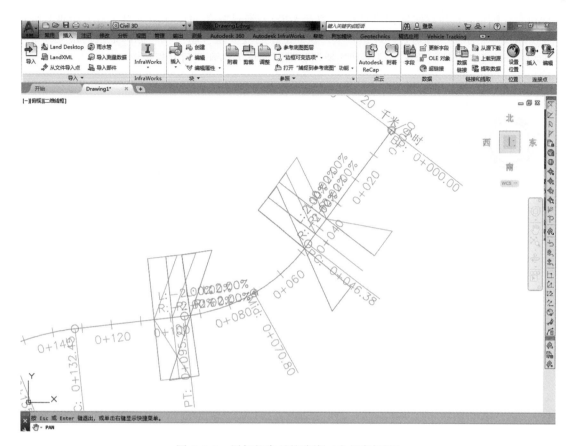

图 6.3-8 添加超高后的路线（含超高标签）

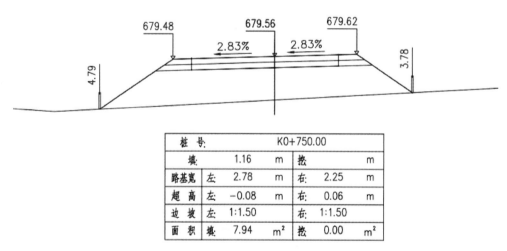

图 6.3-9 含超高及加宽的道路横断面图

6.3.3 道路纵断面

纵断面设计原则：尽量依据控规道路竖向设计；最大纵坡按积雪冰冻地区坡度 6% 控制；充分考虑与现状道路衔接；交叉口纵坡根据规范控制。

创建完道路路线之后，根据线路专业提供的道路纵断面数据，通过在 Civil 3D 中对道路的纵断面进行详细设计，生成纵断面设计图（图 6.3-10）。通过纵断面设计图可以对每一个桩号处的填挖方情况一目了然，并通过设计检查集，验证道路的坡度是否超过积雪冰冻地区的最大纵坡坡度 6%，若坡度超过控制要求，可手动快速调整纵断面坡度达到项目及规范设计要求。

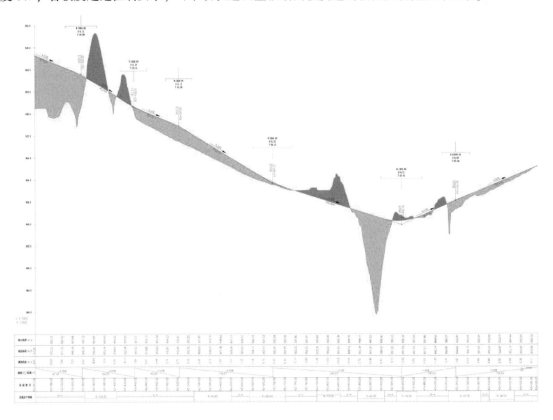

图 6.3-10　Civil 3D 中道路纵断面设计图

6.3.4　道路横断面

根据控制性详细规划，该项目中的道路采用双向四车道与双向两车道两个标准横断面形式（图 6.3-11、图 6.3-12）。

图 6.3-11　双向四车道标准横断面（控规）

图 6.3-12　双向两车道标准横断面（控规）

在 Civil 3D 中装配就是道路的标准横断面。本案例在创建道路模型时，根据每条道路与周边环境的关系创建了多个装配（图 6.3-13）。

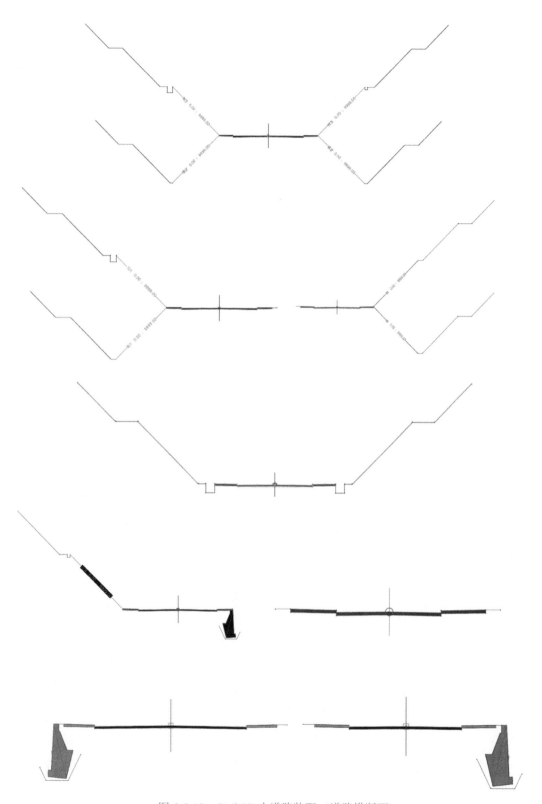

图 6.3-13　Civil 3D 中道路装配（道路横断面）

6.3.5 道路模型

创建完路线、纵断面、装配之后，便可以生成道路的模型（图 6.3-14）。道路模型生成之后通过代码集设置连接样式，并在道路模型上添加标识、标线等（图 6.3-15），可进行道路可视化驾驶模拟，让道路模型更加真实、可视性更强（图 6.3-16）

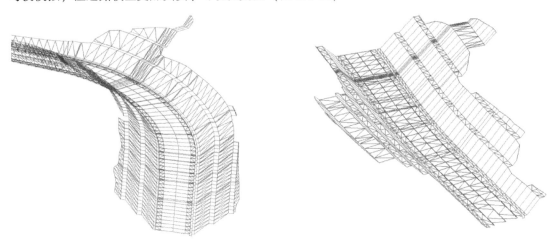

图 6.3-14　Civil 3D 中道路模型

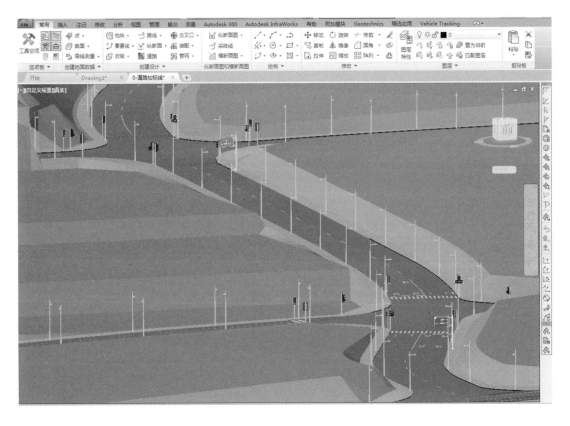

图 6.3-15　Civil 3D 中附材质后道路模型

图 6.3-16　Civil 3D 中驾驶模拟

6.3.6　交叉口模型

在 Civil 3D 中创建道路交叉口模型有自动创建和手动创建两种方法。自动创建可以大大提高创建交叉口的设计效率，而手动创建相对来说比较麻烦，但在遇到无法自动创建交叉口时，使用手动创建交叉口尤为重要。在本案例中，由于交叉口有特殊的加宽要求，导致所有的交叉口都只能进行手动创建，增加了工作量，这里就需要对 Civil 3D 中交叉口的创建原理非常熟悉，还有要明白交叉口与原道路的竖向关系、路缘石与道路中心线之间的竖向关系，这样的话手动创建交叉口也不算难题，只是多了些简单重复的工作。

1. 手动创建交叉口流程

本案例手动创建交叉口模型需在道路模型创建完成的基础上来创建，创建流程如图 6.3-17 所示。

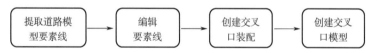

图 6.3-17　手动创建交叉口流程图

2. 交叉口装配

本案例在手动创建交叉口时，根据交叉口的形式以及交叉口与周边环境的高差关系等，创建了多个交叉口装配（图 6.3-18），交叉口装配的插入点需与提取的道路要素线位置一致。

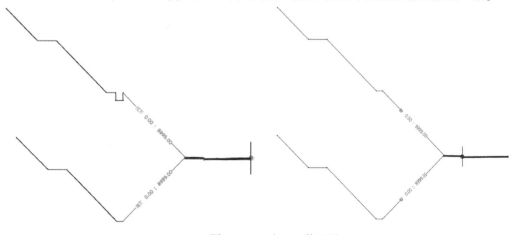

图 6.3-18　交叉口装配图

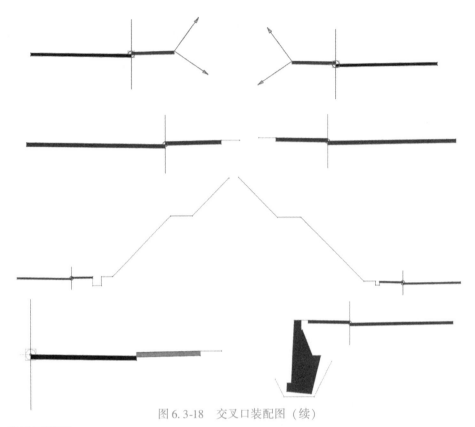

图 6.3-18　交叉口装配图（续）

3. 交叉口模型

在 Civil 3D 中创建完交叉口装配后，使用要素线创建道路的方法来创建道路交叉口的模型。本案例创建交叉口共 14 个，其中 T 形交叉口 11 个，十字形交叉口 3 个（图 6.3-19）。各个交叉口模型如图 6.3-20、图 6.3-21 所示。

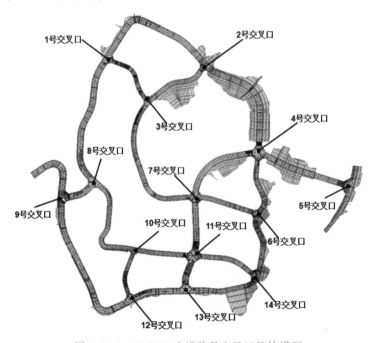

图 6.3-19　Civil 3D 中道路及交叉口整体模型

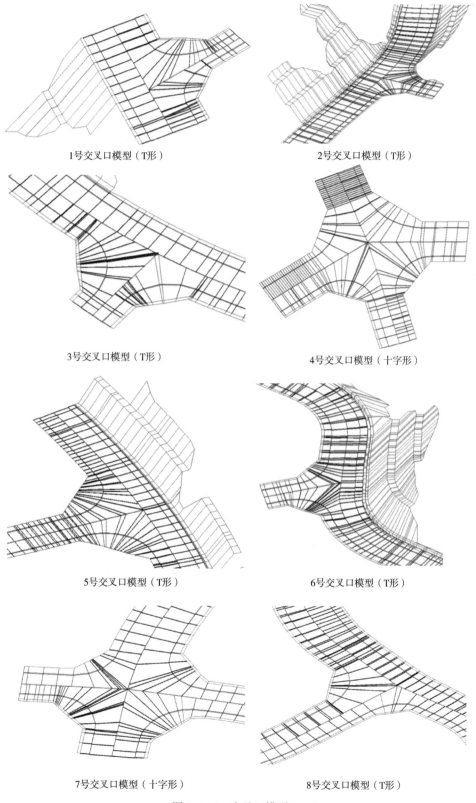

1号交叉口模型（T形）　　　　　　　2号交叉口模型（T形）

3号交叉口模型（T形）　　　　　　　4号交叉口模型（十字形）

5号交叉口模型（T形）　　　　　　　6号交叉口模型（T形）

7号交叉口模型（十字形）　　　　　　8号交叉口模型（T形）

图6.3-20　交叉口模型（一）

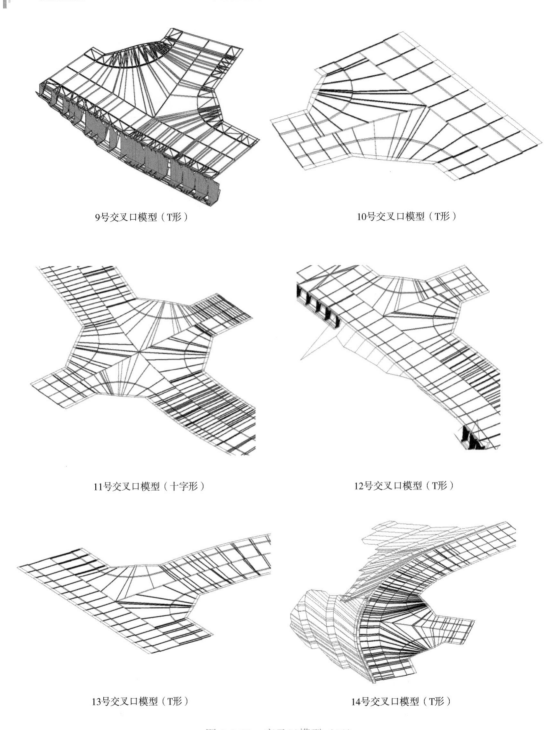

9号交叉口模型（T形）

10号交叉口模型（T形）

11号交叉口模型（十字形）

12号交叉口模型（T形）

13号交叉口模型（T形）

14号交叉口模型（T形）

图 6.3-21　交叉口模型（二）

通过在 Civil 3D 中创建的交叉口模型，可快速生成道路交叉口等高线图（图 6.3-22）以及含等高线的道路交叉口曲面模型（图 6.3-23）。

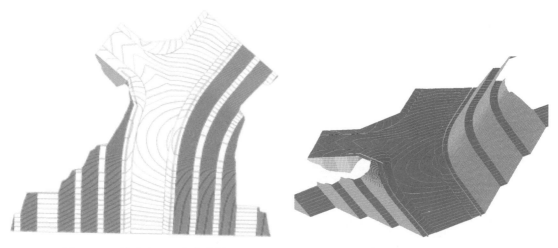

图 6.3-22　道路交叉口等高线图　　　　图 6.3-23　道路交叉口曲面模型（含等高线）

　　与道路模型相同，给交叉口模型赋予相应的材质，并在交叉口模型上添加标识、标线等，让交叉口模型更加真实、可视性更强（图 6.3-24）。

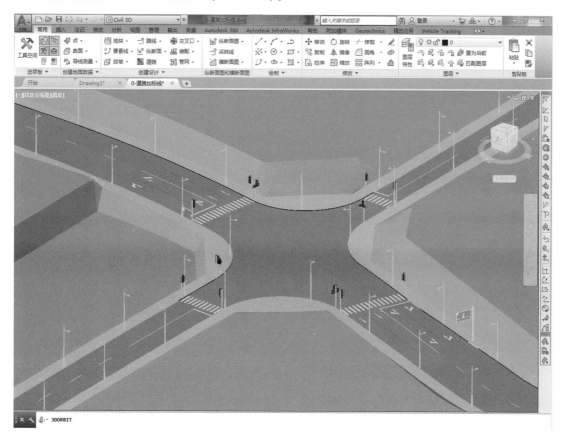

图 6.3-24　道路十字形交叉口模型

　　创建完道路及交叉口的模型后，生成道路曲面，将模型及曲面进行整合，得到整个道路的模型。然后根据所有设计道路的模型曲面，对设计道路进行填挖方分析，得到道路任意位置的填挖方高度分析图（图 6.3-25）。

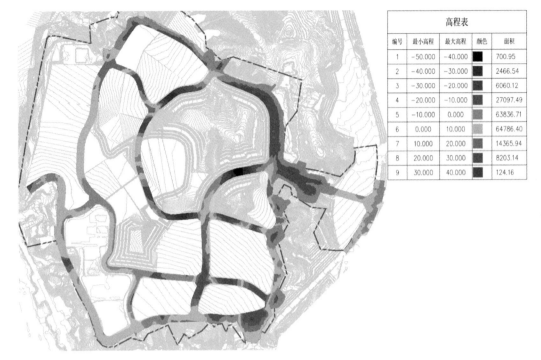

高程表				
编号	最小高程	最大高程	颜色	面积
1	-50.000	-40.000		700.95
2	-40.000	-30.000		2466.54
3	-30.000	-20.000		6060.12
4	-20.000	-10.000		27097.49
5	-10.000	0.000		63836.71
6	0.000	10.000		64786.40
7	10.000	20.000		14365.94
8	20.000	30.000		8203.14
9	30.000	40.000		124.16

图 6.3-25　Civil 3D 中道路填挖高度分析图

6.3.7　隧道模型

在方案设计时为了保证景观绿廊带的贯通，在穿越绿廊带处，设置两条隧道，宽度均为 16m，1 号隧道长 80m，2 号隧道长 120m，开挖方式均为明挖法。

根据桥隧专业提供的隧道横断面设计图（图 6.3-26）进行隧道的模型创建。在创建隧道的装配部件时发现 Civil 3D 系统自带的部件不能满足隧道横断面的要求，由于隧道所有的部件尺寸比较固定、没有逻辑目标，可以使用最简单的创建自定义部件的方式，通过转换 AutoCAD 多段线进行创建隧道的装配部件（图 6.3-27）。隧道模型的创建步骤与道路相同，最终需要与道路的高程及模型达到无缝衔接，这样才能满足设计与施工等的要求。如图 6.3-28 所示为 Civil 3D 中创建的隧道模型；如图 6.3-29 所示为导入 Navisworks 中隧道模型与道路及周边环境结合后的模型。

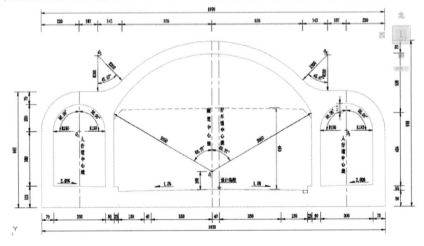

图 6.3-26　隧道横断面设计图

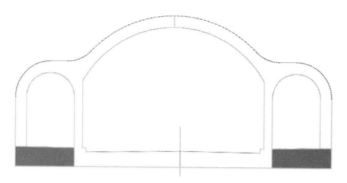

图 6.3-27 Civil 3D 中用多段线创建部件

图 6.3-28 Civil 3D 中创建的隧道模型

图 6.3-29 Civil 3D 导入 Navisworks 中隧道模型

6.3.8 桥梁模型

对于桥梁部分本次没做太多的工作，只是把桥梁专业提供的 CATPart 格式的桥梁模型与 Civil 3D 创建的场地整体模型在 Navisworks 中进行整合，目的是体现整体的展示效果（图 6.3-30）。

图 6.3-30　桥梁模型

6.4　边坡工程

当设计场地与自然地形存在高差的时候，为了让它们很好的衔接，需要设置挡土墙或放坡来处理存在的高差。在本次设计中设计场地与自然地形衔接处根据高差采用单级或多级放坡的形式。高差小于等于 8m 时，采用单级放坡，大于 8m 时，采用多级放坡。

6.4.1　放坡部件

1. 挖方边坡原则

当边坡高度 $H \leqslant 8m$ 时，采用直线形边坡，边坡坡率采用 1:1；当边坡高度 $8m < H$ 时，采用台阶形边坡，每级边坡高 8m，一至四级边坡坡率均采用 1:1，五至八级边坡坡率均采用 1:1.25，每级平台宽 3.0m，在 24m 处将平台加宽至 10m。

2. 填方边坡原则

填方边坡一级边坡坡比 1:1.5，二级边坡坡比 1:1.75，三级边坡坡比 1:2.0，四、五级边坡坡比 1:2.25；填方坡高 10m，平台宽 2m。

根据放坡原则，该项目涉及的多级边坡较为复杂，需要利用部件编辑器来创建该边坡部件，该部件既可以满足多级挖方边坡的需要（图 6.4-1），也可以满足

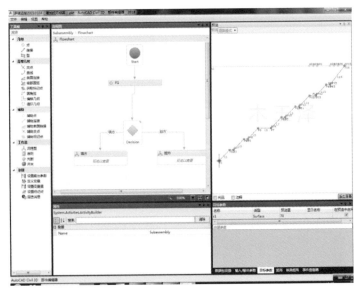

图 6.4-1　挖方边坡部件

多级填方边坡的需要（图6.4-2）。在部件编辑器中经过相关设置，可在创建边坡模型时，给边坡设置目标曲面。该边坡部件可以根据目标曲面来识别此处为填方还是挖方边坡，然后生成相应的模型。

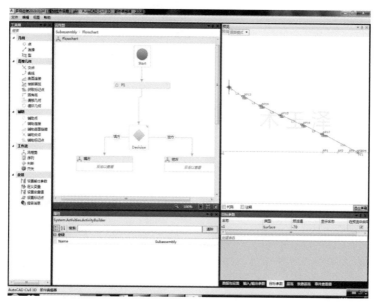

图 6.4-2　填方边坡部件

6.4.2　边坡模型

本案例场地平整根据工程设计需要，共设有9处边坡防护（图6.4-3），每处边坡模型均根据案例要求的边坡规则进行放坡，最后生成边坡模型及边坡等高线图（图6.4-4）。

图 6.4-3　边坡工点位置示意图

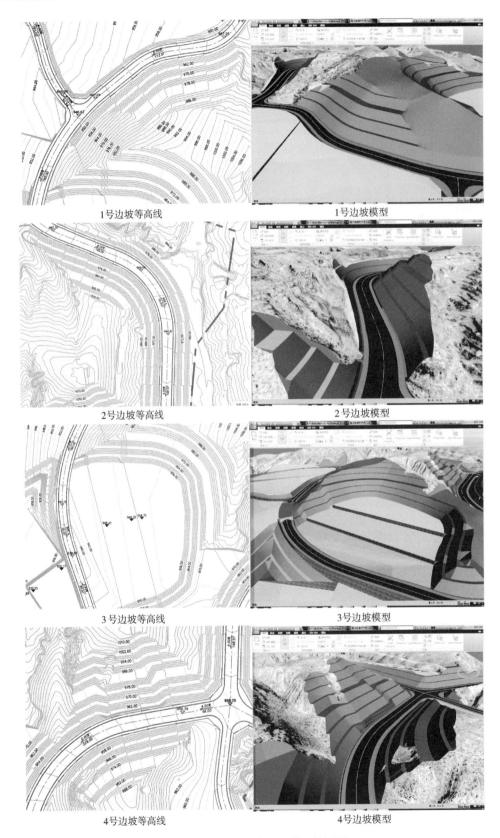

1号边坡等高线　　　　　　　　　　　1号边坡模型

2号边坡等高线　　　　　　　　　　　2号边坡模型

3号边坡等高线　　　　　　　　　　　3号边坡模型

4号边坡等高线　　　　　　　　　　　4号边坡模型

图 6.4-4　边坡等高线及模型轴测图

6.5 挡土墙工程

6.5.1 挡土墙部件

通过 Civil 3D 二次开发挡土墙的部件（图 6.5-1、图 6.5-2），创建出挡土墙的三维模型，将挡土墙的模型和原始场地的模型结合，形成精准的三维模型。

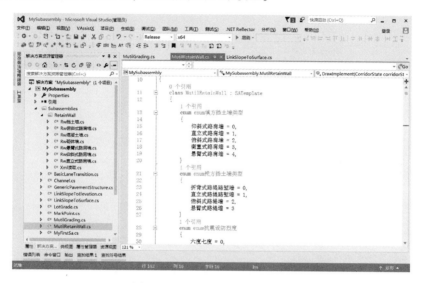

图 6.5-1 二次开发挡土墙软件

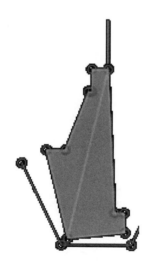

图 6.5-2 挡土墙部件

6.5.2 挡土墙模型

1. 道路两侧挡土墙模型

该案例在设计过程中，设计道路与原始地形之间高差大于 5m 时均采用多级护坡来解决，当高差小于 5m 时采用道路外侧设挡土墙的方法处理高差。如图 6.5-3 所示，为道路装配，若需在道路外侧设置挡土墙，需要提前在道路装配中添加挡土墙部件。如图 6.5-4 所示，为在 Civil 3D 中生成的道路模型，可以看出道路模型中含挡土墙模型。如图 6.5-5 所示为在 Civil 3D 中生成的道路模型曲面，切换曲面样式显示出等高线，等高线较密集的地方为挡土墙的位置。

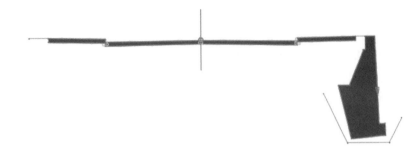

图 6.5-3　道路装配（含挡土墙部件）

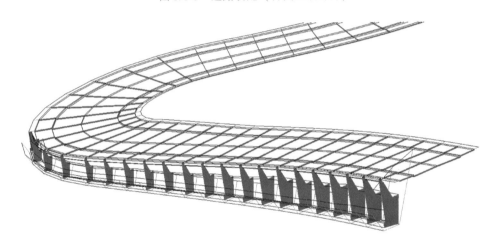

图 6.5-4　道路模型（含挡土墙）

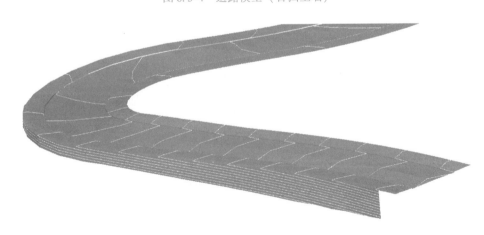

图 6.5-5　道路挡土墙模型（含等高线）

2. 地块内挡土墙模型

因场地内高差较大，地块内部竖向布置方式采用台地式，各平台之间通过挡土墙来衔接（图 6.5-6）。

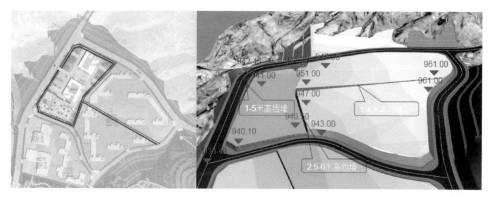

地块1挡土墙平面图　　　　　　　　　　　　　地块1挡土墙

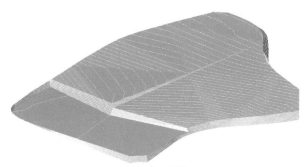

地块1挡土墙模型

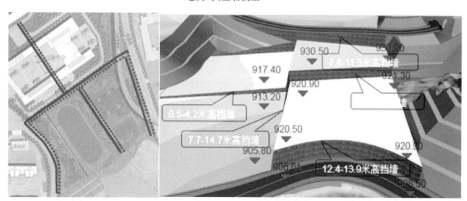

地块2挡土墙平面图　　　　　　　　　　　　　地块2挡土墙

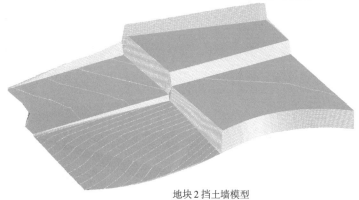

地块2挡土墙模型

图6.5-6　地块内挡土墙模型

6.6 模型整合

创建完设计场地的所有模型后，将原始地形模型与设计场地模型进行整合形成场地最终设计完成的地面模型，以及整个完成场地的等高线图（图6.6-1）。完成的设计场地模型可以在 Map 3D 中以地形图色带进行展示（图6.6-2），也可以在 Navisworks 中进行效果展示（图6.6-3）。

图 6.6-1　Civil 3D 中整个完成场地等高线图

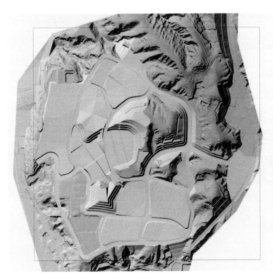
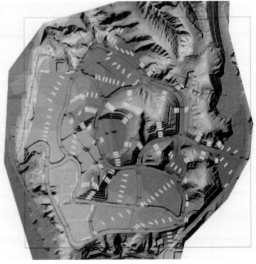

图 6.6-2　Map 3D 中进行分析

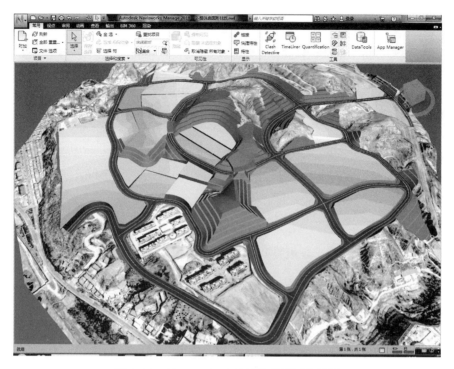

图 6.6-3　Navisworks 中的整体模型展示效果

6.7　设计总结

本案例中利用 Civil 3D 完成场地设计模型的工作流程如图 6.7-1 所示。

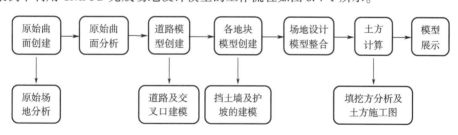

图 6.7-1　Civil 3D 场地建模流程图

具体操作步骤如下：

1. 原始曲面创建

（1）整理地形图，提取出原始地形标高及有 Z 值的等高线。

（2）新建一个空曲面（原始曲面）。

（3）使用 Civil 3D 中工具箱→附加工具→点→转换文本点，将原始地形标高转换为 Civil 3D 几何空间点。

（4）为原始曲面添加数据。添加高程点：原始曲面→定义→点编组，选择几何空间点即可；添加原始地形等高线：原始曲面→定义→等高线，选择含有 Z 值的所有等高线。

（5）对添加完数据的曲面进行对象观察，查看是否有错误点，若有错误点则进行错误点排除，重新生成曲面，则原始曲面创建完成。

2. 原始曲面分析

（1）高程分析。

新建一个"高程分析"的曲面样式；在曲面样式→分析→高程选项中，将范围颜色方案改为"彩虹色"，显示类型改为"三维面"；在曲面样式→显示中将"高程"可见性打开，其余要素可见性关闭；然后在曲面特性→分析中分析类型选择为"高程"，然后运行分析，最后单击确定即可得到高程分析图。

（2）坡度分析。

与高程分析方法类似。

（3）坡向分析

与高程分析方法类似。

3. 道路模型创建

（1）道路模型创建。

①向 Civil 3D 中导入路线专业提供的道路路线 XML 文件，即在软件中导入 LandXML 文件，得到的路线含有设计纵断面。

②为路线设计超高：路线特性→设计规范，先添加对应的设计速度，勾选"使用基于标准的设计"，选择规范《城市道路路线设计规范》（CJJ 193—2012）（此规范文件需要自行定制），然后选择路线→超高→计算超高，完成后路线上会生成超高标签。

③创建道路装配：根据设计道路的宽度及形式，运用 Civil 3D 公制部件及部件编辑器创建相应的道路装配。

④创建道路模型：选择需要创建道路的路线及相应的装配，可生成道路模型；单击生成的道路模型，单击右键→道路曲面→创建道路曲面→添加顶部指定代码→添加边界→生成道路曲面。

⑤道路加宽：根据项目要求，本次道路加宽采用为道路设置宽度目标的方法，道路特性→目标→宽度目标。然后重新生成道路，得到最终的道路模型。

（2）交叉口模型创建。

本次创建交叉口为手动创建。把一个交叉口根据道路中心线分为多个部分来创建。

①提取相交道路模型在交叉口处道路边的要素线。

②对提取的要素线进行编辑，例如打断、合并、圆角等；

③创建交叉口各部分需要的装配；利用要素线创建道路的方法创建交叉口模型，然后再生成交叉口的曲面。

4. 各地块模型创建

各地块内部的曲面模型主要通过要素线来创建，包括地块内部的边坡及挡土墙；多级边坡的创建使用放坡工具或创建道路的方法创建；需要根据项目需要灵活运用。

5. 场地设计模型整合

模型整合的大部分工作在于道路与交叉口模型的整合，先将道路模型在有交叉口的地方拆分区域，然后拖动编辑点与交叉口模型重合即可。道路与交叉口整合的设计曲面再与地块的曲面进行粘贴，形成完整的设计模型曲面。

6. 土方量计算

土方量计算主要利用原始地形曲面与场地设计曲面，使用土方量计算插件来计算生成土方方格网图。

7. 模型展示

在 Navisworks 软件中为设计曲面附材质，道路需提取实体，挡土墙的材质可以在 Civil 3D 中先附好并调设好比例，导入 Navisworks 中显示效果会更加真实。

第7章 三维总图设计研究案例三
——某高级中学总图施工图设计

简介：

本案例项目为一所高级中学施工图设计。项目所在地为高差较大的塬上，主要出入口均与东南侧市政道路相衔接。案例平面布置如图7-1所示，图中①②为主要步行出入口，③④为车行出入口。项目平面布置有教学楼、实验楼、艺术楼、图书楼、会议中心、行政办公楼、学生宿舍、教师宿舍、学生餐厅、标准化运动场、室内体育馆等建筑物。此案例包含有总图中涉及的绝大部分内容：挡土墙、多级护坡、排水沟、截水沟、台阶式场地、场地内道路、十字交叉口、丁字交叉口等。通过此案例展示如何完成整个场地的总图BIM模型创建及如何完成总图施工图绘制工作。

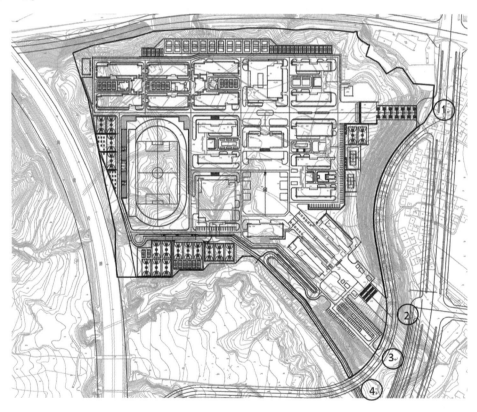

图7-1 平面布置方案

7.1 原始场地还原

场地内原始标高介于549~605m之间，最大高差56m。场地西侧毗邻一条高速公路，有遗留的箱涵从场地西南侧穿过，南侧规划为山谷生态公园。新建市政路（本场地主要的接口道路）从场地东侧蜿蜒向南。案例四周需要协调的竖向关系众多，土方工程需要统一考虑，并要实现土方填挖平衡。

通过 Civil 3D 将测量地形转换为三维立体模型，并对模型进行高程、坡度以及坡向的分析，可以直观查看地势的起伏，为场地的竖向设计提供依据，避免出现大挖大填的现象；可以得到场地中适于建筑的用地，确定道路的布置形式；得到场地内各个区域的日照情况，为新建建筑的布置及朝向提供依据。

7.1.1 建立原始地形曲面

根据原始地形测绘资料的具体情况（如图 7.1-1），对原始地形资料文件进行整理，关闭不需要对象图层、核对坐标，将高程点、等高线添加到原始地形曲面（如图 7.1-2），原始地形曲面创建完成（如图 7.1-3）。流程如下（如图 7.1-4），对创建的原始曲面，进行核查，排除错误点及错误数据。

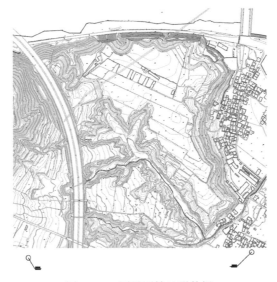

图 7.1-1　测量原始地形数据

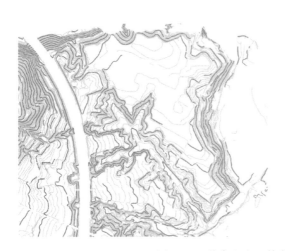

图 7.1-2　将高程点、等高线添加到原始地形曲面

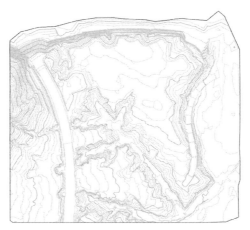

图 7.1-3　原始地形曲面创建完成

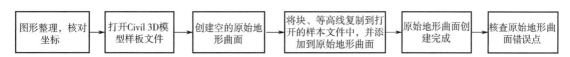

图 7.1-4　原始地形曲面创建流程

将原始地形数据转换为三维模型（图 7.1-5、图 7.1-6），可以清晰地看到地形的起伏变化。

图 7.1-5　原始地形曲面模型——由南向北看

图 7.1-6　原始地形曲面模型——由东向西看

7.1.2　原始地形曲面分析

利用 Civil 3D，对创建好的原始地形曲面进行分析，流程如图 7.1-7 所示。本案例曲面分析高程分析结果如图 7.1-8 所示，红线内高程集中在 596 ~ 606m 之间。坡度分析结果如图 7.1-9 所示，场地内坡度集中在 8% 以内。坡向分析结果如图 7.1-10 所示，可以看出场地各个位置的日照情况，为设计场地中建筑的布置及朝向提供依据。

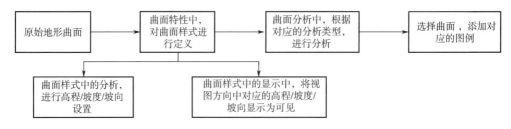

图 7.1-7　曲面分析流程图

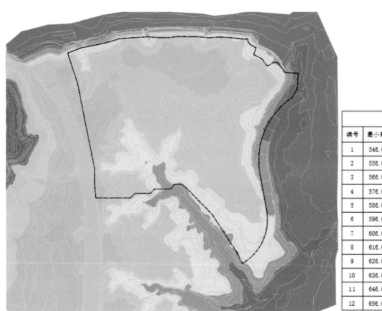

高程表			
编号	最小高程	最大高程	颜色
1	546.000	556.000	
2	556.000	566.000	
3	566.000	576.000	
4	576.000	586.000	
5	586.000	596.000	
6	596.000	606.000	
7	606.000	616.000	
8	616.000	626.000	
9	626.000	636.000	
10	636.000	646.000	
11	646.000	656.000	
12	656.000	666.000	

图 7.1-8　高程分析图

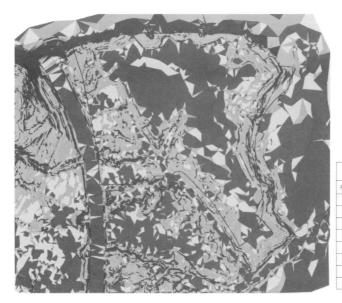

坡度表				
序号	最小坡度	最大坡度	面积	图例
1	0.00%	3.00%	35962.54	
2	3.00%	8.00%	52311.81	
3	8.00%	15.00%	36259.10	
4	15.00%	25.00%	27745.09	
5	25.00%	45.00%	38652.46	
6	45.00%	60.00%	15248.73	
7	60.00%	90.00%	10838.46	
8	90.00%	50593.14%	4422.43	

图 7.1-9　坡度分析图

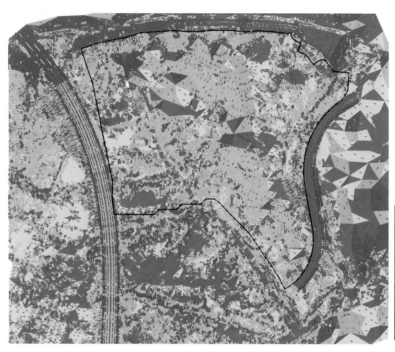

方向表

编号	最小方向		最大方向		颜色
1	N00°	00′ 00.00″E	N44°	59′ 50.48″E	■
2	N44°	59′ 50.48″E	N89°	59′ 57.66″E	■
3	N89°	59′ 57.66″E	S45°	00′ 01.54″E	□
4	S45°	00′ 01.54″E	S00°	00′ 24.89″E	▦
5	S00°	00′ 24.89″E	S44°	59′ 44.98″W	▨
6	S44°	59′ 44.98″W	S89°	59′ 35.05″W	▨
7	S89°	59′ 35.05″W	N45°	00′ 06.84″W	■
8	N45°	00′ 06.84″W	N00°	00′ 00.68″W	■

图 7.1-10　坡向分析图

7.1.3　地质分析

运用 Civil 3D 软件地质模块功能完成三维地质模型的建立。借助这一模型，设计和施工人员可以清楚地洞察拟建工程内容和工程环境之间的关系，从而快速了解和掌握土层、地下水、管线、地表等情况，也助力项目施工方处理不良地质等问题。使得地下工程和土石方工程的统计更加精确。

7.2　创建场地初步模型

7.2.1　竖向方案确定原则

在确定竖向标高之前，针对本案例确定几个竖向设计原则：

（1）场地西北侧较高，东南侧较低，采用单项排水的总体设计原则。

（2）场地整体竖向采用台阶式，场地划分为 4 个大台阶。

（3）场地外围护坡需要支护专业进行专项设计，做多级挡土墙支护。

（4）尽量保证场地内土方总量平衡。

（5）道路最小坡度需满足 0.3%，最大坡度为 5%。

（6）场地内挡土墙高度不超过 12m。

原始场地西北侧较高，东南侧较低，拟采用单向排水总体竖向设计，拟将运动场布置在填方区，教学楼、实验楼、图书馆等布置于挖方区。

7.2.2　场地初步标高确定

利用 Civil 3D 创建场地初步模型流程如图 7.2-1 所示。根据原始地形的分析，大致将场地定位

4 个台阶。分别创建各台阶（平台）的标高要素线，然后利用放坡工具进行放坡，形成放坡曲面，得到场地初步模型（图 7.2-2），与原始曲面进行对比，得出现标高土方工程量（图 7.2-3）。填挖方差量较大，可使用放坡土方量平衡命令，降低 2m 后设计土方工程量如图 7.2-4 所示，调整平台要素线标高，从而得到初步场地标高。

图 7.2-1　场地初步建模流程图　　　　　　　图 7.2-2　场地初步模型

图 7.2-3　现标高土方工程量

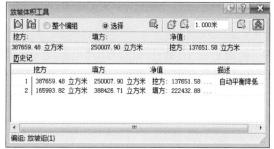

图 7.2-4　降低 2m 后设计土方工程量

7.3　创建场地内道路模型

确定初步场地标高后，需要对场地内标高进行细化。细化标高通过细化场地内的道路竖向设计来实现。场地竖向设计的依据是东南侧的市政道路标高，因此需要创建市政道路模型。

7.3.1　市政道路模型

与校园相接的有两条待修的市政路，分别是规划路 1 与规划路 2。本案例车行出入口与规划路 2 相衔接，人行出入口一处在规划路 1 上，另一处在规划路 1 与规划路 2 相交的路口处，根据市政资料，创建市政道路模型（图 7.3-1），检验设计场地内道路与市政路能否平顺连接（图 7.3-2）。

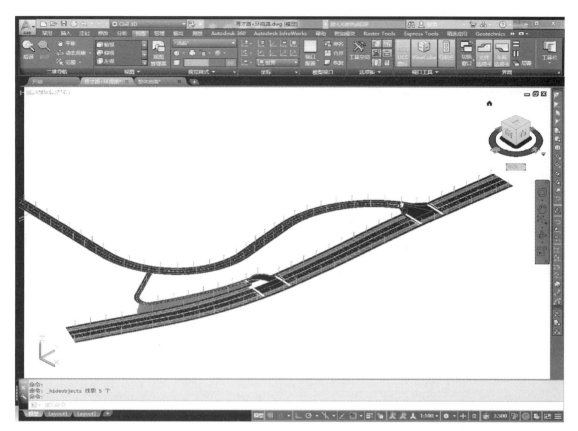

图 7.3-1　市政道路模型

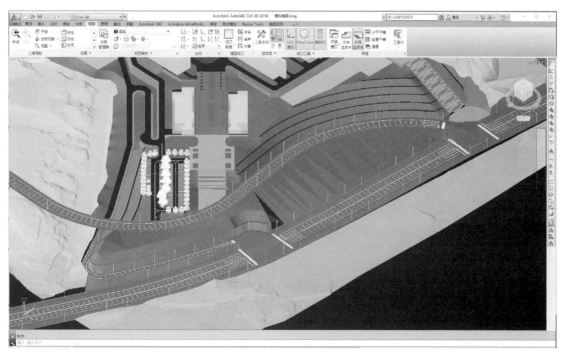

图 7.3-2　设计场内道路与市政道路相衔接模型

7.3.2 校园车行出入口模型

场地对外车行出入口有两处，均在东南角。其中车行出入口1仅为停车场出入口，不能直达校园内，车行出入口2需要从规划路2进入校园（图7.3-3）。

由于市政道路较低，场地标高较高，为减少土方量，因此车行出入口处道路纵坡为连续上坡（图7.3-4），道路最大纵坡控制在5.0%，转弯处道路最大纵坡控制在3.0%，且设置有转弯半径较小的"盘山路"。形成车行出入口道路模型（图7.3-5）和车行出入口道路曲面模型（图7.3-6）。剖切道路模型形成道路横断面图（图7.3-7）。

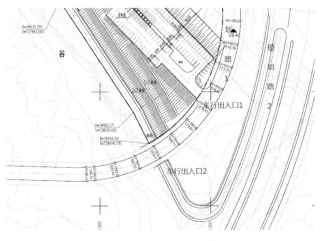

图 7.3-3　车行出入口平面位置图

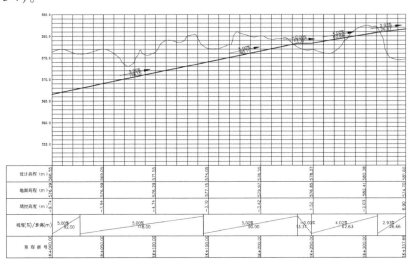

图 7.3-4　车行出入口道路纵断面图——连续上坡

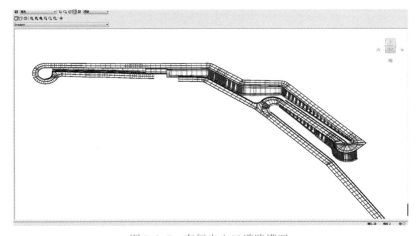

图 7.3-5　车行出入口道路模型

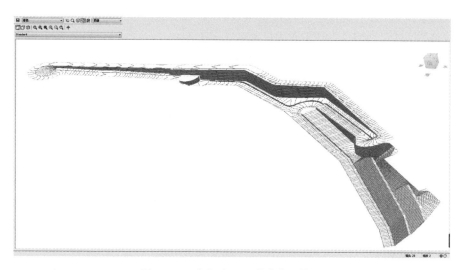

图 7.3-6 车行出入口道路曲面模型

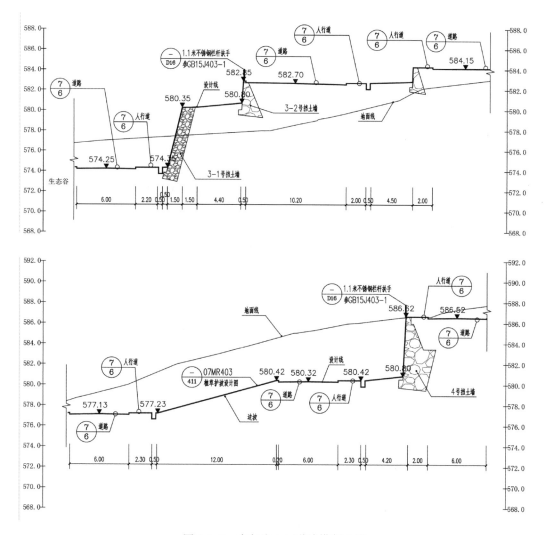

图 7.3-7 车行出入口道路横断面图

由于地形条件受限，有转弯半径较小的"盘山路"段，通过 Autodesk Vehicle Tracking 进行车辆模拟，检验不同的车型转弯半径是否满足要求（图 7.3-8、图 7.3-9），限制入校车辆类型。

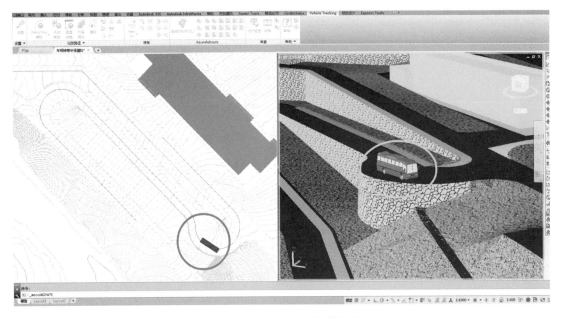

图 7.3-8　车长 9.75m 车辆模拟通过

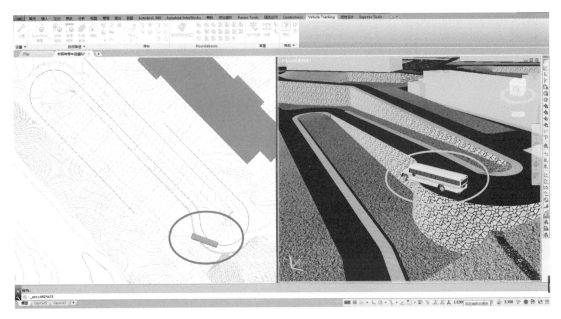

图 7.3-9　车长 12.20m 车辆模拟无法顺利通过

7.3.3　场地内道路模型

1. 确定道路划分范围

校园内主要道路路宽为 6m，采用的是 1.5% 的双向横坡混凝土路面；次要道路路宽为 4m，采用的是 1.5% 的单向横坡混凝土路面。道路划分示意图如图 7.3-10 所示。

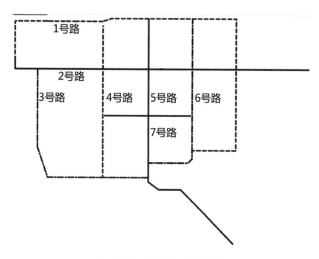

图 7.3-10　道路划分示意图

2. 创建道路路线

利用 Civil 3D 的"从对象创建路线"命令，对划分的道路依次进行路线创建，如图 7.3-11 所示。

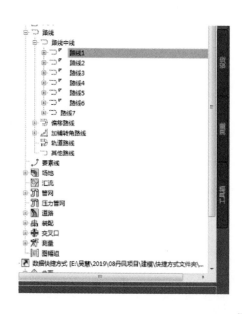
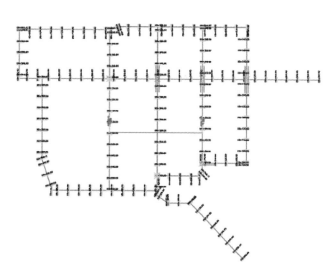

图 7.3-11　道路路线

3. 创建道路纵断面

创建完成路线，利用 Civil 3D 中"从曲面创建纵断面"工具，创建各路线原始曲面纵断面。然后利用纵断面创建工具对各路线进行道路纵断面的设计（图 7.3-12）。需注意在路线衔接点以及交叉点处纵断面标高应保持一致。道路纵断面的设计决定着场地更细一步的竖向设计。

在创建完道路纵断面之后，可利用纵断面设计检查集对纵断面坡度、坡长等参数进行检查，查验是否满足设计规范要求（图 7.3-13），当设计检查坡度大于 5.0% 时，在不满足规范的地方，会出现警告提醒（图 7.3-14）。对检查集中的表达式的应用，参考帮助文档或《AutoCAD Civil 3D 2018 场地设计实例教程》中 6.3 章节检查集。

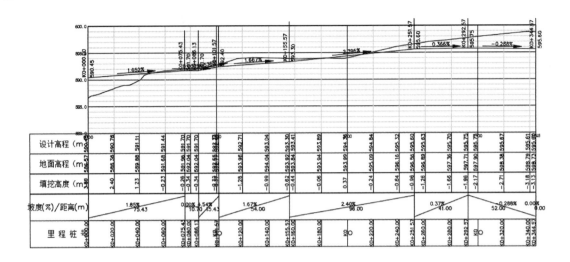

图 7.3-12　纵断面图

图 7.3-13　设计检查集样例

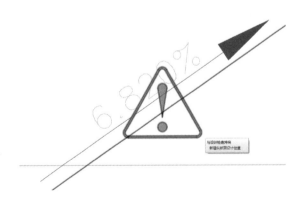

图 7.3-14　设计检查警告提醒

4. 创建道路装配

创建完路线以及纵断面之后，开始创建道路装配。由于本案例是高级中学新建项目，道路比较规整，校园内道路宽度主要为 6m 和 4m，因此需创建两个装配（图 7.3-15）。如果项目比较复杂，涉及的装配也比较复杂，系统自带的装配无法满足设计要求，可通过部件编辑器或 API 创建合适的道路部件，导入 Civil 3D 中。

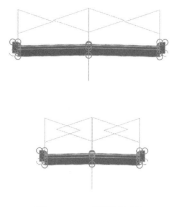

图 7.3-15　道路装配

5. 创建道路模型

创建完路线、纵断面、装配之后，利用创建道路命令创建道路模型，流程如图 7.3-16 所示。对需要局部加宽的道路通过设计偏移目标来实现道路加宽，道路模型如图 7.3-17 所示。

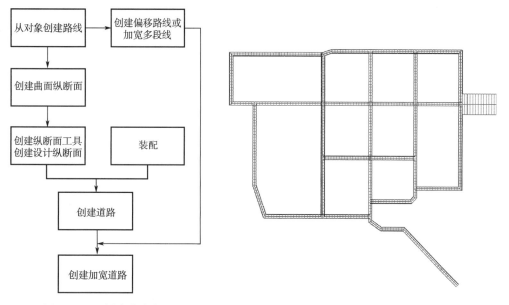

图 7.3-16　创建道路流程　　　　　　　图 7.3-17　道路模型（未建交叉口）

6. 创建交叉口模型

创建交叉口一般有两种方式，一种为自动创建交叉口，另一种为手动创建交叉口。在本案例中，由于涉及的交叉口都比较规整，所以采用的是自动创建交叉口的方式来创建的交叉口。对于无法自动创建的交叉口可以采用手动创建交叉口的方式来创建，后面也为大家展示如何手动创建交叉口。

（1）自动创建交叉口。创建完整体道路模型后，对需要细化的交叉口进行创建。场地内道路交叉口涉及 L 形交叉口、十字形交叉口、丁字形交叉口（图 7.3-18），均可用"创建交点"命令来自动创建交叉口，流程如图 7.3-19 所示。自动创建完交叉口之后（图 7.3-20），与现有的道路横断面不相符时，修改图中交叉口的装配，使与之相对应的道路装配相同，同时需要注意设定对象目标，再重新生成道路。

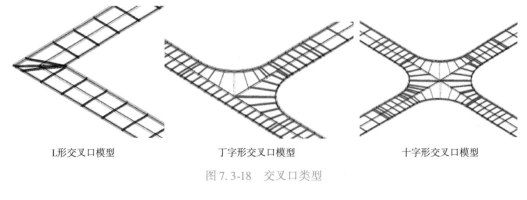

L形交叉口模型　　　　　丁字形交叉口模型　　　　　十字形交叉口模型

图 7.3-18　交叉口类型

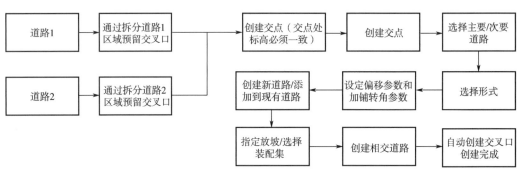

图 7.3-19　自动创建交叉口流程

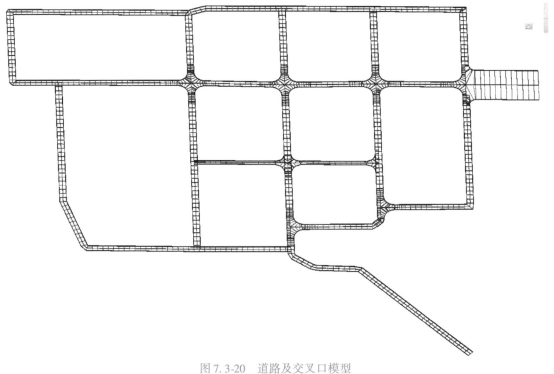

图 7.3-20　道路及交叉口模型

（2）手动创建交叉口。手动创建交叉口是将一个交叉口分成几部分来创建，例如十字形交叉口，将交叉口分为四部分来创建，将这四部分创建的道路形成了一个交叉口。创建流程如图7.3-21所示，首先利用路线的创建连接路线来创建1/4的交叉口道路转弯路线（图7.3-22），再指定半幅道路装配（图7.3-23），创建好道路之后，指定加宽目标和纵断面目标，即可创建1/4交叉口道路模型（图7.3-24）。相同的方法，将另外三条路线作为基准线添加到此道路中，即可创建完整十字形交叉口模型（图7.3-25）。此方法创建的交叉口，当交点标高变化时，重新生成道路，交叉口也随着更新。

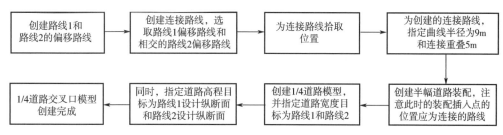

图7.3-21　手动创建交叉口流程

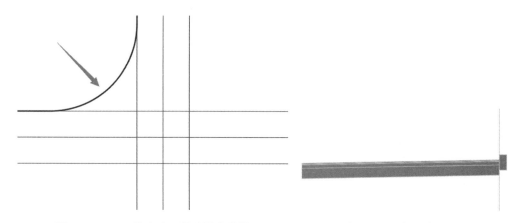

图7.3-22　1/4的交叉口道路转弯路线　　　　图7.3-23　半幅道路装配

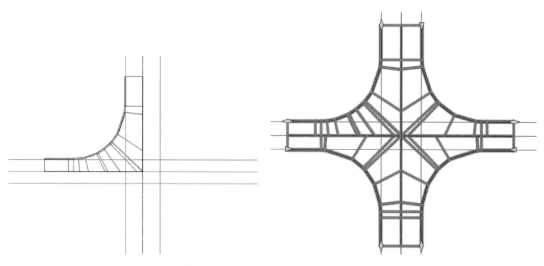

图7.3-24　1/4交叉口道路模型　　　　图7.3-25　完整十字形交叉口模型

7. 创建道路曲面

创建完道路模型后，利用"道路曲面"工具创建道路曲面，如交叉口曲面（图 7.3-26），将所有曲面进行粘贴形成一个完整的整体道路曲面（图 7.3-27），便于后期场地设计曲面整合。

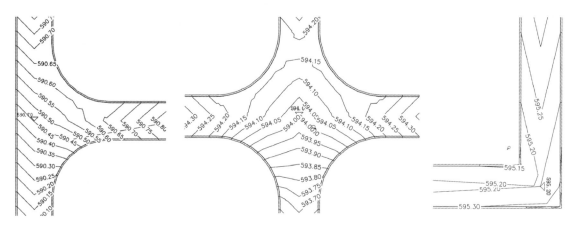

图 7.3-26　交叉口曲面

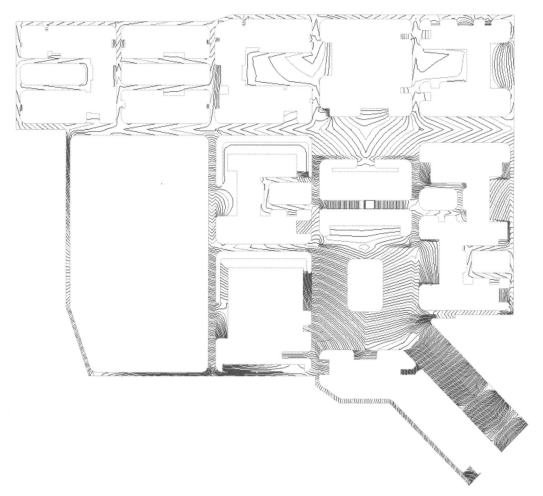

图 7.3-27　整体道路曲面

通过完成的道路模型，可以看到设计地形与原始地形之间的关系，如图 7.3-28 所示。

图 7.3-28　道路与原始地形结合示意图

8. 计算工程量

利用"体积面板"功能对道路进行面积和土方量统计，结果显示如图 7.3-29 所示，道路面积共计 58506.63m²，道路平整土方量共计挖方量为 84974.74m³，填方量为 92071.54m³。

挖/填方概要

名称	松散系数	压实系数	二维面积	挖方	填方	净值
道路土方工程量	1.000	1.000	58506.63平方米	84974.74 立方米	92071.54 立方米	7096.80 立方米<填方>
总数			58506.63平方米	84974.74 立方米	92071.54 立方米	7096.80 立方米<填方>

图 7.3-29　道路面积及平整工程量统计结果

根据道路面积统计结果，可以得出道路结构工程量统计表，见表 7.3-1。

表 7.3-1　道路结构工程量统计表

道路结构层	300mm 厚 3:7 灰土工程量/m³	20mm 厚粗砂垫层/m³	200mm 厚混凝土面层/m³	基槽开挖量/m³
道路及广场	17551	1170	11701	30423

7.4　场地内竖向细化

7.4.1　边坡支护

场地北侧以及东侧现状高差较大，需对用地边界陡坎进行工程处理。场地北侧有三处以及东侧有一处较大的边坡需要处理（图 7.4-1）。这部分由边坡支护专业进行专项设计，再将图纸提资总图。因与场地内其余部分设计有关联，因此对其进行了模型的创建。

场地北侧①边坡支护，现场坡度较大，有不良地质（图 7.4-2），南侧有 1 号宿舍楼，故此处边坡支护工程量大。此处为填方地段，采用了复合加筋格宾挡土墙支护，模型如图 7.4-3，现场支护过程如图 7.4-4 所示，支护完成实景图如图 7.4-5 所示。

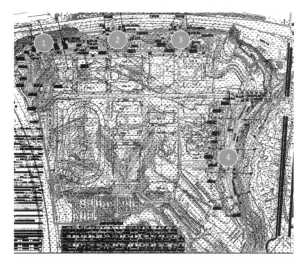

图 7.4-1　边坡支护平面位置图

图 7.4-2　①处边坡防护前现状照片

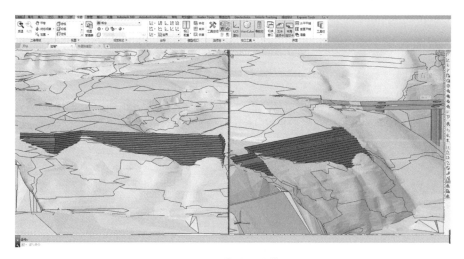

图 7.4-3　①处边坡模型

图 7.4-4　①处边坡现场支护过程照片

图 7.4-5　①处边坡支护完成实景照片

场地北侧②和③边坡，边坡顶部连接着拟建球场。此处边坡也为填方边坡，在边坡底部有沟壑，所以此处设计时，在底部采用 M7.5 浆砌片石进行填补，基础落在中风化沙砾岩上，埋深 50cm，在沙砾岩顶层开始搭接加筋格宾挡土墙。②处边坡支护前模型如图 7.4-6 所示，②处支护后模型如图 7.4-7 所示，②处支护完成实景如图 7.4-8 所示。

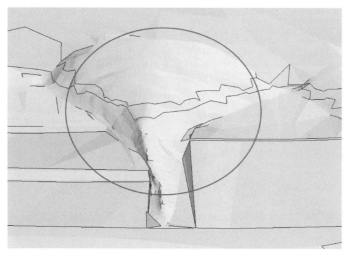

图 7.4-6　②处边坡支护前模型

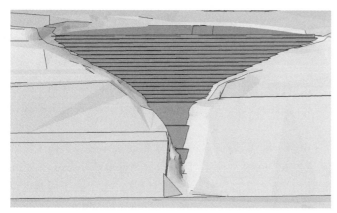

图 7.4-7　②处边坡支护后模型

图 7.4-8　②处边坡支护完成实景照片

场地④号边坡支护在场地东侧，此处现状为陡坎（图7.4-9）。在设计的过程中，考虑与新设计的规划路1之间进行一体的护坡挡土墙设计（图7.4-10），挡土墙顶边界即为东侧校区围墙边界。围墙之外为道路边坡。

图7.4-9　场地东侧陡坎现状照片

图7.4-10　护坡挡土墙设计模型
（与规划路1一体考虑边坡支护）

本案例外侧整体边坡模型如图7.4-11所示，边坡面积统计结果如图7.4-12所示，边坡三维曲面面积为22691.27m²。

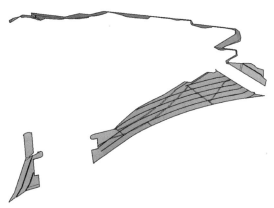

图7.4-11　整体边坡模型

图7.4-12　边坡面积统计结果

7.4.2　场地内挡土墙

除了以上4处较大的边坡支护之外，本案例还有13处挡土墙，平面位置如图7.4-13所示。挡土墙高度在2～12m之间，根据地质报告以及当地的条件，就地取材，选择了重力式挡土墙和衡重式挡土墙（图7.4-14），方便施工。

对于传统设计中的挡土墙的表达，通常用挡土墙墙顶标高、墙底标高表示，这对于挡土墙的实际占地宽度、挡土墙距离建构筑物是否满足要求等问题，不能从图中直接测量得到。通过Civil 3D创建了挡土墙三维模型后，可以直观地看到挡土墙的占地范围，精准地计算挡土墙的工程量，以及输出挡土墙剖面图、挡土墙展开面图等图纸。

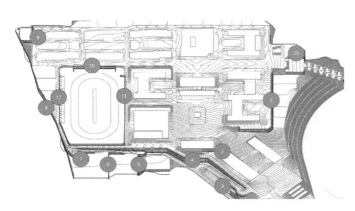

序号	挡土墙编号	挡墙高度范围	挡墙长度	挡墙类型
1	1号挡土墙	4.73~7.57	269.92	俯斜式
2	2号挡土墙	2.08~4.41	37.68	俯斜式
3	3-1号挡土墙	7.29	34.09	仰斜式
4	3-2号挡土墙	2.20~4.91	70.00	俯斜式
5	4号挡土墙	2.08~11.24	340.83	衡重式俯斜式
6	5号挡土墙	4.41~5.16	129.72	俯斜式
7	6号挡土墙	2.00~3.15	91.68	仰斜式
8	7号挡土墙	2.00~3.89	58.34	仰斜式
9	8号挡土墙	4.20	385.23	仰斜式
10	9号挡土墙	2.0~6.38	52.80	俯斜式
11	10号挡土墙	2.00~5.15	89.82	俯斜式
12	11-1号挡土墙	2.00~4.25	117.40	俯斜式
13	11-2号挡土墙	2.00~3.63	170.00	俯斜式
14	12号挡土墙	2.00~5.22	150.82	俯斜式
15	13号挡土墙	3.67	31.50	仰斜式

图 7.4-13 挡土墙平面位置图　　　　图 7.4-14 挡土墙统计表

1. 挡土墙设计流程

利用 Civil 3D 进行挡土墙的设计流程与创建道路的方式类似，设计流程如图 7.4-15 所示。需要指定挡土墙的路线，与挡土墙装配相对应的挡土墙墙顶设计线和挡土墙墙趾设计线，以及挡土墙装配，来创建挡土墙模型。

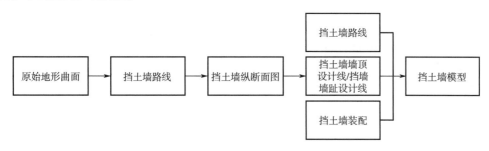

图 7.4-15 挡土墙设计流程

2. 挡土墙装配

通过二次开发将"图集 17J008"挡土墙中的挡土墙尺寸参数表转换为挡土墙的部件，再将部件导入 Civil 3D 中，形成挡土墙装配（图 7.4-16）。

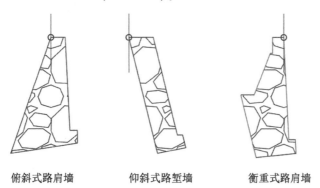

俯斜式路肩墙　　　　仰斜式路堑墙　　　　衡重式路肩墙

图 7.4-16 挡土墙装配

3. 挡土墙模型

本案例一共设计了 13 处挡土墙，挡土墙实体模型如图 7.4-17 所示。

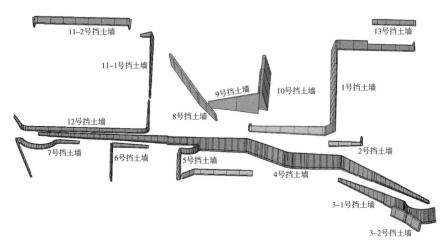

图 7.4-17　挡土墙实体模型图

4. 挡土墙平面图

在 Civil 3D 中，通过挡土墙模型能对挡土墙坐标定位点进行准确定位，具体流程如图 7.4-18 所示。在挡土墙模型创建完之后，通过调整挡土墙模型代码集中平面显示样式，在平面图中，可以显示挡土墙的每一条线，以及挡土墙的实际展平面的尺寸大小（图 7.4-19）。通过手工添加横断面，还可以表达出变形缝的位置。

图 7.4-18　挡土墙平面图创建流程

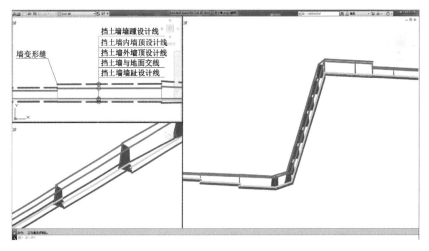

图 7.4-19　挡土墙平面图

5. 挡土墙展开面图

在 Civil 3D 中通过纵断面创建工具，来绘制挡土墙的墙顶纵断面线和挡土墙墙底地面设计线，再根据挡土墙的埋深，确定挡土墙墙趾设计线，即可创建挡土墙模型。当挡土墙的基础底纵坡超过 5% 时，根据相关规范要求将挡土墙基础做成台阶式，并根据挡土墙变形缝要求，可以给挡土墙展开面添加变形缝。

挡土墙展开面图是在挡土墙纵断面图上，通过设定纵断面图样式以及纵断面样式，再添加一些标签形成的，挡土墙展开面图设计流程如图 7.4-20 所示。需要注意的是，挡土墙的墙顶线、挡土墙的墙趾设计线是根据挡土墙的装配来设置的，这个与挡土墙的模型创建相关联。挡土墙的墙踵设计线是根据挡土墙模型创建完之后，从道路创建纵断面，投影在纵断面图上的，例如 1 号挡土墙的展开面图如图 7.4-21 所示。

图 7.4-20　挡土墙展开面图设计流程

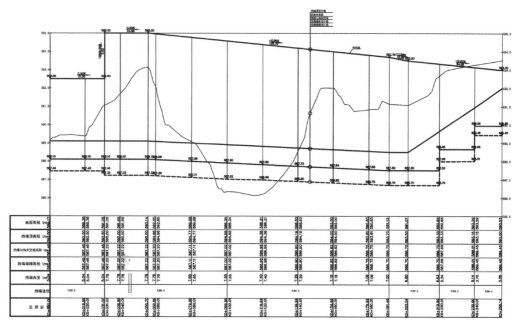

图 7.4-21　1 号挡土墙展开面图

6. 挡土墙横断面图及工程量

根据挡土墙模型，通过控制挡土墙代码集中横断面的样式及标签并经过材质计算，即可输出挡土墙横断面图以及统计挡土墙工程量，操作流程如图 7.4-22 所示。

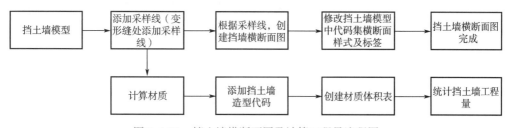

图 7.4-22　挡土墙横断面图及计算工程量流程图

注意：由于挡土墙截面尺寸是变化的，特别是在挡土墙变截面的地方，需要添加采样线，这样剖切的挡土墙横断面图以及计算的挡土墙工程量才会准确。例如 1 号挡土墙的横断面图（图 7.4-23）和挡土墙工程量（图 7.4-24），经过建模计算，挡土墙工程量总计 14400m³。其余挡土墙工程量统计方法相似，统计的挡土墙工程量如图 7.4-25 所示。

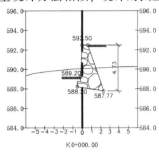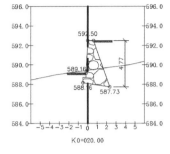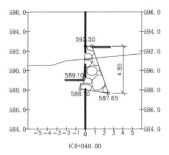

图 7.4-23　1 号挡土墙横断面图

1号挡土墙工程量				1号挡土墙工程量			
里程	面积	体积	累计体积	里程	面积	体积	累计体积
0+000.00	11.39	0.00	0.00	0+120.01	21.39	0.43	2284.17
0+019.99	11.39	227.60	227.60	0+139.99	20.85	421.93	2706.10
0+020.01	11.39	0.23	227.83	0+140.01	20.85	0.42	2706.51
0+031.00	11.39	125.13	352.96	0+159.99	20.31	411.14	3117.65
0+031.02	23.59	0.35	353.31	0+160.01	20.31	0.41	3118.06
0+039.99	23.59	211.56	564.87	0+179.99	19.78	400.48	3518.54
0+040.01	23.59	0.47	565.34	0+180.01	19.78	0.40	3518.93
0+055.69	11.69	276.61	841.95	0+191.49	19.48	225.34	3744.27
0+059.99	23.50	75.59	917.54	0+202.04	18.80	202.01	3946.28
0+060.01	23.50	0.47	918.01	0+219.99	18.25	332.40	4278.68
0+079.99	23.12	465.78	1383.79	0+220.01	12.48	0.31	4278.99
0+080.01	23.12	0.46	1384.25	0+239.99	11.73	241.85	4520.84
0+099.99	22.74	458.17	1842.42	0+240.01	6.58	0.18	4521.03
0+100.01	22.74	0.45	1842.88	0+256.14	6.27	103.65	4624.68
0+119.99	21.39	440.87	2283.74				

图 7.4-24　1 号挡土墙工程量表

挡墙工程量统计表	
1号挡土墙	4624
2号挡土墙	136
3-1号挡土墙	696
3-2号挡土墙	220
4号挡土墙	5627
5号挡土墙	580
6号挡土墙	270
7号挡土墙	100
8号挡土墙	1300
11号挡土墙	512
12号挡土墙	260
13号挡土墙	75
总计	14400

图 7.4-25　其余挡土墙工程量表

7. 挡土墙与原始地形结合模型

通过创建的挡土墙模型，可以清楚地看到挡土墙与原始地形的关系，如图 7.4-26 所示。

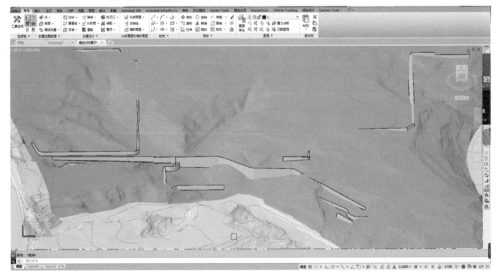

图 7.4-26　挡土墙与原始地形结合示意图

8. 挡土墙与完成场地结合模型

将挡土墙模型，提取实体后，与场地相结合，在 Navisworks 中对所有的曲面、实体附不同的材质，可以更加清楚地看到挡土墙与整个场地周边的关系，如图 7.4-27 所示。

图 7.4-27　挡土墙与周边场地关系

9. 挡土墙现场照片

本案例现场完成的部分挡土墙实景照片，如图 7.4-28、图 7.4-29 所示。

图 7.4-28　挡土墙现场施工照片（一）

图 7.4-29　挡土墙现场施工照片（二）

7.4.3　校园人行出入口大台阶

校园共有两处人行出入口，均在规划路 1 上，一处位于规划路 1 与规划路 2 交叉口处，另一处位于场地的东南角（图 7.4-30）。①处人行出入口与规划路 1 高差为 30m，通过设置大台阶来解决与市政路之间的高差，并且作为一处壮丽的风景线。

此大台阶是通过多个平台形成的，每一级平台三面都是重力式挡土墙。如果是通过平常的二维图纸，是很难表达清楚的，所以需要精准的三维建模（图 7.4-31）。通过整体模型，再细化到细的节点进行剖切，添加尺寸，得到二维图纸出图（图 7.4-32、图 7.4-33），并将模型一同交付施工单位来指导施工，即保证了图纸的准确性，又能够使得施工单位快速地理解图纸，以便快速准确的施工。施工现场如图 7.4-34 所示。

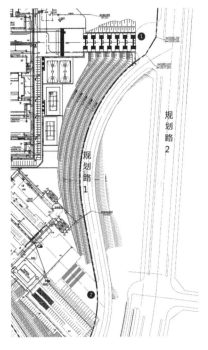

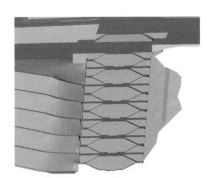

图 7.4-30　出入口平面位置图　　　　　　　　图 7.4-31　北侧大台阶模型

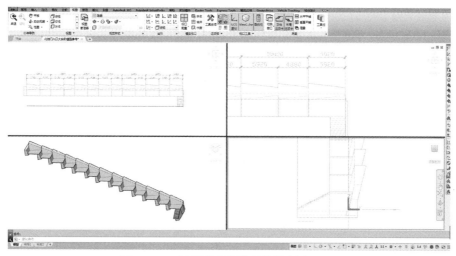

图 7.4-32 局部挡土墙模型辅助出图（一）

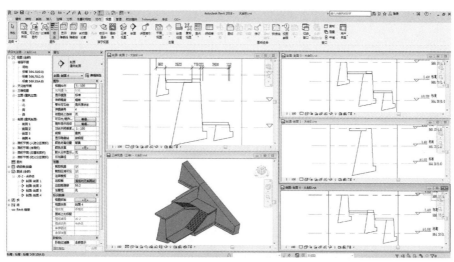

图 7.4-33 局部挡土墙模型辅助出图（二）

图 7.4-34 大台阶现场施工图

在现场大台阶施工完之后，根据现场情况，进行大台阶两侧支护的深化。在大台阶北侧，通过大台阶建成后的现场照片来看，有大量的堆土堆积在那。根据现场情况，进行设计优化，将此处处理成大斜坡的形式，处理完之后的模型如图 7.4-35 所示。此模型中仅显示了在大台阶北侧 2m 范围内与现状修改后完成面模型。通过设置模型显示样式，添加标签，达到出图要求（图 7.4-36）。

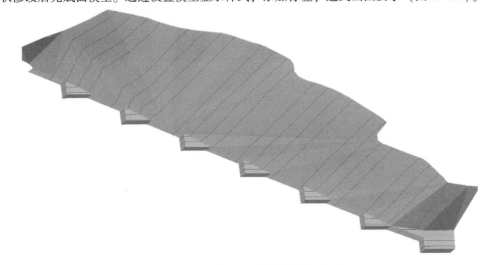

图 7.4-35　大台阶北侧深化设计模型

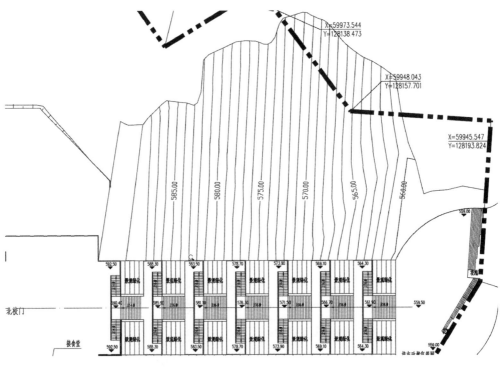

图 7.4-36　大台阶北侧深化设计图纸

在大台阶南侧，需要接入给水管线、天燃气管线以及电力管线，所以在距离大台阶南侧 6m 距离，将加筋格槟挡土墙截止，顺应地形做了大放坡，用于埋管线，创建了如图 7.4-37 所示的模型。同样，此模型中仅显示了在大台阶南侧 2m 平台范围与现状修改后完成面模型，模型完成后，将模型转换为二维图纸（图 7.4-38），在平台上面，管线穿挡土墙的地方，提前埋置套管。

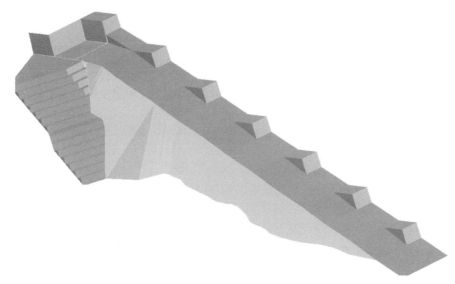

图 7.4-37　大台阶南侧深化设计模型

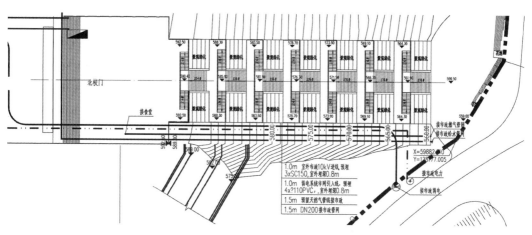

图 7.4-38　大台阶南侧深化设计管线设计图

　　第二处人行出入口位于场地东南角，与规划路 1 相接，也是通过台阶来与场地相衔接。此处的台阶通过要素线来创建模型，如图 7.4-39、图 7.4-40。

图 7.4-39　第二处人行出入口平面图

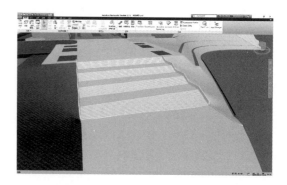

图 7.4-40　Navisworks 第二处人行出入口模型图

7.4.4　排水沟模型

1. 排水沟

本案例在挡土墙底部、边坡坡脚、田径场周边都需要设置排水明沟（图 7.4-41、图 7.4-42），排水明沟模型如图 7.4-43 所示，用来快速收集地面水。

场地的排水明沟宜采用矩形或梯形断面，并应符合下列规定：

①明沟起点的深度不宜小于 0.2m，矩形明沟的沟底宽度不宜小于 0.4m，梯形明沟的沟底宽度不宜小于 0.3m。

②明沟的纵坡不宜小于 3‰，在地形平坦的"困难"地段，不宜小于 2‰。

③按流量计算的明沟，沟顶应高于计算水位 0.2m 以上。

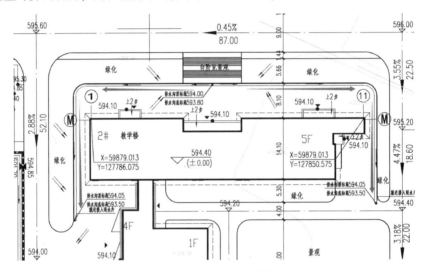

图 7.4-41　排水明沟平面设计图（一）

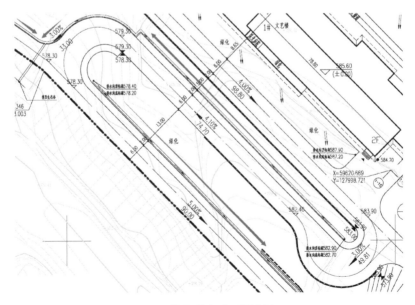

图 7.4-42　排水明沟平面设计图（二）

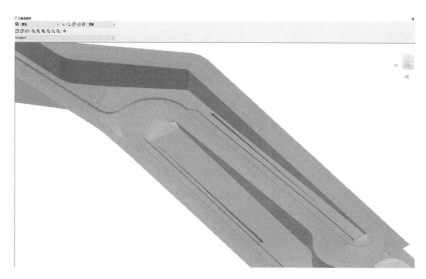

图 7.4-43 排水明沟模型

2. 管涵

在场区南侧,有一条穿过高速公路的泄洪沟,该泄洪沟穿过了运动场。在项目开始之前,首先要考虑的就是如何解决泄洪问题。对此,在项目开始之后,先行施工管涵,如图 7.4-44 所示,运动场最后施工,让地基进行一段时间的自然沉降,减少运动场完工后的沉降量。

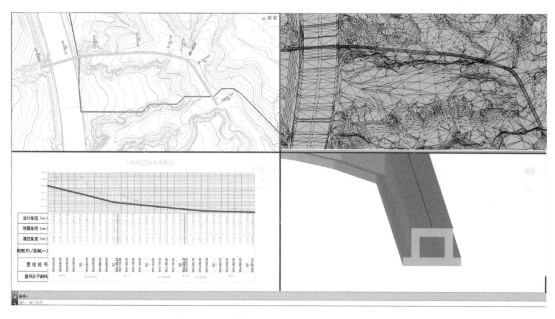

图 7.4-44 管涵平面图、纵断面及模型图

7.4.5 广场模型

本案例除入口广场外,行政楼南侧还设有一处较大的广场。广场东西两侧道路坡度不同,局部道路坡度达到 4.53%,广场北高南低,高差达 2m。广场设计排水由中间向两边排水。根据广场周边道路情况,对广场进行竖向设计(图 7.4-45)。再根据广场的铺装设计(图 7.4-46),对广场进行分材质的曲面创建(图 7.4-47),既便于统计各材质工程量,也便于后续效果图的制作(如图 7.4-48)。

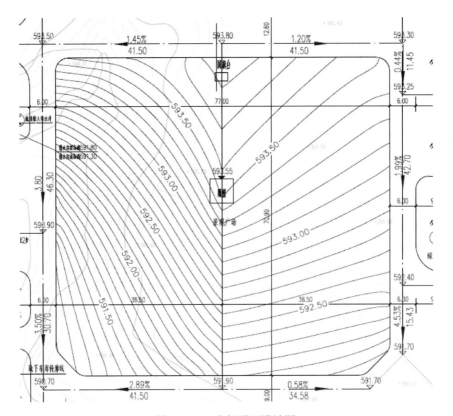

图 7.4-45　广场平面设计图

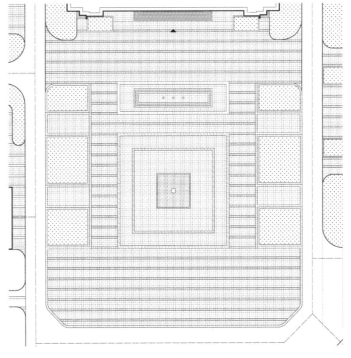

图 7.4-46　广场铺装设计图

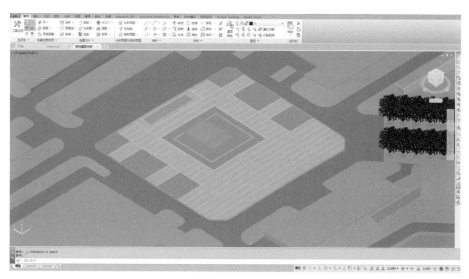

图 7.4-47　广场模型

图 7.4-48　利用模型创建的广场效果图

根据广场模型，利用"体积面板"功能对广场分区域进行面积和土方量统计。结果显示，广场面积共约为 5629m² ，其中，绿化面积共约为 850m² ，广场铺装面积共约为 4779m² ，广场土方量共计挖方量约为 11850m³ ，填方量约为 11170m³ 。各材质面积及土方工程量统计如图 7.4-49 所示。

挖/填方概要

名称	松散系数	压实系数	二维面积	挖方	填方	净值
绿化	1.000	1.000	850.07平方米	295.84 立方米	3398.49 立方米	3102.65 立方米<填方>
广场铺装1	1.000	1.000	170.41平方米	30.38 立方米	522.55 立方米	492.17 立方米<填方>
广场铺装2	1.000	1.000	976.78平方米	104.29 立方米	2046.77 立方米	1942.48 立方米<填方>
广场铺装3	1.000	1.000	53.28平方米	1.30 立方米	40.66 立方米	39.36 立方米<填方>
广场铺装4	1.000	1.000	12.60平方米	0.34 立方米	5.91 立方米	5.57 立方米<填方>
广场铺装5	1.000	1.000	102.60平方米	0.21 立方米	53.94 立方米	53.73 立方米<填方>
广场铺装6	1.000	1.000	328.32平方米	8.91 立方米	304.17 立方米	295.26 立方米<填方>
广场铺装7	1.000	1.000	349.92平方米	12.65 立方米	199.46 立方米	186.81 立方米<填方>
广场铺装8	1.000	1.000	2682.92平方米	226.15 立方米	5132.43 立方米	4906.28 立方米<填方>
广场铺装9	1.000	1.000	102.25平方米	0.00 立方米	146.07 立方米	146.07 立方米<填方>
总数			5629.15平方米	680.07 立方米	11850.46 立方米	11170.39 立方米<填方>

图 7.4-49　广场各材质面积及土方工程量统计结果

根据上述统计结果，可统计出广场其他工程量，见表 7.4-1。

表 7.4-1 广场其他工程量

结构层类型	300mm 厚 3：7 灰土工程量/m³	20mm 厚粗砂垫层/m³	200mm 厚混凝土面层/m³	基槽开挖量/m³
广场	1633	95	955	2485

7.4.6 停车场模型

本案例在东南角设置一处集中停车场，因停车位个数超过 50 个，需设置两个出入口。一个出入口接市政道路，一个出入口接校园内，如图 7.4-50 所示。因两个出入口高差较大，因此通道设置 3% 的纵坡。整个停车场通道采用两面排水，设 1% 的横坡。停车位采用单坡排水，设 2% 的横坡，道路剖面图如图 7.4-51 所示。停车场最低点为接市政道路的出入口处。最终模型效果如图 7.4-52 所示。

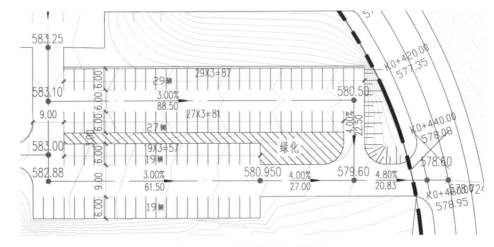

图 7.4-50 停车场竖向设计图

图 7.4-51 坡向道路剖面图

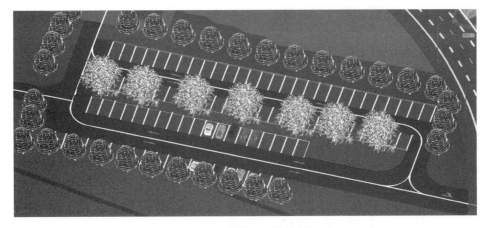

图 7.4-52 停车场三维模型图

7.4.7 田径场模型

本案例田径场处于半填半挖的地势（图7.4-53），根据竖向关系，提供了两种不同高差处理方案。

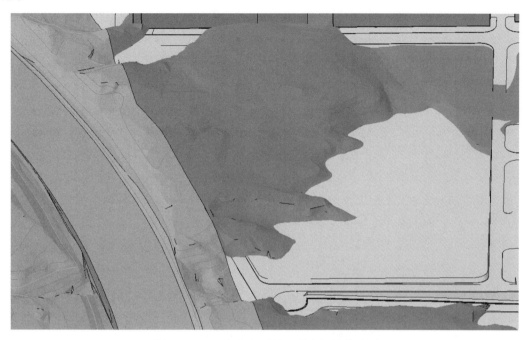

图7.4-53 田径场与原始地形之间的关系图

1. 方案一

方案一田径场北侧结合挖方地形，设置仰斜式挡土墙解决高差，模型如图7.4-54所示，调整视图样式，添加标注得到方案一平面布置图，如图7.4-55所示。

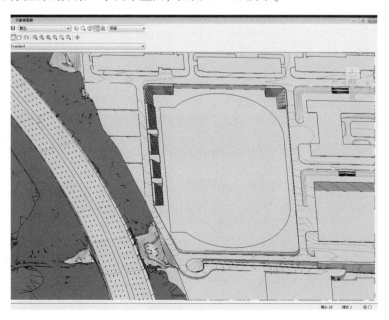

图7.4-54 方案一模型

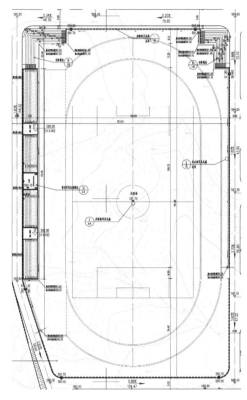

图 7.4-55　方案一平面布置图

2. 方案二

　　方案二田径场结合地形，布置看台来解决高差，模型如图 7.4-56 所示。调整视图样式，添加标注得到方案二平面布置图，如图 7.4-57 所示。

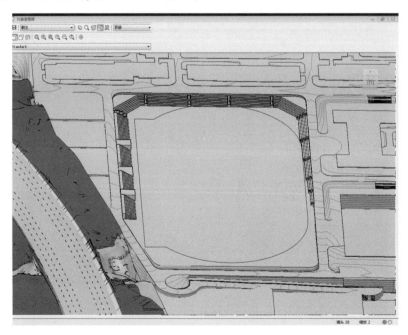

图 7.4-56　方案二模型

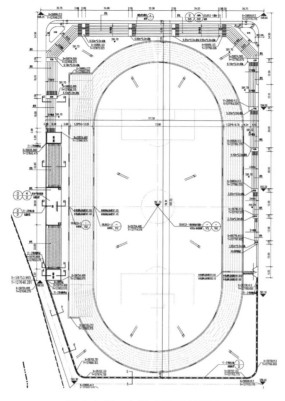

图 7.4-57　方案二平面布置图

3. 结论

方案一使得田径场实际使用范围较大，方案二既解决了场地看台不足的问题，又节省了造价，故最终选择了方案二。

7.4.8　场地其余模型

确定场地道路竖向设计后，根据道路标高确定建筑地坪标高，给建筑设计提供依据。为实现后续的施工土方量计算，需要对建筑地坪、绿地、入户道路等进行建模。

1. 建筑地坪模型

确定好建筑标高后，通过要素线来创建建筑地坪曲面。然后将地坪标高要素线偏移一定的距离来模拟建筑散水的标高，这样就创建完成一个建筑地坪曲面（图 7.4-58）。用同样的方法创建完成场地内所有建筑地坪曲面模型（图 7.4-59）。

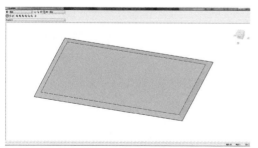

图 7.4-58　添加散水后的单个建筑地坪曲面

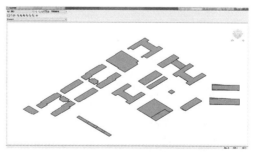

图 7.4-59　场地内所有建筑物地坪曲面

2. 建筑入户道路

因为建筑入户道路比较短，且样式不规则（部分是入户广场），所以可以用要素线来创建建筑入户道路（图 7.4-60）。

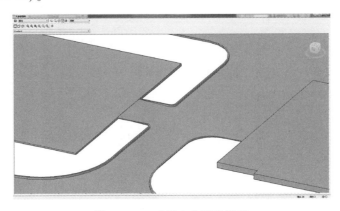

图 7.4-60　建筑入户道路模型

3. 绿化带模型

本案例中道路均有路缘石，绿化带为常规的高于路面与路缘石衔接的绿化带。简易的绿化带模型可以通过要素线创建曲面来达到，流程如图 7.4-61 所示。创建绿化完成曲面如图 7.4-62 所示。其余部分绿化带均可用此方法创建。

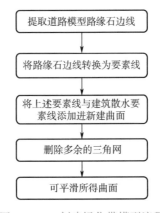

图 7.4-61　创建绿化带模型流程

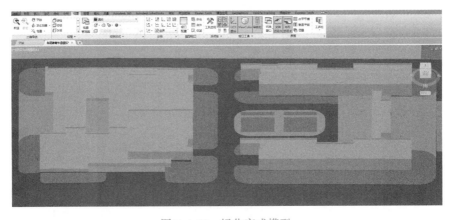

图 7.4-62　绿化完成模型

7.5 土方工程

7.5.1 整合模型

将上述道路模型、挡土墙模型、边坡模型、建筑地坪模型、运动场模型、绿化模型等所有模型生成曲面（图 7.5-1），并将所有曲面整合成一个设计曲面（图 7.5-2），便于计算土方工程量。

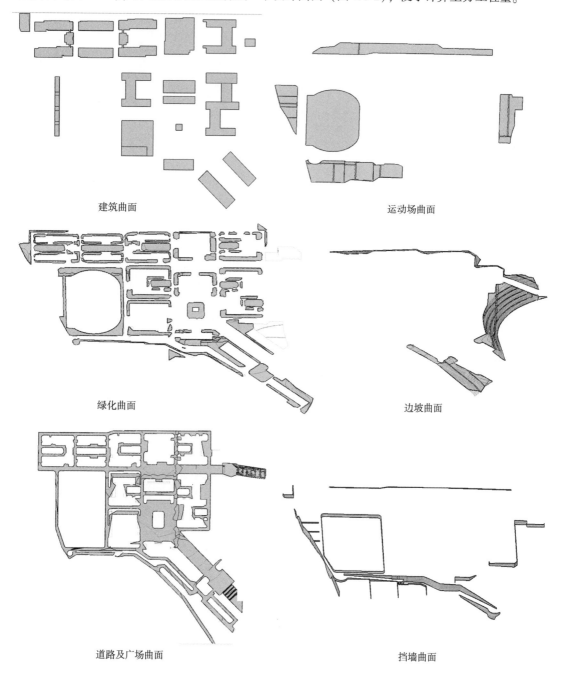

图 7.5-1　各曲面模型

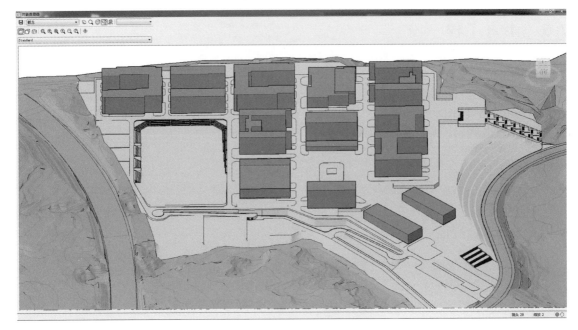

图 7.5-2　整合曲面模型

7.5.2　土方量计算

本案例土方量计算采用 Civil 3D 组合体积法，施工图仍以传统的方格网法进行表达，即通过将场地划分成方格网，再将场地设计标高和自然地面标高分别标注在方格角上，场地设计标高与自然地面标高的差值即为各角点的施工高度，出图习惯以"＋"表示填方，"－"表示挖方。将施工高度标注于角点上，然后查询每一方格内的填挖方量，并标注于方格中心。将挖方区（或填方区）所有方格计算的土方量汇总，即得到场地挖方量和填方量的总土方量。

在上小节完成场地设计完成面，计算土方之前，还需考虑场内附加的土方工程量：

①土壤松散和压实增减量。自然土体一般处于一定的压实状态，开挖后体积会增大，开挖后土体填方压实体积会减少，这种土壤变化的量可以根据土质的不同而有不同的松散系数和压实系数，在土方量平衡计算过程中应充分考虑。

②建（构）筑物基槽余土量。建（构）筑物基槽余土量包括：建（构）筑物及设备基础和地下室余土量、地下管（沟）道、排水沟、道路路基和沟槽余土量，护坡、挡土墙基槽余土量。各种基槽余土量可根据单位面积余土量估算得到，也可以分项进行详细计算。

③地基处理换填土量。遇到场地地质条件较差，存在湿陷性黄土、地基软弱下卧层或池塘淤泥等情况时，需要将不良土质挖除，填入符合工程承载力的材料进行压实。

④生产废料用作填方的数量。当场地需要大量填土，场地周围存在生产废料如灰渣、钢渣及其他工程弃土条件时，应考虑用该部分废料回填，以降低工程费用。

⑤利用场地开挖处的砂石做建筑材料的数量。当场地挖方区域有材质较好的砂石时，在初步设计阶段，应配合土建专业做出建筑材料评价，对可利用砂石量进行估算，以便在土石方量平衡计算中扣除该挖方量。

⑥场地耕土层去除量和回填量。

⑦场地外工程产生的余、缺土方量。

1. 土方填挖高度分析

通过 Civil 3D 中的体积曲面不仅可以计算土方工程量，还可以对该体积曲面进行高程分析。

通过调整高程分析结果，可以看到场地的不同填挖高度范围所占的比例，红色表示挖方区域，蓝色表示填方区域，流程如图7.5-3所示。本案例最大挖方高度为14m，在场地西侧，最大填方高度为16m，在场地南侧（图7.5-4）。

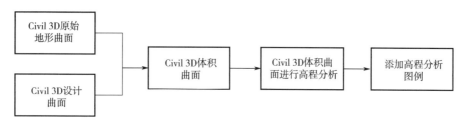

图 7.5-3　土方填挖高度分析流程图

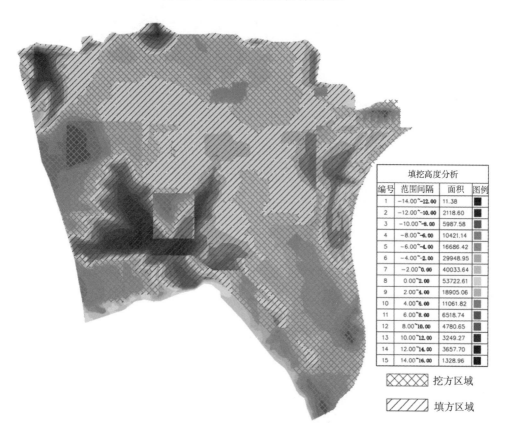

填挖高度分析			
编号	范围间隔	面积	图例
1	-14.00~-12.00	11.38	
2	-12.00~-10.00	2118.60	
3	-10.00~-8.00	5987.58	
4	-8.00~-6.00	10421.14	
5	-6.00~-4.00	16686.42	
6	-4.00~-2.00	29948.95	
7	-2.00~0.00	40033.64	
8	0.00~2.00	53722.61	
9	2.00~4.00	18905.06	
10	4.00~6.00	11061.82	
11	6.00~8.00	6518.74	
12	8.00~10.00	4780.65	
13	10.00~12.00	3249.27	
14	12.00~14.00	3657.70	
15	14.00~16.00	1328.96	

挖方区域

填方区域

图 7.5-4　土方填挖高度分析

2. 土方方格网施工图

在 Civil 3D 中计算土方方格网施工图有多种方法，计算流程如图7.5-5所示。本案例土方量计算是用的木玉泽土方量计算插件，可以自定义需要绘制方格网的尺寸大小，根据绘制的方格网位置，读取 Civil 3D 在方格网内的体积曲面的数值以及交点处的设计曲面和原始曲面高程值，并计算出高程差，然后来读取方格网点所表示的标高值。当使用 Civil 3D 组合体积法计算时，方格网可以任意设置，但根据实际情况，方格网一般从某一起点画起，方向与施工坐标保持一致，并尽量保证方格网的规整。本案例土方方格网计算图如图7.5-6所示。

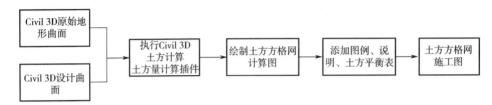

图 7.5-5　土方方格网施工图计算流程

图 7.5-6　土方方格网计算图

3. 土方量计算与调整

根据原始曲面、设计曲面、松散量、余土量等，可以确定总填挖方量。若填挖量差异大于规定要求，需要对设计高程进行调整，如改变设计坡度、场地标高等，使最终填挖方量在规定范围内，并且竖向满足设计要求，即可确定设计曲面，利用软件进行土方量计算。然后再绘制土石方平衡表及说明（图 7.5-7），即可出图（图 7.5-8）。

土石方平衡表

工程名称	土方量（m³）		备注
	填方量（+）	挖方量（−）	
场地平整土方	369178	−306990	
小计	369178	−306990	松土系数按5%考虑
松土量	0	−15350	
合计	369178	−322340	
土方平衡值	46839		

说明：
1. 本图按照甲方提供的2017年版本1:1000的实测地形图进行计算土方工程量。尺寸高程单位均为米。
2. 本图采用20m×20m方格网。本图为场地粗平土图，本次计算未考虑建筑、道路及管线基槽余土。
3. 土方施工应按水利部门要求预留通过本场地的泄洪管涵，具体位置及管径见水利设计院图纸。
4. 因场地地形局部已有较大的变化，在施工时应根据实际情况处理具体问题，如遇问题应及时与设计院等单位沟通解决。

图 7.5-7　土石方平衡表及说明

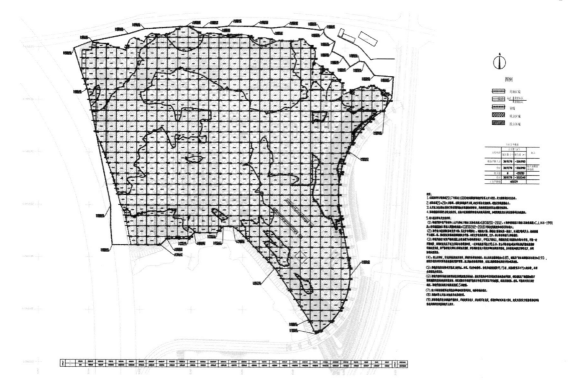

图 7.5-8 方格网施工图

4. 二次土方精算

为了更加精确统计土方工程量，在设计完成面的基础上，建立三维场地基坑开挖土方模型（图7.5-9），对基坑开挖量统计。统计结果开挖量为133775.04m³，如图7.5-10所示，挡土墙、道路及广场基槽开挖量在7.3~7.4章节进行了计算，其中挡土墙开挖量14400m³，道路及广场基槽余土量30423m³。共计土方量为178598m³。

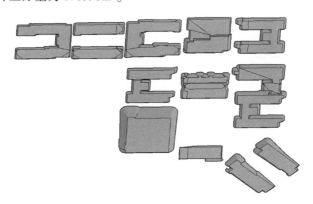

图 7.5-9 场地基坑开挖土方模型

挖/填方概要

名称	松散系数	压实系数	二维面积	挖方	填方	净值	
基坑开挖土方量	1.000	1.000	53473.91m²	133775.04m³	127.68m³	133647.36m³	<挖方>
总数			53473.91m²	133775.04m³	127.68m³	133647.36m³	<挖方>

图 7.5-10 基坑开挖工程量统计

建立场地基坑开挖模型之后，还可以为建筑提供依据，将建筑物尽量放置在挖方地段，将运动场等地放在填方地段，土方填挖区域与建筑物的位置关系模型，如图 7.5-11 所示。

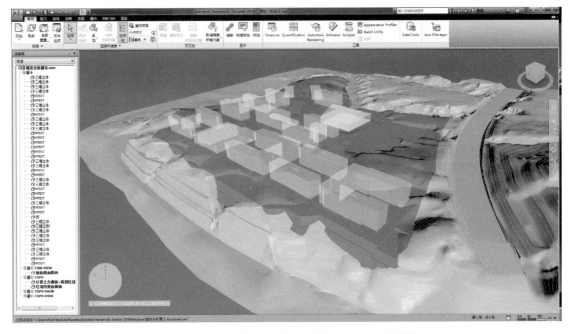

图 7.5-11　土方填挖区域与建筑物的位置关系模型

7.5.3　土方调配

1．土方调配原则

土方调配区的划分以及土方调配原则的确定，相互之间都是密切相关，不是孤立的。因此，在进行土方调配时，必须全面考虑，这样才能得到一个比较好的调配方案。针对本案例土方调配，设立以下原则：

（1）不同性质的土应分别进行调配。

（2）要避免两次以上搬运土方。

（3）要避免交叉或往返调配土方。

（4）结合地形，尽可能重车下坡，空车上坡。

（5）尽量缩短运距，先横向调配，后纵向调配。

2．土方调配流程

在实际施工中项目管理人员大多是根据实际工程经验制订土方调配方案，该方法不能够满足大型复杂项目的土方调配。因此在准确计算土方量的基础上满足挖填平衡、全局最优的原则建立土方调配模型，制订土方调配方案至关重要。此案例是根据西安木玉泽（治地有坊）开发的利用 Civil 3D 来模拟实现土方调配的程序，来解决土方工程量的调配问题，流程如图 7.5-12 所示。

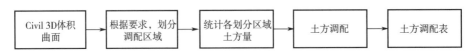

图 7.5-12　土方调配流程图

适用前提条件：需要在 Civil 3D 形成土方量体积曲面（根据原始地形数据创建的原始地形曲面和设计地形曲面进行对比分析形成的体积曲面）。

（1）调配区域进行划分。

本案例根据施工范围，划分为 200m×200m 的 9 个区域（图 7.5-13）。

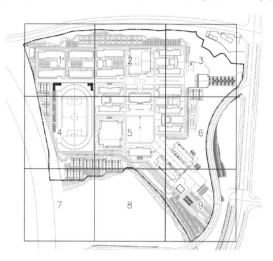

图 7.5-13　土方调配区域划分图

（2）统计划分区域土方填挖方量。

根据划分的区域，采集区域的土方量信息，圆圈内挖方量和填方量表示该区域的实际挖填方量，净方量 = 填方量 – 挖方量，净方量为正数，表示该区域需填方，净方量为负数，表示该区域土方有剩余（图 7.5-14）。

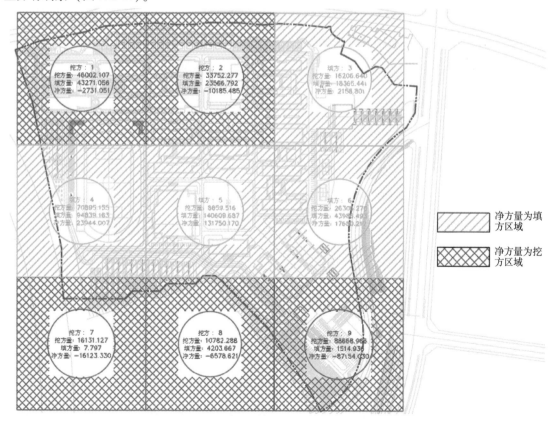

图 7.5-14　区域土方填挖方量统计

3. 土方调配

通过土方调配的程序，选择需要调配的区域，可以整个场地进行土方调配，如图 7.5-15 所示，也可对局部区域进行土方调配。图 7.5-15 中，箭杆上面的数字表示某挖方区域到某填方区域的实际调运土方量，箭头指向云线框内表示要弃土，箭头远离云线框表示需借土。

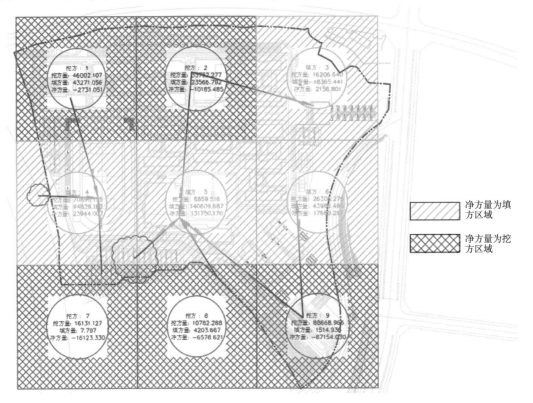

图 7.5-15　整体区域土方调配图

根据生成的土方调配图，自动生成土方调配统计表（图 7.5-16），便于查看各区域土方调配量和平均运距。

土方调配统计表

挖方区	填方区	调配量	平均运距
挖方：1	填方：4	2731.051	168.710
挖方：2	填方：3	2158.801	208.989
挖方：2	填方：5	8026.684	235.951
挖方：7	填方：4	16123.330	122.069
挖方：8	填方：5	6578.621	120.004
挖方：9	填方：5	69473.813	260.508
挖方：9	填方：6	17680.217	189.662
借土场	填方：4	5089.626	
借土场	填方：5	47671.052	

图 7.5-16　土方调配表

7.6　管线设计

因每个项目所配合的管网设计不同，因此总图在做管综时拿到的成果也不同。有些项目同样有建立各管线专业的三维模型，有些项目提供的还是二维图纸。提供三维模型的，总图可将各专业模型汇总进行碰撞检测，将碰撞点提资给各专业，再进行模型的修改。而对于二维图纸，如要在设计阶段解决施工中管线遇到的问题，就需要对各专业的管线图纸建模，然后将问题点返回各专业。本案例各专业提供的是二维 CAD 图纸，对此进行了建模，再进行管线碰撞检测。

7.6.1　室外管网模型

本案例涉及到的管网根据软件创建方式分别有压力管网（包含给水、热力、燃气、电力、通信、消防等管网）以及重力管网（雨水、污水管网）。

在 Civil 3D 中管网的创建要依赖于设计曲面，管线的埋深是相对曲面来进行计算的。

各管线埋深规则：电力、电信电缆 0.8m，与其他管线交叉时可绕行或穿保护管通过；供热管 0.8～1.2m；燃气管 1.3m（管中心）；给水管 1.0m（管中心）；污水管 2.7m（管内底）；雨水管 3.5m（管内底）。各支管可根据实际情况减少埋深（以满足最小埋深为原则）。

1. 压力管网模型

Civil 3D 压力管网创建流程如图 7.6-1 所示。也可以从对象创建压力管网，在创建压力管网的过程中，如果系统提供的管道、管件或设备不能满足使用需求时，可以用内容目录编辑器或基础设施编辑器来创建管道、管件或设备。

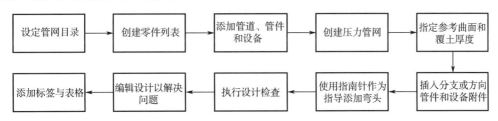

图 7.6-1　压力管网创建流程图

（1）给水系统。

案例给水系统不分区，均由位于校区东侧的生活加压泵房加压后供给，从校区东侧规划路 2 市政给水管道引入一根 DN 200 给水管道，接入校区集中设置的生活水泵房的生活水箱内，经生活变频加压设备加压后供至各单体建筑。给水管网模型如图 7.6-2 所示。

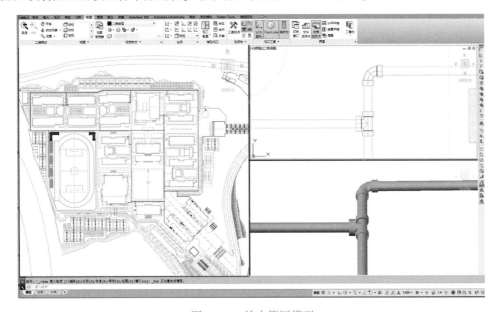

图 7.6-2　给水管网模型

创建完压力管网之后，可以对压力管网进行设计检查和深度检查，设计检查包括：偏转角、直径、开放的连接和曲率半径。覆土深度检查，可以检查某一段压力管网的埋深，指定最小覆土厚度与最大覆土厚度，看是否满足要求。因为在创建压力管网的过程中，它所指的覆土厚度仅在插入点处和转折点处，满足覆土要求，在两点之间，如果曲面是变化的，那在这两点之间，可能存在某些位置的覆土是不满足要求的，在不满足要求的地方，系统会给出提示（图 7.6-3），这时就需要在此处添加一个转折点，再重新验算，直到检查出所有的覆土均满足设计要求。在使用设计检查和深度检查的时候，检查的内容有限。

创建完压力管网之后，选择压力管网，可以给整个压力管网平面添加标签，标签样式可以自己定义修改。如图 7.6-4 所示，是添加了给水管网标签——管网长度以及管径大小。其余压力管网的创建、检查、添加管网标签、出图等都是相同的原理。

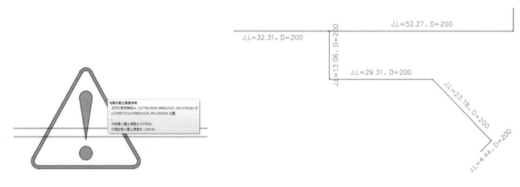

图 7.6-3　压力管网设计检查警告提示　　　　图 7.6-4　局部给水管网平面标签

（2）热力系统。

校区供暖为集中供热，一级热网由校园自建燃气锅炉房提供。供热管网以锅炉房为起点，沿校园规划道路敷设，采用枝状管网，供热管网的走向布置模型如图 7.6-5 所示。

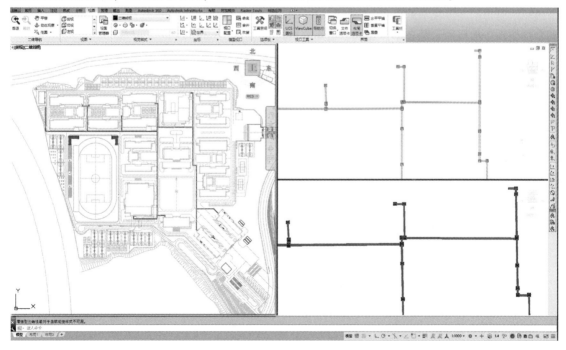

图 7.6-5　供热管网的走向布置模型

（3）燃气系统。

燃气主管道由城市道路引入。中压燃气经调压箱调压后向食堂供气。中压燃气管道采用枝状布置，直埋敷设。

（4）电力工程。

根据建筑总平面图，在规划路1北校门口引入一路10kV埋地线路，在校区主环路内埋地敷设至学生食堂内变电所；低压配电网由各变配电所至各单体建筑采用直埋或排管方式敷设，电力管线模型如图7.6-6所示。

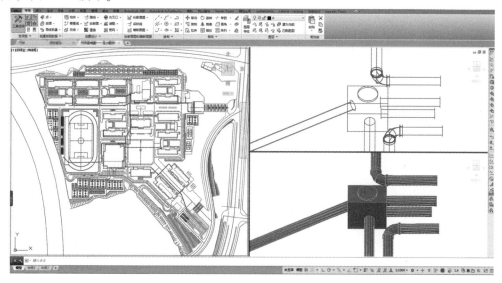

图7.6-6　电力管线模型

（5）通信工程。

弱电线路在地下室及地下车库内采用沿桥架敷设方式，在室外采用重型UPVC排管的敷设方式，弱电管线模型如图7.6-7所示。

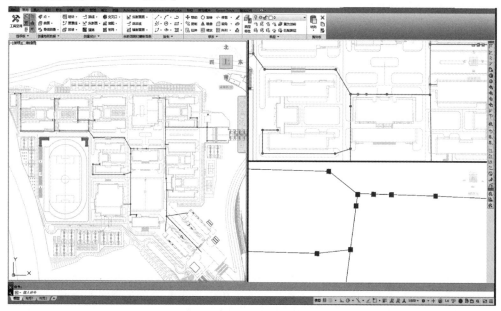

图7.6-7　弱电管线模型

（6）消防管线。

消防管线包含有室内消火栓管道、室内消火栓高区管道以及室外消火栓管道，室外消防管线模型如图 7.6-8 所示。

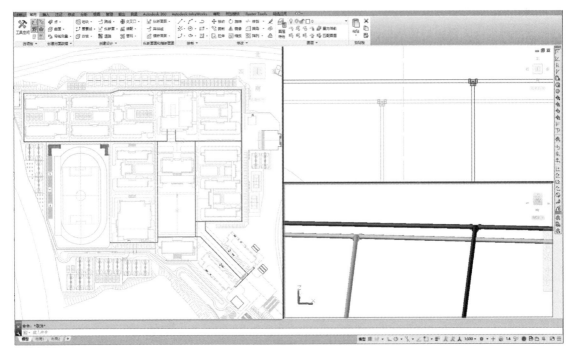

图 7.6-8　室外消防管线模型

2. 重力管网模型

Civil 3D 重力管网创建流程如图 7.6-9 所示，本案例重力管网模型采用从对象创建管网方式实现。在创建管网的过程中，如果系统提供的管道或结构不能满足使用需求时，可以用零件生成器或基础设施编辑器来创建管道或结构。

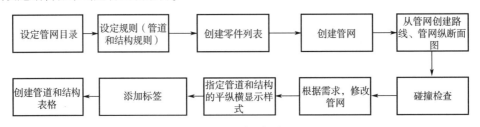

图 7.6-9　重力管网创建流程图

结合水专业雨污水管网的平面布置图以及纵断面图，对管线进行模型的创建（图 7.6-10），并根据管道规则对管网埋深进行复核。

创建完管网之后，选择管网，可以给整个管网平面添加标签，标签样式可以自己定义修改。如图 7.6-11 所示，添加了污水管网标签，可以添加检查井井口高程、井底高程，管道长度、坡度及管径大小。

从管网创建路线、管网纵断面图，不仅可以用来核查管网的坡度、井底高程，还可以通过添加标签集修改管网显示样式，用来直接出图。如图 7.6-12 所示，是污水管网的纵断面图。其余重力管网的创建、检查、添加管网标签、出图等都是相同的原理。

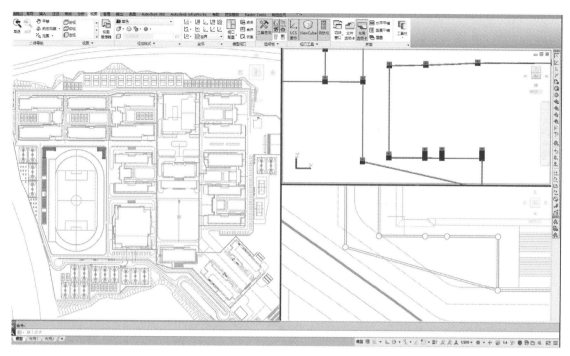

图 7.6-10　污水系统模型

W198
井口高程：592.47
井底高程：591.15

管道长度：17.51
管道直径：300.00

管道长度：24.08
管道直径：300.00

管道长度：16.49
管道直径：300.00

图 7.6-11　局部污水管网平面标签

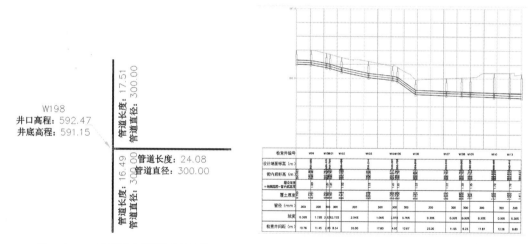

图 7.6-12　污水管纵断面图

7.6.2　室外管网碰撞检测

在 Civil 3D 中，碰撞检测指的是重力管网与重力管网之间的检查，重力管网与压力管网之间是不能碰撞检测的，如果需要检测重力管网与压力管网的"碰撞"，需要导入到 Navisworks 软件中。

根据综合布置地下管线原则，压力管"让"自流管；管径小的"让"管径大的；易弯曲的"让"不易弯曲的；工程量小的"让"工程量大的；检修方便的"让"检修不方便的。将各管线参照进同一个文件中，管线综合图如图 7.6-13 所示，然后在 Navisworks 进行碰撞检测（图 7.6-14），并生成碰撞检测报告，提资给各专业进行管线修改（图 7.6-15）。

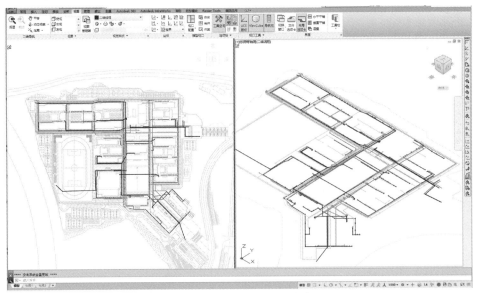

图 7.6-13　Civil 3D 中管线综合图

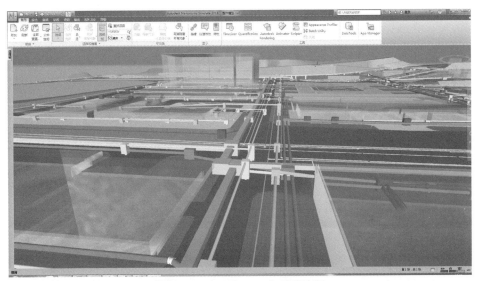

图 7.6-14　Navisworks 中碰撞检测

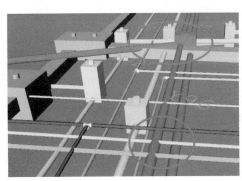

管线碰撞前

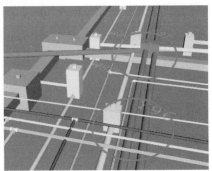

管线修改后

图 7.6-15　管线修改

7.6.3　管线工程量统计

通过 Civil 3D，对管网中管道的长度及坡度进行统计（图 7.6-16），对检查井的个数以及深度、井口、井底标高、检查井的大小等进行统计（图 7.6-17），一方面辅助设计出图，另一方面为造价提供依据。

管道表格			
管道名称	大小	长度	坡度
Y(442)	1300.000	53.424	−0.08%
Y(447)	1100.000	9.325	−2.25%
Y(448)	1100.000	2.038	−6.16%
Y(449)	1100.000	79.997	0.90%
Y(450)	1100.000	42.000	−1.00%
Y(451)	1100.000	31.984	4.14%
Y(452)	1100.000	10.016	−1.00%
Y(453)	1100.000	8.090	1.24%
Y(454)	900.000	63.600	1.41%
Y(455)	900.000	31.921	7.28%

图 7.6-16　管道工程量统计表

结构表名							
结构名称	地面标高	管内底标高	参内底深度	平面距离	管径	坡度	井径
Y179	596.25	592.69	3.56	53.42	1300.00	−0.08%	2500.00X2500.00
Y142	595.99	593.33	2.66	80.00 65.88	1100.00 1100.00	0.90% −0.17%	2500.00X2500.00
Y182	595.96	593.36	2.60	79.99	1300.00	−0.50%	2500.00X2500.00
Y141	595.93	594.05	1.87	2.04 51.41	1100.00 900.00	−6.16% −0.32%	2500.00X2500.00
Y140	595.90	593.93	1.98	9.32	1100.00	−2.25%	2500.00X2500.00
Y174	595.88	594.27	1.60	1.83	900.00	−1.00%	2500.00X2500.00
Y172	595.74	593.32	2.42	26.45	900.00	−0.69%	2500.00X2500.00
Y175	595.69	594.29	1.40	6.36	900.00	−0.24%	2500.00X2500.00
Y178	595.63	594.08	1.55	9.03	1100.00	−0.35%	2500.00X2500.00
Y177	595.60	594.05	1.55	5.49	1100.00	0.91%	2500.00X2500.00
Y171	595.60	594.14	1.46	1.46	900.00	−1.00%	2500.00X2500.00

图 7.6-17　检查井工程量统计表

7.7　场地模型展示

7.7.1　曲面材质渲染

在各个曲面的"曲面特性"中指定相对应的材质。道路模型可在生成的道路曲面中对路面、路缘石赋予不同的材质，完成后的曲面样式如图 7.7-1 所示。

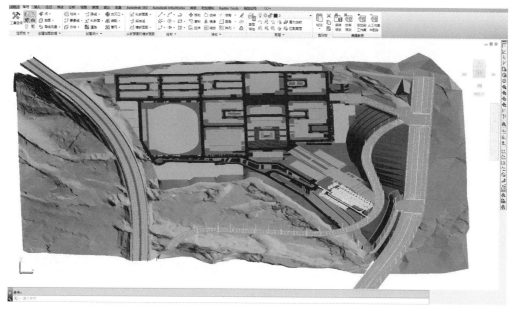

图 7.7-1　Civil 3D 中带材质的三维显示效果

7.7.2 建（构）筑物示意模型

利用 CAD 自身的三维建模功能，可以快速创建建（构）筑物的三维体块。这样可以让场地更具有空间围合感（图 7.7-2），也便于检测建筑高度、间距是否满足规范。

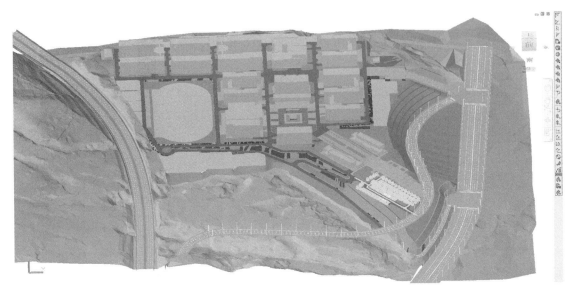

图 7.7-2　创建建（构）筑物三维体块后的模型

7.7.3 场地与原始地形结合模型

将场地完成面与原始地形结合后，可以清楚地看到场地的填挖情况，如图 7.7-3 所示。

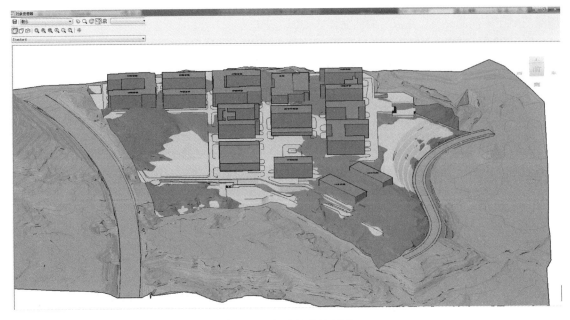

图 7.7-3　场地的填挖情况

7.7.4　多视图块的应用

场地内其余三维对象可以利用 Civil 3D 多视图块进行模拟，例如车辆、植物、路灯等。插入模型中的多视图块，利用"将块移动到曲面"功能，让多视图块的标高与曲面的标高一致。模型展示如图 7.7-4 所示。

用户也可以自己定义多视图块，例如标志牌、植物等，将它们添加到模型中，让模型更加真实丰富。

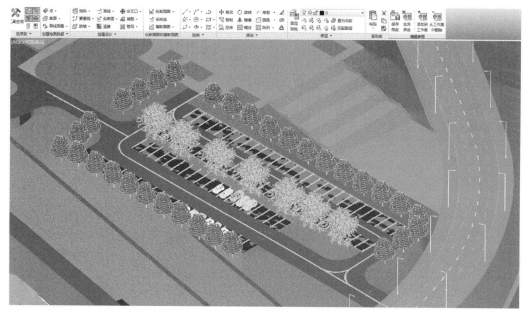

图 7.7-4　多视图块模型展示

7.8　二维图纸输出

除上文出的土方方格网施工图外，总图还需要出竖向设计图、道路设计图、管线综合图、挡土墙设计图、护坡设计图等二维图纸。下文以竖向设计图、道路设计图及挡土墙施工图为例进行介绍，其余图纸创建流程都类似。

7.8.1　竖向设计图

竖向设计图通常的表示方法有：设计等高线法、设计标高法和局部剖面法。设计等高线法是用等高线表示设计地面、道路、广场、绿地等的地形设计情况，一般用于较平坦场地。设计标高法是常规的二维竖向表达方式。局部剖面法常用于设计场地高差变化大、平面出图难以理解的情况，增加剖面图，能更容易理解图纸。

本案例根据前文所创建的模型可快速利用 Civil 3D 软件标签功能达到出图效果，出图流程如图 7.8-1 所示。

之前已经创建了多个不同的曲面，这里只把需要表示的曲面参照进来，例如道路曲面、放坡曲面等。将曲面显示为相同

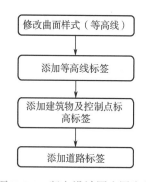

图 7.8-1　竖向设计图出图流程

的样式（图 7.8-2），然后再添加上等高线标签、道路标签、图例、说明等，即可出竖向设计图（图 7.8-3）。

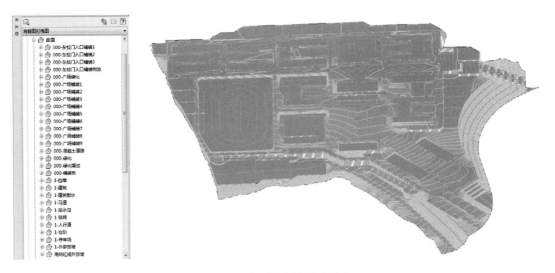

图 7.8-2　曲面等高线显示样式

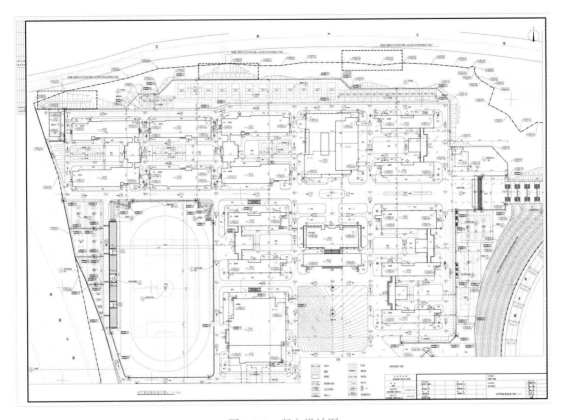

图 7.8-3　竖向设计图

7.8.2　道路设计施工图

本案例场内道路由于比较规整，采用了标高点法，在竖向设计图中进行了表达，没有绘制道路专项平面图、纵断面图及横断面图。校园入口车行道路，由于此处道路坡度大、变坡点多、周边关系复杂，采用标高点法难以表达清楚所以进行了专项施工图绘制，分别绘制了道路平面图、纵断面图、横断面图。

　　道路平面图输出是通过调整路线样式，添加路线标签，创建图幅，创建平面图纸的流程实现的。在创建图幅之前，需要先设定好用于出图的模板文件，此模板文件主要内容为出图的图框和布局中的视口、比例尺、指北针等。平面图输出流程如图7.8-4所示，本案例道路平面图如图7.8-5所示。

图 7.8-4　平面图输出流程

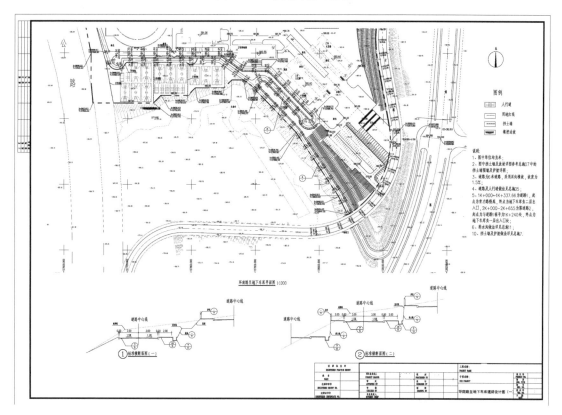

图 7.8-5　道路平面图

　　道路的纵断面图输出是通过调整纵断面图样式、添加标签，以及添加纵断面图标注栏集，创建图幅，再创建图纸的流程来实现的。纵断面图的输出流程如图7.8-6所示，本案例的纵断面图如图7.8-7所示。

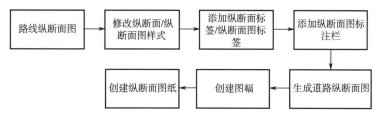

图 7.8-6　纵断面图输出流程

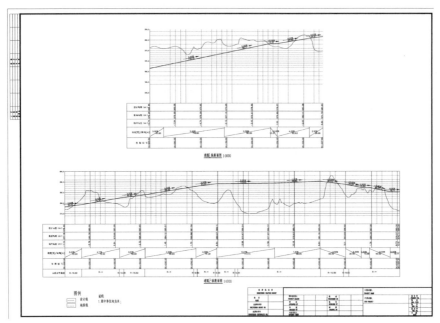

图 7.8-7　本项目纵断面

　　横断面图输出是在道路模型的基础上，修改代码集中的样式及标签，之后套用横断面图模板的流程实现的。具体输出流程如图 7.8-8 所示，本案例道路横断面图如图 7.8-9 所示。

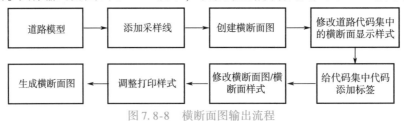

图 7.8-8　横断面图输出流程

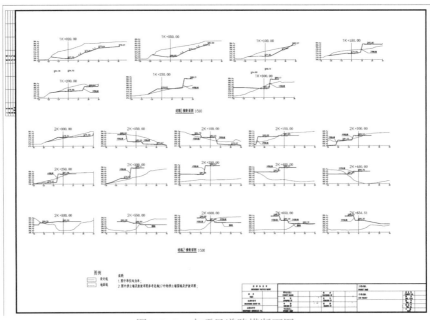

图 7.8-9　本项目道路横断面图

7.8.3　挡土墙设计施工图

挡土墙设计施工图出图方法在前文场地内挡土墙7.4.2 节中已经讲到，这里就不再赘述，本案例的挡土墙施工图部分图纸如图 7.8-10、图 7.8-11 所示。

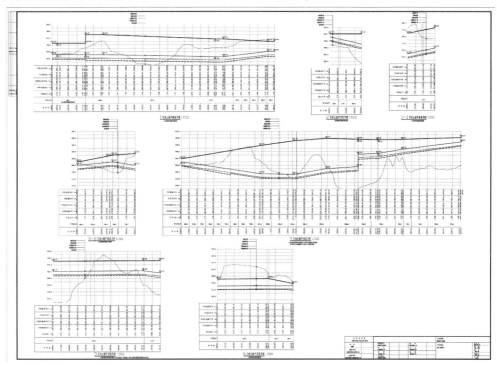

图 7.8-10　挡土墙展开面图

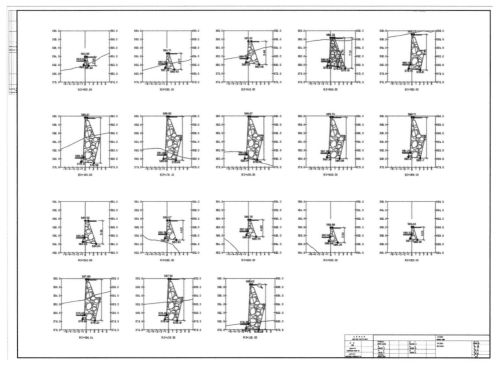

图 7.8-11　挡土墙横断面图

7.9 设计总结

本案例的工作思路是先确定初步平面方案，再根据市政道路的标高确定场地内竖向设计，然后根据初步的竖向设计方案优化调整平面方案。具体步骤如下：

（1）创建原始地形曲面。对原始地形进行分析，得出场地结论。

（2）创建场地初步模型，确定场地初步标高，进行初步土方量计算。

（3）创建市政接口道路模型，保证设计道路与市政道路平顺连接。

（4）创建场内道路及交叉口模型，进行相关工程量计算。

（5）创建边坡、挡土墙模型，进行相关工程量计算。在 Civil 3D 中，创建道路功能不仅仅用来创建道路，所有线性对象都可以利用创建道路的思路来创建模型，例如管沟、管廊、挡土墙模型等。

（6）创建排水沟、运动场、广场、停车场、建筑地坪等模型。

（7）进行场地平整土方量精确计算以及调整。

（8）进行土方调配。

（9）建立管网模型，进行管线碰撞检测。现实世界中的管网，在 Civil 3D 软件中分为两类，一种是重力管网（在 Civil 3D 中称为"管网"），诸如雨水、污水管网，另一种是压力管网，诸如给水管网。

（10）调整模型样式，添加标签，然后进行出图。

本案例竖向设计采用混合式的竖向设计形式，在此竖向方案的基础上确定场地的平面布置图。借助 Civil 3D 软件来完成总图模型的创建，项目工作流程如图 7.9-1 所示。

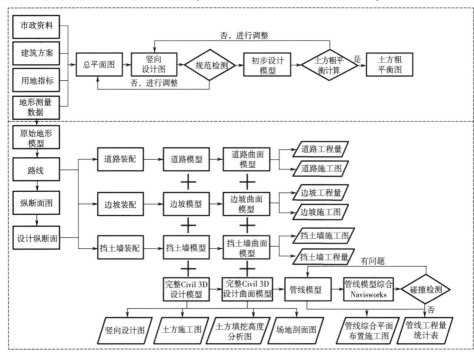

图 7.9-1　项目工作流程

在本案例中，创建了整个校区的场地模型和管网模型。在创建模型过程中，我们要变通地利用要素线的功能来创建曲面模型。本案例模型中的曲面，创建的方法有很多，本案例主要讲解了一般的创建流程思路。本书主要是针对对 Civil 3D 有一定基础的读者，更详细的创建流程可以参考《AutoCAD Civil 3D 2018 场地设计实例教程》。本案例中，部分重复性的操作，还有一些软件本身不能按设计要求来完成建模或者计算的情况，例如挡土墙相关的设计程序、土方调配，可通过二次开发来辅助建模，让建模更加高效。通过自定义标签、样式设定以及与出图相关的模板设置，形成一套类似项目通用的 DWT 模板。在类似的项目中，利用这些模板文件，让设计更加高效。部分模型的创建流程并没有在文中给出，需结合 Civil 3D 软件的帮助文档来了解其流程，为使得整个模型更加真实。例如增加高差变化的栏杆，可以结合 3ds Max，种植灌木树种，可以将模型导入 Lumion 中，经过加工后，直接形成效果图、鸟瞰图等。

参 考 文 献

[1] 杨希文，宁艳. 民用建筑场地设计［M］. 北京：北京大学出版社，2018.

[2] 武卫平. AutoCAD Civil 3D 2018 场地设计实例教程［M］. 北京：机械工业出版社，2018.

[3] 闫寒. 建筑学场地设计［M］. 3 版. 北京：中国建筑工业出版社，2012.

[4] 雷明. 场地竖向设计［M］. 北京：中国建筑工业出版社，2017.

[5] 李光元，楼设荣，许巍. 机场地势设计［M］. 北京：人民交通出版社，2014.

[6] 杨铭山. 道路及总平面竖向设计［M］. 北京：中国建筑工业出版社，2018.

[7] 刘磊. 场地设计［M］. 北京：中国建材工业出版社，2007.

[8] 斯特罗姆，内森. 风景建筑学场地工程［M］. 任慧韬，等译. 大连：大连理工大学出版社，2002.

[9] 吴进朴. 总图设计理论研究及其应用［D］. 西安：西安建筑科技大学，2010.

[10] 刘琳琳. BIM 技术在地下市政管网工程全生命周期中的应用研究［D］. 青岛：青岛理工大学，2016.

[11] 王珏. 建筑信息模型（BIM）在互通式立交设计中的应用研究［D］. 南京：东南大学，2015.

[12] 杨翠霞. 露天开采矿区废弃地近自然地形重塑研究［D］. 北京：北京林业大学，2014.

[13] 张宏亮. 系统布置设计在总平面布置中的应用及方案评价研究［D］. 西安：西安建筑科技大学，2009.

[14] 任红岗，谭卓英，孙文杰. 复杂地形条件下排土场优化设计及综合治理措施［J］. 矿冶，2016，25（1）：17～21.

[15] 冯琰，郭容寰，汪旻琦，等. 三维城市模型数据组织与管理方法研究［J］. 测绘科学，2011，36（1）：215～217.

[16] 叶延磊，李勇，何庆，等. 大型厂区二、三维一体化总图管理信息系统的设计与实现［J］. 测绘通报，2012（S1）：617～620.

[17] 林佳瑞，张建平. 基于 IFC 的绿色性能分析数据转换与共享［J］. 清华大学学报（自然科学版），2016，56（9）：997～1002.

[18] 吕希奎，王奇胜，孙培培. 基于三维地理信息系统与建筑信息模型融合的城市轨道交通线路设计方法［J］. 城市轨道交通研究，2018，21（12）：112～115.

[19] 刘宁，罗敏杰. 堆浸场地平整坡度的探讨［J］. 现代矿业，2016，32（1）：251，255.

[20] 窦刚玉. 火力发电厂总图专业二维平面向三维 PDMS 平台转化研究［J］. 吉林电力，2017，45（4）：28～29，35.

[21] 傅灿，文枚，李洪昌. 尾矿库复杂场地平整方法研究［J］. 矿山测量，2017，45（3）：125～128.

后　记

三维设计是一种工具，对工程设计领域来说类似于其他领域的人工智能，在这个背景下，工具内化进工程项目的各个阶段之后，必然与之融合。我们的设计、分析、交流工具日益先进，尤其是信息化交流手段的提升，使得设计领域出现前所未有的变化。设计人员在自己的行业领域一点一滴运用 BIM 技术与自己的工作结合时，无形中已经在不同程度进入场景化设计之中。它使得设计产品在第一时间就可以"见"。

三维建模技术跟建筑单体结合多，跟地形等项目所处外部环境结合少，跟静态结合多，跟动态结合少，跟施工阶段结合多，跟决策设计阶段结合少，这是我们目前面临的状况。将数据整合进模型、图形、图面中，成为设计的一部分进行联动，这是发挥三维设计在设计阶段的目标，也是设计单位的一个立足点，即"参数化设计"。简单分解下，第一步解决的是二维设计难以表达的、说不清楚、画不出来的部分。目标是"啃"下图纸交代不清楚、无法交代的地方，尤其是安装环节，拓宽碰撞检测的应用点。第二步是解决难点，技术创新。第三步是项目级流程化应用。在总图的综合场景中，要实现以上目标还需要不断地实践。

在目前的设计工作中，来自方方面面的设计要求越来越复杂和丰富，如果单靠人力来应对补充不同的成果，将会陷入难以应对甚至无法完成的尴尬局面。所以从最初就建立模型，不断在模型中去容纳信息，完善模型转化成果，这是目前设计人员在设计流程中当好自己角色的一个必要条件。不能对设计的出发点交代清楚，不能对设计的造价和成本进行反馈和说明，我们的设计在后续中的挑战可想而知。更别说我们的方案是不是存在着优化和深化的空间，二维图纸是无法对这些做出充分说明的。

在我们的设计中，技术上图形化的各种实现形式层出不穷。有人把 BIM 归类为图形化的实现手段之一，这是对于软件本身辅助设计的强大功能片面的理解，没有真正在设计实践中去使用和检验。可以说 BIM 已经内化成为各类设计场景的必要实现媒介。"吞下"你所输入的条件和数据，BIM 经过一定程度的"消化"，实现你想达到的场景目标。这中间不断需要各种变量的调整和控制。我们无法从根本上预测未来，但可以设定各种情景，并给出达到的路径。这对于设计人员来讲，是一把双刃剑，不但要学会驾驭新技术，而且要提高自身水平，才能给出更优的路径、达到更高的目标。过去手段单一，我们只能关注主要的几点，而现在，过去未被关注的、不能及时关注的、脆弱的点都应该反映进来，力图形成一张完整的场景背景。或许目前我们还解决不了全流程总图设计，但把信息留下融合进来，使得后续的设计获取到更多的信息，这也是可持续性设计的根本之道。

在城市及项目规划上多目标匹配的多情景交融，已经取代单一目标指导下的单一情景实现模式，使得土地具备了可调蓄的功能，城市发展更具有弹性。我们的技术实现能力发展的同时会直接影响我们处理问题的出发点和方式，反之亦然。过去不建立模型，只通过二维图纸想把三维设计说清楚，需要大量的二维图纸绘制工作，图纸事无巨细，而三维设计中，不同观察者可以从不同视角进行查看调取使用反馈，循环往复，新的工作流产生，出图则变成了最后的留底工作。

　　模型本身不能自生自灭，是一系列规则的合集。所谓的正向设计就是让设计与建模的过程同步进行，让模型这部分的作用同步发挥。这部分作用并不能代替设计，不依托模型的设计依旧可以存在。而如果模型要归属于一定的组织、流程，那么模型就有了前后的搭接作用，以及承上启下的功能，这时设计可以结束，模型没有终点。

　　流程化是 BIM 应用的前提，不能用流程来规范的，不能用步骤来取舍的都难以运用。信息本身对使用和存储的智能要求越来越高。不仅仅是索引、查找、搜寻，而是有效组织。流程如何组织，决定了 BIM 的适应性。行业、企业、项目内部、项目和项目之间发生的数据流，我们要给它一个环境和载体，这也是我们进行总图三维设计的一个目标。

　　本书中所举的三个案例都是项目级总图三维设计应用，在进行了梳理之后呈现给读者，我们希望读者举一反三，在企业级、城市级总图项目的应用中，使之发挥更大的作用，产生更大的价值。在我们新建项目逐步减少后，大量的工作便是管理，而我们建立的三维总图系统可以直接进入到管理环节中。

　　数字化不等同于设计合理化及最优化。在设计过程中不断尝试利用多种手段进行分析验证，得到相对最优结果，才是我们的目标。设计这一关走下去，是将设计、造价、审计、施工走通的第一步。

　　本书的完成得益于我们团队一直贯彻的，做好工作日志记录的习惯，每一个项目都做好原始和过程中的记录，并及时总结，尤其是解决问题的思路和过程，尝试用多种办法解决，最后选择一种最便捷的办法。本书不但把案例给大家，把解题思路给大家，还把可能遇到的"卡壳"地方与大家分享讨论。

本书从总图设计的角度出发，以三维形式呈现总图，将总图划分为多个单元模型，通过三维软件进行多维度、多视角的分析与展示。再通过三个案例向读者介绍BIM技术及Civil 3D在三维总图设计中的应用以及三维总图设计的详细设计流程。本书第1章讲解三维总图设计的概述、类型划分以及三维总图常用软件Civil 3D的概述；第2章讲解各设计阶段三维总图设计；第3章讲解三维总图设计中的模型单元；第4章讲解三维总图设计的实现路径；第5章对方案设计阶段三维总图设计案例进行讲解；第6章对初步设计阶段三维总图设计案例进行讲解；第7章对施工图阶段三维总图设计案例进行讲解。

本书不仅适用于总图专业人士阅读，也可以作为高校教材使用，还可以指导实际项目，为总图设计及其相关专业人员提供便利。

本书的三维总图设计是带数据的可视化，特别是大型复杂场地需要关注的方面很多，如何有效提取和反映在我们的工程成果上，书中也给予了不少实践和启示。场地是千个千面，没有雷同，必须因地制宜进行设计，可以说怎么因地制宜都不为过。希望本书对当下及一定时期内的工程建设具有指导和启发意义，推动总图设计的技术提升和专业建设。

—— 肖丹琳 总图高级工程师、主任设计师，具有40年总图运输及场地设计实践经验

建筑 设计 施工 造价 执考 教材 文化

责任编辑 微信号

扫一扫

享受更多优质服务
赢取精美建筑图书

ISBN 978-7-111-70441-6

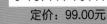

9 787111 704416 >

策划编辑◎何文军 / 封面设计◎王泽茜　　定价：99.00元